高职高专精品课系列

U0276699

高职实用微积分基础

（第二版）

解顺强 编 著

复旦大学 出版社

内容简介

　　本书是作者长期在高等院校从事微积分教学经验的总结和升华．本书紧密结合目前高校学生的数学基础现状，遵循学习微积分的认识规律性，提炼出本门课程对学生的基本要求、中等要求和高级要求，分别形成基础篇、中级篇和高级篇．本书将微积分的难点分散，并对基本概念、基本理论和方法先进行通俗讲授，使学生容易理解．这种编写方法能够做到循序渐进、"小步快跑"，带领学生从零起点走向精通．

　　全书分为 3 篇，共 13 章．第 1 篇为基础篇，主要是通过幂函数来讲解微积分的主要思想和方法，包括预备知识、函数、极限、导数、导数的应用、定积分与不定积分 6 章内容．第 2 篇为中级篇，主要是将第 1 篇的基本理论和方法运用到其他基本初等函数之中，包括指数函数的微积分、三角函数的微积分、对数函数的微积分 3 章内容．第 3 篇为高级篇，主要讲述对学生来说难以理解的内容，包括反三角函数的微积分、复合函数的微积分与变量替换、初等函数的微积分、一元微积分理论拓展 4 章内容．各章均配有一定数量的例题和习题，书后附有习题参考答案．值得一提的是，本书在中级篇的习题中引入与学生学号有关的题目，可以有效地防止学生在完成作业和考试过程中不愿独立思考的现象发生．

　　本书可作为高职院校各类专业微积分相关课程的通用教材，也可用作专科学校、成人高校的教材或参考书．同时，可以作为本科院校微积分或高等数学课程的教材．此外，本书可以用作高中生学习微积分相关内容的参考读物，也适用于想学习微积分而苦于数学基础差的广大社会读者．对从事微积分教学的数学教师也有一定的参考价值．

第二版前言

本书第一版于 2016 年出版. 经过几年的教学实践, 本书这种新的编写思路使越来越多的师生受益, 尤其使很多基础差的学生找到了学习微积分的有效途径. 与此同时, 有些使用本书的师生也提出了很多宝贵的改进意见. 另外, 作者在使用本书的教学过程中, 也对一些内容产生新的改进思路, 对第一版进行修订已经时机成熟.

这次修订主要进行以下 4 个方面的改进:

第一, 对第一版局部的疏漏和不足之处进行了修改.

第二, 对整体章节布局进行了调整, 使得更符合初学者的认识规律.

第三, 在内容的叙述上, 更加注重兼顾通俗与严谨, 在追求通俗易懂的同时不出现科学性错误, 在严谨的同时尽量遵循认识规律, 通俗易懂.

第四, 增补了一些例题, 优化了习题配置.

这次修订工作由北京劳动保障职业学院的解顺强教授承担. 很多老师提出了改进的意见, 在此表示衷心的感谢. 此外, 我们还向关心本书和对本书第一版提出宝贵意见的同志们表示深切的谢意.

编 者

2019 年 9 月于北京

  微积分是人类智慧的伟大结晶.恩格斯曾评价说:"在一切理论成就中,未必再有什么像17世纪下半叶微积分的发现那样被看作人类精神的最高胜利了."正是因为有了微积分,人类才有能力把握运动和过程,微积分开创了科学的新纪元.微积分作为一门课程,自诞生以来的近400年间,世界范围内诸多大学一直开设这门课程.微积分在我国大学中也有近百年的开设历史,在数学专业通常被称为数学分析,在非数学专业通常被称为高等数学.微积分不仅为学生学习后续课程和进一步深造提供必不可少的数学基础知识,而且能培养学生的数学素养和科学的世界观,因此其教学质量的高低直接影响着学生培养质量,进而影响国家的长远发展.

  当大学教育还是精英教育的时代,学习微积分的学生的初等数学基础一般很好,即使这样学起来也有学生感到非常吃力.随着我国大学扩招和高等教育的普及,越来越多的人可以升入高等院校,面临学习微积分的任务,而部分学生连初等数学还没有学好,要学习微积分则更加困难.因为目前高等院校开设的微积分课程一般为一到两年,甚至有的学校只有一个学期,要在如此短的时间内让学生完成从中学数学到大学数学的过渡,要学习众多顶尖数学家几百年的研究成果,对于中学数学基础薄弱的学生来讲无疑是困难重重.同时,我国高等院校多数专业采取按总分录取,造成同一课堂学习微积分时学生的数学基础差异很大,这种现象在高等专科学校和高等职业院校尤为突出.

  遗憾的是,国内众多微积分教材没有充分考虑到以上这种实际情况,大多都想尽快让学生了解最精确的抽象概念,而忽略了学生数学基础和认识能力的差异,这种违背人类认识规律、"欲速则不达"的教学,造成很多学生对微积分学习感到恐惧进而厌倦.为此,作者在长期的教学中不断摸索高等院校微积分的教学规律,总结教学经验,寻找解决方法,本书就是这些经验和对策的总结.

本书主要有以下3个特点:

1. 照顾到所有学生在数学学习上的差异,从"零点"起步,逐步展开.首先,将微积分所需的中小学数学内容进行归纳总结,让部分中学甚至连小学数学都没有学好的学生能够找到学习微积分的起点.其次,在讲解各部分内容时(如函数概念、幂函数、指数函数、对数函数、反三角函数等),按照学生在中学没有学过相关内容来对待,采用通俗的讲法娓娓道来,让学生尽快理解其含义.

2. 遵循人类认识微积分的规律,循序渐进,难点分散,分出层次.具体体现在以下几点:

(1) 根据学生入学时数学基础相差悬殊的特点,因材施教,对不同的学生提出不同的目标要求.教材分为基础篇、中级篇、高级篇3个等级,对每个等级确定一个相对完整的模块来进行实施.第1个模块为基础模块,是对全体学生提出的最基本要求.基础模块内容的选取,根据学生后续专业课程的基本需求,并结合相关内容的内在逻辑关系确定,主要是用幂函数来讲解微积分的主要思想和方法.第2个模块为中级模块,为数学基础较好一些的学生设置,使这部分学生能够将微积分的主要思想和方法融会贯通,分别设置了指数函数的微积分、三角函数的微积分、对数函数的微积分.第3个模块为高级模块,主要为数学学习兴趣高和想继续提高的学生设置,使他们在数学方面有更大的提升,主要包括反三角函数的微积分、复合函数的微积分与变量替换、初等函数的微积分以及一元微积分理论拓展等内容.

(2) 结合学生的数学基础,教材内容安排前后衔接连贯,学习难度适中,为学生学习微积分架设易学晋级的台阶,使全体学生无论什么样的数学基础,都能够通过阅读本教材顺利向前推进,进入有兴趣学习数学的良性轨道.教学内容每向前推进一步,学生都能够处于"跳一跳够得着"的状态.

(3) 充分考虑学生的认知水平,将教学难点内容分散,不追求将复杂的内容一次性全部交代清楚,而是遵循从特殊到一般的认识规律,逐步逼近.例如,"两个重要极限"这一教学内容对于初等数学没有学好的同学来讲难度很大,本书改变传统的编写顺序,不放在靠前的位置进行统一讲解,而是将其难点分散,循序渐进.为此,在学生学习基础篇"微积分的主要思想和方法"后,在中级篇的"三角函数的微积分"一章中学习第一重要极限的结果,在"对数函数的微积分"一章中学习第二重要极限的结果,把利用这两个重要极限的题目放在高级篇的"复合函数的微积分与变量替换"一章中学习.再如,对于定积分的概念,很多教材都是直接给出精确定义,再给出其性质和运算,但多数同学因其定义抽象理解起来非常困难.本书先在基础篇介绍特殊情况下的定积分的概念,将定积分的概念理解为曲边梯形的面积,进而给出计算面积的方法,初步给出定积分的思想.在此基础上再给出原函数的概念,并给出微积分基本定理,在高级篇中再讲解定积分的精确定义,并给出变上限的定积分的求导公式.

(4) 例题的讲解过程比众多微积分教材要详细,不省略中间步骤,学生能够一目了然.尽管此做法对数学基础好的学生看来有些多余,但本书考虑到学生学习基础的参差不齐,这也十分有必要.

3. 本书与传统教材相区别的另一特点,就是引入 Excel 软件求函数值和画函数图形,通过画图给出函数的直观图像,简单明了,便于学生理解函数的性质和极限的概念.此外,针对目前部分学生不能独立完成作业的现象,在中级篇的习题中增加了与学生学号相联系的题目,激发学生独立完成作业的兴趣,此种做法作者已在教学中实施多年而且效果明显.

由于本书编写追求新的编写思路,加上作者水平所限和时间仓促,实际编写中会有很多不当和疏漏之处,恳请广大读者批评指正.也希望本书能够为国内高职院校数学教学起到抛砖引玉的作用.

在本书的完成过程中,北京劳动保障职业学院有关领导对本书的出版发行给予了大力支持,复旦大学出版社梁玲女士对本书初稿进行了认真编辑和精细修改,首都经贸大学密云分校数学教研室周友军主任对本书初稿进行了认真阅读,并提出了很多修改意见,作者在此一并致谢.

编　者
2016 年 5 月于北京

目 录

基 础 篇

中 级 篇

高 级 篇

基 础 篇

本篇主要通过幂函数来讲解微积分的主要思想和方法.首先在第 1 章中将与微积分相关的中小学内容进行简单的回顾和复习,接下来讲解幂函数的微分学和积分学.

如果你能顺利完成下面的测试题，就可以跳过第 1 章的学习，直接进入第 2 章. 否则要请你将这部分内容再重新复习一下.

测 试 题

1. 计算 $\dfrac{\frac{1}{2}-\frac{1}{3}}{\frac{1}{4}+\frac{1}{5}} \div \frac{7}{3}$.

2. 将 x^3-12x^2-45x 因式分解.

3. 解方程 $0.52x-(1-0.52)x-80=0$.

4. 解方程 $x^3-12x^2-45x=0$.

5. 解不等式 $x^3-12x^2-45x>0$.

6. 求连接点 $P_1(5,-1)$ 和点 $P_2(3,4)$ 线段的中点坐标.

7. 两条均不垂直 x 轴的直线相互平行的充分必要条件是它们的斜率＿＿＿＿＿；两条均不垂直 x 轴的直线相互垂直的充分必要条件是它们的斜率＿＿＿＿＿.

8. 直线通过一点 $P_0(x_0,y_0)$ 且有斜率 k，则该直线方程为＿＿＿＿＿.

9. 解方程组 $\begin{cases} 2x+y=2, \\ x+3y=4. \end{cases}$

10. 解方程组 $\begin{cases} y=x^2, \\ y=x. \end{cases}$

11. 求下列集合运算：

(1) $(0,1)\cup\left(\frac{1}{2},2\right)$; (2) $(0,1)\cap\left(\frac{1}{2},2\right)$; (3) $(0,1)\cap\{1\}$;

(4) $(0,1)\cup\{1\}$; (5) $(-3,+\infty)\cup[-2,0)$; (6) $(-3,+\infty)\cap[-2,0)$.

12. 找出将区间 $[1,2]$ 细分为 3 等份的两个点.

第1章

预备知识

本章介绍与幂函数微积分有关的小学和中学知识,帮助同学们对这部分知识进行复习和巩固. 内容主要包括:数和代数式,方程的求解,集合和区间,解析几何.

§1.1 数 和 代 数 式

1.1.1 实数及其运算性质

学习数学是先从认识数字开始的,先后经历了从自然数、整数到分数、小数、百分数,再到负数、有理数、实数的过程. 这种演化可以清楚地表示如下:

$$
实数
\begin{cases}
有理数
\begin{cases}
整数
\begin{cases}
正整数 \\
0 \\
负整数
\end{cases} \\
分数
\end{cases} \\
无理数
\end{cases}
$$

通过在水平线上选择原点(0点)和单位长度,可将实数表示在这条水平线上(图1-1). 如果实数 r 是正数,则放在 0 点的右边 r 个单位的地方;如果实数 r 是负数,则放在 0 点的左边 $-r$ 个单位的地方. 这条水平线称为数轴,也称为坐标轴. 每一个实数都对应这条线上的一点,这条线上的每一点都对应一个实数.

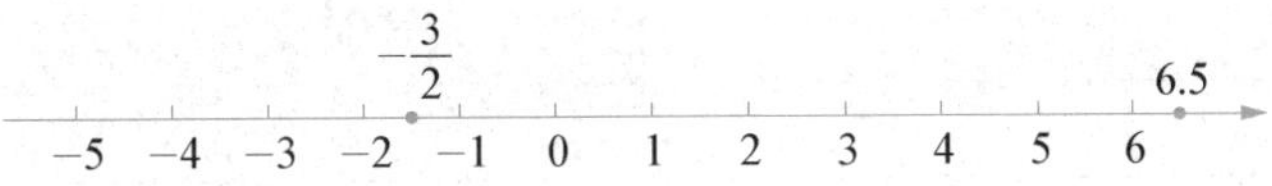

图 1-1

实数与小数有着密切的关系.一方面,每一个小数都表示一个实数.例如,正的小数

$$n. a_1a_2a_3\cdots = n + \frac{a_1}{10} + \frac{a_2}{100} + \frac{a_3}{1\,000} + \cdots,$$

负的小数

$$-n. a_1a_2a_3\cdots = -n - \frac{a_1}{10} - \frac{a_2}{100} - \frac{a_3}{1\,000} - \cdots,$$

其中,n 为整数,a_1,a_2,a_3,$\cdots$为 0 到 9 之中的数.

例如,$2.135 = 2 + \frac{1}{10} + \frac{3}{100} + \frac{5}{1\,000}$,右侧为若干个实数相加,仍为实数.再如,$-5.453 = -5 - \frac{4}{10} - \frac{5}{100} - \frac{3}{1\,000}$,右侧为若干个实数相减,仍为实数.

另一方面,每个实数都可以用小数表示.整数可以表示为小数点后是零的小数.例如,2 可以表示为 2.0,-5 可以表示为 -5.0,等等.分数可以表示为小数.例如,$\frac{1}{10} = 0.1$,$\frac{1}{3} = 0.333\,3\cdots$无限循环的小数.无理数可以表示为小数.例如,$\pi = 3.141\,5\cdots$无限不循环的小数.

微积分中涉及的数量都是实数,所以我们应该对实数的运算性质非常熟练.为此将实数的运算性质进行归纳,如表 1-1 所示.

表 1-1

运算性质	举例
$a + b = b + a$	$3 + 5 = 5 + 3$
$a + (b + c) = (a + b) + c$	$2 + (3 + 7) = (2 + 3) + 7$
$a + 0 = a$	$6 + 0 = 6$
$a + (-a) = 0$	$4 + (-4) = 0$
$a - b = a + (-b)$	$5 - 4 = 5 + (-4)$
$a - (-b) = a + b$	$4 - (-3) = 4 + 3$
$ab = ba$	$2 \times 3 = 3 \times 2$
$a(bc) = (ab)c$	$2(3 \times 4) = (2 \times 3)4$
$a \cdot 1 = 1 \cdot a = a$	$5 \times 1 = 1 \times 5 = 5$
$a\left(\frac{1}{a}\right) = 1 (a \neq 0)$	$5 \times \frac{1}{5} = 1$
$\dfrac{1}{\frac{1}{a}} = a (a \neq 0)$	$\dfrac{1}{\frac{1}{2}} = 2$
$a(b + c) = ab + ac$	$2(4 + 5) = 2 \times 4 + 2 \times 5$
$-(-a) = a$	$-(-5) = 5$

运算性质	举　例
$(-a)b = -ab = a(-b)$	$(-3)5 = -3 \times 5 = 3(-5)$
$(-a)(-b) = ab$	$(-3)(-4) = 3 \times 4$
$(-1)a = -a$	$(-1)4 = -4$
$a \cdot 0 = 0$	$6 \times 0 = 0$
如果 $ab = 0$, 则 $a = 0$ 或 $b = 0$	
$a \div b = \dfrac{a}{b}(b \neq 0)$	$5 \div 6 = \dfrac{5}{6}$
$a \cdot b = ab$	$3 \cdot 4 = 3(4)$
如果 $ad = bc$, 则 $\dfrac{a}{b} = \dfrac{c}{d}(b, d \neq 0)$	$3 \times 4 = 2 \times 6$, 则 $\dfrac{3}{2} = \dfrac{6}{4}$
$\dfrac{ca}{cb} = \dfrac{a}{b}(b, c \neq 0)$	$\dfrac{2 \times 3}{2 \times 5} = \dfrac{3}{5}$
$\dfrac{a}{-b} = \dfrac{-a}{b} = -\dfrac{a}{b}(b \neq 0)$	$\dfrac{3}{-4} = \dfrac{-3}{4} = -\dfrac{3}{4}$
$\dfrac{a}{b} \cdot \dfrac{c}{d} = \dfrac{ac}{bd}(b, d \neq 0)$	$\dfrac{3}{5} \times \dfrac{2}{7} = \dfrac{3 \times 2}{5 \times 7}$
$\dfrac{a}{b} \div \dfrac{c}{d} = \dfrac{a}{b} \cdot \dfrac{d}{c} = \dfrac{ad}{bc}(b, c, d \neq 0)$	$\dfrac{2}{3} \div \dfrac{5}{7} = \dfrac{2}{3} \times \dfrac{7}{5} = \dfrac{2 \times 7}{3 \times 5}$
$\dfrac{a}{b} + \dfrac{c}{d} = \dfrac{ad + cb}{bd}(b, d \neq 0)$	$\dfrac{3}{4} + \dfrac{5}{9} = \dfrac{3 \times 9 + 5 \times 4}{4 \times 9}$
$\dfrac{a}{b} - \dfrac{c}{d} = \dfrac{ad - cb}{bd}(b, d \neq 0)$	$\dfrac{5}{3} - \dfrac{4}{7} = \dfrac{5 \times 7 - 4 \times 3}{3 \times 7}$
$\dfrac{a}{b} = a \cdot \dfrac{1}{b}(b \neq 0)$	$\dfrac{2}{3} = 2 \times \dfrac{1}{3}$
$a = a^1, a \cdot a = a^2, a \cdot a \cdot a = a^3$ $\overbrace{a \cdot a \cdot a \cdot \cdots \cdot a}^{n} = a^n$	$\overbrace{3 \cdot 3 \cdot 3 \cdot \cdots \cdot 3}^{10} = 3^{10}$
$a^0 = 1, 1^a = 1$, 其中 a 为不等于 0 的实数	$5^0 = 1, 1^{0.1} = 1$
$0! = 1, 1! = 1, 2! = 2 \times 1$ $n! = n \times (n-1) \cdots (2)(1)$	$6! = 6 \times 5 \times 4 \times 3 \times 2 \times 1$

练习 根据上面的实数运算性质, 请举出几个例子.

1.1.2 多项式的因式分解

一、多项式

我们已经知道

$$a = a^1, a \cdot a = a^2, a \cdot a \cdot a = a^3, \overbrace{a \cdot a \cdot a \cdot \cdots \cdot a}^{n} = a^n,$$

形如

$$a_n x^n + a_{n-1} x^{n-1} + \cdots + a_0$$

的式子称为 多项式，其中 a_n，a_{n-1}，$\cdots$，a_0 为常数.

例如，$3x^4 + 5x^2 + 1$ 就是一个多项式.

二、多项式分解

对于多项式，质因式是指在整数系数的范围内不能表示成两个或以上整系数的多项式乘积. 多项式分解就是将多项式分解成几个质因式的乘积.

如何将一个多项式分解呢？常用的方法有提取公因式法、公式法和分组分解法. 对于二次三项式可以采用十字相乘法. 下面分别加以介绍.

1. 提取公因式法

例如，$4a^2 x + 6ax + 2a = 2a \cdot 2ax + 2a \cdot 3x + 2a \cdot 1 = 2a(2ax + 3x + 1)$.

2. 公式法

常见的公式如下：

(1) $a^2 - 2ab + b^2 = (a - b)^2$；   (2) $a^2 + 2ab + b^2 = (a + b)^2$；

(3) $a^2 - b^2 = (a + b)(a - b)$；   (4) $a^3 - b^3 = (a - b)(a^2 + ab + b^2)$；

(5) $a^3 + b^3 = (a + b)(a^2 - ab + b^2)$.

利用上述公式，我们可以进行一些因式分解.

例如，$16x^2 - 9y^2 = (4x)^2 - (3y)^2 = (4x + 3y)(4x - 3y)$.

3. 分组分解法

把一个多项式适当地分组，使分组后各组之间有公因式或者可以用公式法，这种利用分组来分解因式的方法叫分组分解法.

例如，$x^3 + x + x^2 + 1 = x^3 + x^2 + x + 1 = x^2(x + 1) + (x + 1) = (x + 1)(x^2 + 1)$.

对于比较复杂的多项式，往往需要多次分解.

例如，$x^4 - 16 = (x^2)^2 - 4^2 = (x^2 + 4)(x^2 - 4) = (x^2 + 4)(x^2 - 2^2)$

$$= (x^2 + 4)(x + 2)(x - 2).$$

再如，$x^3 - 12x^2 - 45x = x(x^2 - 12x - 45) = x(x - 15)(x + 3)$.

4. 二次三项式 $px^2 + qx + r$ 的分解

如果 $px^2 + qx + r$ 可以分解，则应该分解成 $px^2 + qx + r = (ax + b)(cx + d)$ 的形式. 因为 $(ax + b)(cx + d) = acx^2 + (ad + bc)x + bd$，所以 $px^2 + qx + r$ 的分解归结为选择合适的 a，c，b，d，使得 $ac = p$，$bd = r$，并且满足 $ad + bc = q$，这就是所谓的十字相乘法. 如何选择合适的 a，c，b，d 呢？主要是通过尝试来实现.

例如，要对 $x^2 + 6x + 5$ 进行分解，通过分析可以看出，要分解的两个一次式中的系数 a，c 均应为 1，即 $1 \times 1 = 1$. 接下来把 5 进行分解，可以分解为 $1 \times 5 = 5$，这样再看交叉相乘后是否等于 6. 经检验恰好满足，所以 $x^2 + 6x + 5$ 可以分解为 $(x + 1)(x + 5)$.

多项式因式分解可以概括为 4 句话："先看有无公因式，再看能否套公式，十字相乘试一试，分组分解要合适".

1. 化简下列各式:

(1) $(x - y + 1) - (2x - y - 3)$;　　(2) $x^2 - [x^2 - x - (2x + 5)]$;

(3) $6\left[\dfrac{1}{2}(a + b) - \dfrac{2}{3}(a - b)\right]$.

2. 计算 $\dfrac{\dfrac{1}{2} - \left(-\dfrac{1}{3} + \dfrac{1}{5}\right)}{\dfrac{1}{4} + \dfrac{1}{5}} \div \dfrac{7}{3}$.

3. 对下列各式进行因式分解:

(1) $5x^2 - 30x + 45$;　　(2) $81x^2 + 72xy + 16y^2$;　　(3) $(4x - 3)^2 - (x - 3)^2$;

(4) $x^2 - x - 2$;　　　　(5) $x^2 - 12x + 35$.

§1.2　方 程 的 求 解

方程是指含有未知量的等式. 如 $2x + 3 = 7$,$3x^2 + 4x = 7$ 等,都是方程. 下面主要讨论一元方程.

1.2.1　一元一次方程的求解

形如 $ax + b = 0$ 的方程称为一元一次方程,其中 a,b 为实数,且 $a \neq 0$. 下面通过一个例子说明此类方程的解法.

例 1 - 1　解方程 $0.52x - (1 - 0.52)x - 80 = 0$.

解　方程左边去括号,可得 $0.52x - 0.48x - 80 = 0$.

上式两边加 80,可得 $0.04x - 80 + 80 = 80$,$0.04x = 80$.

上式两边乘以 $\dfrac{100}{4}$,可得 $\left(\dfrac{100}{4}\right)0.04x = 80\left(\dfrac{100}{4}\right)$,$x = 2\,000$.

我们将 $x = 2\,000$ 代入原方程,很容易验证方程两边相等. 像 $x = 2\,000$ 这样,使方程两边相等的未知数的值称为方程的解. 只含一个未知数的方程的解,也称为方程的根.

1.2.2　一元二次方程的求解

形如 $px^2 + qx + r = 0$ 的方程,称为一元二次方程,其中 p,q,r 为实数,且 $p \neq 0$. 求解此类方程主要有下列 3 种方法,下面分别说明.

一、通过因式分解求解方程

如果能够将 $px^2 + qx + r$ 因式分解,则很容易求出方程的解来.

例 1 - 2　解方程 $3x^2 + 13x + 4 = 0$.

解　$3x^2+13x+4=(3x+1)(x+4)$，原方程可以写成 $(3x+1)(x+4)=0$．因为乘积等于 0 当且仅当因子之一等于 0，所以有 $3x+1=0$，此时 $x=-\dfrac{1}{3}$；或 $x+4=0$，此时 $x=-4$．所以，$-\dfrac{1}{3}$ 和 -4 都是方程的解．

我们可以通过将这两个数代入原方程进行验证．因为

$$3\left(-\dfrac{1}{3}\right)^2+13\cdot\left(-\dfrac{1}{3}\right)+4=\dfrac{1}{3}-\dfrac{13}{3}+4=0,$$

$$3(-4)^2+13\cdot(-4)+4=48-52+4=0,$$

所以这两个数都满足方程．

二、通过配方求解

当二次三项式不容易分解时，可以采用配方法求解．对于 x^2+Ax，可以通过增加 $\left(\dfrac{1}{2}A\right)^2$ 一项来实现完全平方，即

$$x^2+Ax+\left(\dfrac{1}{2}A\right)^2=\left(x+\dfrac{1}{2}A\right)^2.$$

下面通过例子加以说明此种求解二次方程的方法．

例 1-3　求解 $20x^2+31x+12=0$．

解　$x^2+\dfrac{31}{20}x+\dfrac{12}{20}=0$，$x^2+\dfrac{31}{20}x=-\dfrac{12}{20}$，$x^2+\dfrac{31}{20}x+\left(\dfrac{31}{40}\right)^2=-\dfrac{12}{20}+\left(\dfrac{31}{40}\right)^2$，

$$\left(x+\dfrac{31}{40}\right)^2=\dfrac{1}{1\,600},\ x+\dfrac{31}{40}=\pm\sqrt{\dfrac{1}{1\,600}}=\pm\dfrac{1}{40},\ x=-\dfrac{31}{40}\pm\dfrac{1}{40}.$$

所以 $x=-\dfrac{31}{40}+\dfrac{1}{40}=-\dfrac{3}{4}$ 或 $x=-\dfrac{31}{40}-\dfrac{1}{40}=-\dfrac{4}{5}$．因此方程的解为 $-\dfrac{3}{4}$ 和 $-\dfrac{4}{5}$．

三、公式法

应用前面的配方法，可以很容易地得到一般的公式．

假设二次方程为 $ax^2+bx+c=0$，其中 $a\neq0$，则有 $x^2+\dfrac{b}{a}x+\dfrac{c}{a}=0$，$x^2+\dfrac{b}{a}x=-\dfrac{c}{a}$，

$x^2+\dfrac{b}{a}x+\left(\dfrac{b}{2a}\right)^2=-\dfrac{c}{a}+\left(\dfrac{b}{2a}\right)^2$，$\left(x+\dfrac{b}{2a}\right)^2=\dfrac{b^2-4ac}{4a^2}$，则

$$x+\dfrac{b}{2a}=\pm\sqrt{\dfrac{b^2-4ac}{4a^2}}=\pm\dfrac{\sqrt{b^2-4ac}}{2a},\ x=\dfrac{-b\pm\sqrt{b^2-4ac}}{2a}.$$

当 $b^2-4ac>0$ 时，有两个实根；当 $b^2-4ac=0$ 时，有一个实根；当 $b^2-4ac<0$ 时，没有实根．

根据上面的公式，可以直接求解．

例 1-4　求解方程 $3x^2+5x-1=0$．

解　此时 $a=3$，$b=5$，$c=-1$，所以 $b^2-4ac=5^2-4\cdot3\cdot(-1)=37$，且

$$x = \frac{-b \pm \sqrt{b^2 - 4ac}}{2a} = \frac{-5 \pm \sqrt{37}}{6}.$$

1.2.3 线性方程组的求解

对于线性方程组,可以采用一般的方法求解.先以两个未知数的线性方程组为例说明.

例 1 - 5 解线性方程组 $\begin{cases} 5x + 3y - 21 = 0, \\ 2x - 7y + 8 = 0. \end{cases}$

解 可以通过将其化为等价的三角形方程组来解,步骤如下:

$$\begin{cases} 5x + 3y - 21 = 0 \quad (1) \\ 2x - 7y + 8 = 0 \quad (2) \end{cases} \xrightarrow{(1) \leftrightarrow (2)} \begin{cases} 2x - 7y + 8 = 0 \quad (3) \\ 5x + 3y - 21 = 0 \quad (4) \end{cases}$$

$$\xrightarrow{2 \times (4) - 5 \times (3)} \begin{cases} 2x - 7y + 8 = 0 \quad (5) \\ 41y - 82 = 0 \quad (6) \end{cases} \longrightarrow \begin{cases} 2x - 7y + 8 = 0 \quad (7) \\ y = 2 \quad (8) \end{cases}$$

$$\longrightarrow \begin{cases} x = 3, \\ y = 2. \end{cases}$$

对于 3 个及其以上未知数的方程组,此方法同样适用.

例 1 - 6 解线性方程组 $\begin{cases} 3x - y + 2z = -1, \\ 4x + y - 5z = 11, \\ 2x + 3y - 2z = 10. \end{cases}$

解 $\begin{cases} 3x - y + 2z = -1 \quad (1) \\ 4x + y - 5z = 11 \quad (2) \\ 2x + 3y - 2z = 10 \quad (3) \end{cases} \xrightarrow[3 \times (3) - 2 \times (1)]{3 \times (2) - 4 \times (1)} \begin{cases} 3x - y + 2z = -1 \quad (4) \\ 7y - 23z = 37 \quad (5) \\ 11y - 10z = 32 \quad (6) \end{cases}$

$$\xrightarrow{7 \times (6) - 11 \times (5)} \begin{cases} 3x - y + 2z = -1 \quad (7) \\ 7y - 23z = 37 \quad (8) \\ 183z = -183 \quad (9) \end{cases} \xrightarrow{(9) \div 183} \begin{cases} 3x - y + 2z = -1 \quad (10) \\ 7y - 23z = 37 \quad (11) \\ z = -1 \quad (12) \end{cases}$$

$$\longrightarrow \begin{cases} 3x - y + 2z = -1 \\ y = 2 \\ z = -1 \end{cases} \longrightarrow \begin{cases} x = 1, \\ y = 2, \\ z = -1. \end{cases}$$

此种方法可以概括为以下步骤:

(1) 将方程组中第一个未知数前面系数不为零的方程调整为方程组的第一个方程,并将后面其他方程通过与第一个方程进行运算,消去第一个未知数;

(2) 从得到的不含有第一个未知数的方程中,将第二个未知数前面系数不为零的方程调整为方程组的第二个方程,并将后面其他方程通过与第二个方程进行运算,消去第二个未知数;

(3) 重复上面的过程,直到最后一个方程中只含有一个未知数为止;

(4) 求解最后的方程,并将此结果带入倒数第二个方程中,求解相应的方程,得出另一个未知数,并将这两个未知数的解,同时带入倒数第三个方程中……依此类推,可以求出全部未知数的解.

习题 1 - 2

1. 通过因式分解求解下列方程：

(1) $x^2 - 12x + 35 = 0$;　　(2) $8x^2 + 31x - 4 = 0$;　　(3) $3t^2 + 14t - 5 = 0$.

2. 通过配方法求解下列方程：

(1) $x^2 - 12x + 35 = 0$;　　(2) $2x^2 + 8x - 6 = 0$;　　(3) $t^2 + 4t + 5 = 0$.

3. 利用公式求解下列方程：

(1) $2x^2 - 3x + 2 = 0$;　　(2) $3x^2 + 10x + 8 = 0$;　　(3) $t^2 - 5t - 25 = 0$.

4. 解下列方程组：

(1) $\begin{cases} x - 2y + 3z = 4, \\ 4x - 5y + 3z = 7, \\ 2x + 4y - 5z = -3; \end{cases}$　　(2) $\begin{cases} 12x - 5y + 3z = 1, \\ 6x + 2y - 3z = 0, \\ 4x + 5y - 6z = 14. \end{cases}$

§1.3　集 合 与 区 间

1.3.1　寓意箭头

很多数学上的叙述具有下面的形式：

$$\text{如果 } A \text{ 命题成立，则 } B \text{ 命题成立}.$$

它的另一种形式是"A 命题推出 B 命题"，经常写作"$A \Rightarrow B$"，符号"$\Rightarrow$"称为寓意箭头.

有时，我们也使用双寓意箭头"$\Leftrightarrow$"，其含义为

$$A \Leftrightarrow B \text{ 意味着 } A \Rightarrow B \text{ 并且 } B \Rightarrow A.$$

例如，对于"如果 $x \neq 0$，则 $x^2 > 0$"，可以表示为"$x \neq 0 \Rightarrow x^2 > 0$".

又如，对于"$x \neq 0 \Rightarrow x^2 > 0$，且 $x^2 > 0 \Rightarrow x \neq 0$"，可以表示为"$x \neq 0 \Leftrightarrow x^2 > 0$".

由双寓意箭头表示的命题也称为等价.

一方面，"当 B 成立 A 成立"是 $B \Rightarrow A$；另一方面，"A 成立仅当 B 成立"意味着只有 B 成立，A 才会成立，或者说没有 B 成立就不会有 A 成立，即 $A \Rightarrow B$. 所以"$A \Leftrightarrow B$"也意味着"A 成立当且仅当 B 成立".

1.3.2　集合

一、集合的概念

集合是由一些对象聚集在一起组成的，集合中的每个对象称为元素. 通常用大写拉丁字

母 A，B，C，…表示集合，用小写拉丁字母 a，b，c，…表示集合的元素.

如果元素 x 在集合 A 中，记作 $x \in A$；如果元素 x 不在集合 A 中，记作 $x \notin A$. 例如，$0 \in \{0, 1, 2\}$，$1 \in \{0, 1, 2\}$，$2 \in \{0, 1, 2\}$，但是 $3 \notin \{0, 1, 2\}$.

集合可以用大括号表示. 例如，仅包含元素 a 的集合可以表示为 $\{a\}$，包含元素 a，b 的集合可以表示为 $\{a, b\}$，包含元素 a，b，c 的集合可以表示为 $\{a, b, c\}$，依此类推.

我们也可以用大括号表示无限集合. 例如，$\{1, 2, 3, \cdots\}$ 表示正整数集合，$\{-1, -2, -3, \cdots\}$ 表示负整数集合.

集合经常被一条性质所定义. 例如，$\{x \mid x > 2\}$ 表示所有大于 2 的实数组成的集合，$\{x \mid 1 < x < 2\}$ 表示所有介于 1 和 2 之间的实数组成的集合.

设 A，B 为两个集合，如果集合 A 的元素都是集合 B 的元素，则称 A 是 B 的子集，或称 B 包含 A（A 包含于 B），记作 $A \subset B$.

若 $A \subset B$ 且 $B \subset A$，则称集合 A 与集合 B 相等，记作 $A = B$.

把没有任何元素的集合称为**空集**，记作 $\varnothing$.

二、集合的运算

1. 集合的交

由所有属于集合 A 且属于集合 B 的元素组成的集合称为 A 与 B 的**交**，记作 $A \bigcap B$. 可用图 1 - 2 表示. 用数学符号表示上述的定义为

$$x \in A \bigcap B \Leftrightarrow x \in A \text{ 且 } x \in B.$$

图 1 - 2   图 1 - 3

例如，如果 $A = \{a, b, c, d, e\}$，$B = \{c, d, e, f\}$，则 $A \bigcap B = \{c, d, e\}$.

2. 集合的并

由所有属于集合 A 或集合 B 的元素组成的集合称为 A 与 B 的**并**，记作 $A \bigcup B$. 可用图 1 - 3 表示. 用数学符号表示上述定义为

$$x \in A \bigcup B \Leftrightarrow x \in A \text{ 或 } x \in B.$$

例如，如果 $A = \{3, 4, 5, 6\}$，$B = \{5, 6, 7, 8\}$，则 $A \bigcup B = \{3, 4, 5, 6, 7, 8\}$.

如果两个集合 A 和 B 没有公共元素，则称集合 A 与集合 B **不相交**，记作 $A \bigcap B = \varnothing$.

对于空集 $\varnothing$，$A \bigcap \varnothing = \varnothing$，$A \bigcup \varnothing = A$.

1.3.3 区间

区间是用得较多的一类数集. 在数轴上取两点 a，b，且 $a < b$，如图 1 - 4 所示.

图 1 - 4

用开区间(a, b)表示介于a和b之间的所有实数,即$(a, b) = \{x \mid a < x < b\}$.可用图 1-5 表示.

图 1-5　　　　　　　　　　　图 1-6

用闭区间$[a, b]$表示开区间(a, b)和两个端点,即$[a, b] = \{x \mid a \leqslant x \leqslant b\}$.可用图1-6 表示.

其他的区间及图示如下:

$(a, b] = \{x \mid a < x \leqslant b\}$

$[a, b) = \{x \mid a \leqslant x < b\}$

$(a, +\infty) = \{x \mid a < x\}$

$[a, +\infty) = \{x \mid a \leqslant x\}$

$(-\infty, b) = \{x \mid x < b\}$

$(-\infty, b] = \{x \mid x \leqslant b\}$

$(-\infty, +\infty) = R$,表示数轴上所有的点.

对区间可以进行交并运算.例如,$(0, 1) \bigcap \left[\dfrac{1}{2}, 3\right] = \left[\dfrac{1}{2}, 1\right)$,$(0, 1) \bigcup \left[\dfrac{1}{2}, 3\right] = (0, 3]$.

1.3.4　不等式

解关于x的方程就是找出使方程成立的数x的集合,解关于x的不等式就是找出使不等式成立的数x的集合.解不等式类似于解方程,但也有差别.两者的类似之处包括:

(1) 不等式两边加上或减去同一个数,不等号不改变.例如,由$x - 2 < 7$可以得到$x < 9$,由$x + 2 < 7$可以得到$x < 5$.

(2) 不等式两边同乘以一个正数,不等号不改变.例如,由$\dfrac{1}{2}x < 7$可以得到$x < 14$.

两者的不同之处是不等式两边同乘以一个负数时,不等式改变方向.例如,由$-\dfrac{1}{2}x < 7$可以得到$x > -14$.

一、一次不等式的求解

例 1-7　解不等式$-\dfrac{1}{2}(x + 2) < 9$.

解　不等式两边同乘以-2,得$x + 2 > -18$.再从两边减去 2,得$x > -20$.所以不等式的解为$(-20, +\infty)$.

二、多项式不等式的求解

对于多项式不等式,可以采用分解因式法和符号表格方法来求解.下面通过一个例题来说明此种方法.

例 1-8 解不等式 $x^2 - 5x + 6 > 0$.

解 (1) 令 $x^2 - 5x + 6 = 0$,得 $(x-3)(x-2) = 0$,所以 $x_1 = 2$, $x_2 = 3$.

(2) 列表(表 1-3)讨论.

表 1-3

x	$(-\infty, 2)$	2	$(2, 3)$	3	$(3, +\infty)$
$x-2$	$-$	0	$+$	$+$	$+$
$x-3$	$-$	$-$	$-$	0	$+$
$(x-2)(x-3)$	$+$	0	$-$	0	$+$

(3) 得出结果. 从表 1-3 可以看出,原不等式的解为 $(-\infty, 2) \bigcup (3, +\infty)$.

求解多项式不等式的因式分解与符号表格方法,可以概括为:先将多项式分解为实数范围内的一次因式和不能再分解的二次因式的乘积形式,求出对应的等式的实数根.再用这些根将 $(-\infty, +\infty)$ 划分,列表讨论各个因式在各个范围的正负号.最后计算出相乘因子在各个范围的正负号,由此确定不等式的解.

习题 1-3

1. 已知 $A = \{x \mid x > 2\}$,$B = \{x \mid x \leqslant 4\}$,$C = \{x \mid x > 3\}$,求下列集合:

(1) $A \bigcup C$;　　　　(2) $A \bigcap C$;　　　　(3) $B \bigcup C$;

(4) $B \bigcap C$;　　　　(5) $A \bigcap (B \bigcap C)$;　　(6) $A \bigcap (B \bigcup C)$.

2. 求出下列集合:

(1) $(0, 1) \bigcup \left(\frac{1}{2}, 2\right)$;　　　　　(2) $(0, 1) \bigcap \left(\frac{1}{2}, 2\right)$;

(3) $(0, 1) \bigcap \{1\}$;　　　　　　　(4) $(0, 1) \bigcup \{1\}$;

(5) $[0, 1] \bigcup \left(\frac{1}{2}, 2\right]$;　　　　　(6) $[0, 1] \bigcap \left(\frac{1}{2}, 2\right]$;

(7) $(-3, +\infty) \bigcup [-2, 0)$;　　　(8) $(-3, +\infty) \bigcap [-2, 0)$;

(9) $(-\infty, 3) \bigcup [-2, +\infty)$;　　(10) $(-\infty, 3) \bigcap [-2, +\infty)$.

3. 找出将区间 $[0, 1]$ 细分 3 等份的两个点.

4. 求解下列不等式:

(1) $4x - 7 > 1$;　　(2) $1 - 2x < 8$;　　(3) $x^2 - 1 < 0$;

(4) $x^2 - 5x + 4 < 0$;　(5) $x^5 - x^3 - 2x < 0$;　(6) $\frac{x-2}{x-5} > 2$.

§1.4 解析几何

1.4.1 平面直角坐标系

如图 1-7 所示,在平面内画出两条相交成直角并且原点重合的数轴,这两条数轴就组成了**平面直角坐标系**.水平的数轴称为 x 轴,习惯上取向右方向为**正方向**;垂直的数轴称为 y 轴,习惯上取向上方向为**正方向**;交点称为平面直角坐标系的**原点**,记作 O,它对应着两个数轴的原点.

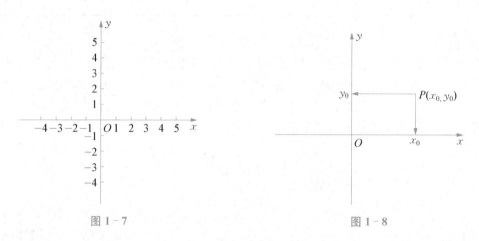

图 1-7　　　　　　　　　　　　　　图 1-8

有了平面直角坐标系后,平面上的每一个点可以用一对数组表示.如图 1-8 所示,如果点 P 在 x 轴上的投影有坐标 x_0,在 y 轴上的投影有坐标 y_0,则点 P 的坐标为 (x_0,y_0).反之,一对数组可以表示平面上的一点.为了说明具有坐标 (x_0,y_0) 的点(将此点记作 $P(x_0,y_0)$),在 x 轴上取坐标为 x_0 的点,在 y 轴上取坐标为 y_0 的点,过这两点分别作垂直于所在坐标轴的垂线,两者的交点就是 $P(x_0,y_0)$.

下面举例来说明点与坐标的联系.

如图 1-9 所示,P_4 和 P_8 点在 x 轴上,它们的坐标具有 $(a,0)$ 的特点;P_2 和 P_6 点在 y 轴上,它们的坐标具有 $(0,b)$ 的特点;其余点的横纵坐标均非零,且位于 4 个象限中的一个,4 个象限的位置如图 1-10 所示.第 1 象限的点的两个坐标都是正的;第 2 象限的点的 x 坐标是负的,y 坐标是正的;第 3 象限的点的两个坐标均为负的;第 4 象限的点的 x 坐标是正的,y 坐标是负的.

从图 1-9 可以看出,$P_1(5,4)$ 和 $P_7(5,-4)$,$P_3(-5,4)$ 和 $P_5(-5,-4)$ 关于 x 轴对称;$P_1(5,4)$ 和 $P_3(-5,4)$,$P_5(-5,-4)$ 和 $P_7(5,-4)$ 关于 y 轴对称;$P_3(-5,4)$ 和 $P_7(5,-4)$,$P_1(5,4)$ 和 $P_5(-5,-4)$ 关于原点对称.

一般地,$P(a,b)$ 和 $P(a,-b)$ 关于 x 轴对称,$P(a,b)$ 和 $P(-a,b)$ 关于 y 轴对称,$P(a,b)$ 和 $P(-a,-b)$ 关于原点对称.

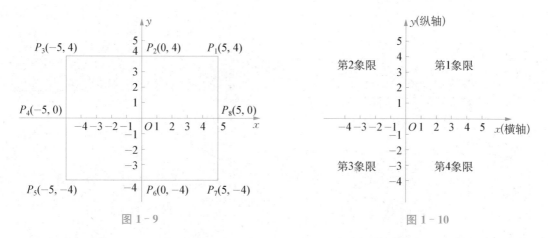

图 1-9   图 1-10

按照数轴的定义,闭区间 $[a, b]$ 的中点坐标为

$$a+\frac{1}{2}(b-a)=\frac{1}{2}(a+b).$$

利用上面的结论不难得到下面的定理.

定理 1-1 连接 $P_1(x_1, y_1)$ 和 $P_2(x_2, y_2)$ 的线段 $\overline{P_1P_2}$ 的中点坐标为 $\left(\frac{1}{2}(x_1+x_2),\right.$ $\left.\frac{1}{2}(y_1+y_2)\right)$.

例 1-9 求连接点 $P_1(5, -1)$ 和点 $P_2(3, 4)$ 线段的中点坐标.

解 利用定理 1-1,可知中点的横坐标为 $\frac{1}{2}(5+3)=4$,纵坐标为 $\frac{1}{2}(-1+4)=\frac{3}{2}$,于是,中点坐标为 $\left(4, \frac{3}{2}\right)$.

1.4.2 直线斜率

图 1-11 给出通过一点的几条直线,这些直线的倾斜率是不同的.

l_1:当 x 轴增加 3 时 y 轴增加 5,所以倾斜率为 $\frac{5}{3}$;

l_2:当 x 轴增加 3 时 y 轴增加 1,所以倾斜率为 $\frac{1}{3}$;

l_3:当 x 轴增加 3 时 y 轴保持不变,所以倾斜率为 0;

l_4:当 x 轴增加 3 时 y 轴减少 5,所以倾斜率为 $-\frac{5}{3}$.

一般地,要确定一条不垂直于 x 轴的直线的倾斜率,需要知道两点坐标. 如图 1-12 所示,经 $P_0(x_0, y_0)$ 和 $P_1(x_1, y_1)$ 两点的直线的倾斜率为 $\frac{y_1-y_0}{x_1-x_0}$,这个比值称为**直线的斜率**,一般用 k 表示.

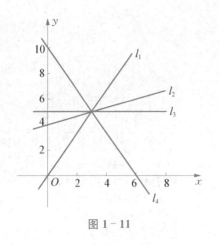

图 1-11

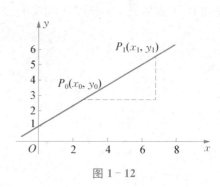

图 1-12

斜率的符号意义,如图 1-13 所示.

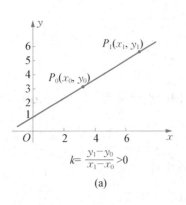

$$k=\frac{y_1-y_0}{x_1-x_0}>0$$

(a)

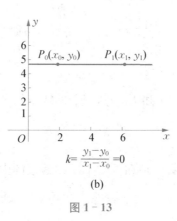

$$k=\frac{y_1-y_0}{x_1-x_0}=0$$

(b)

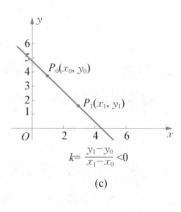

$$k=\frac{y_1-y_0}{x_1-x_0}<0$$

(c)

图 1-13

（1）斜率符号为正号：表示直线从左到右上升；

（2）斜率为 0：表示直线为水平线；

（3）斜率符号为负号：表示直线从左到右下降.

斜率的概念不适合于垂直 x 轴的直线,因为在该直线上点的横坐标相同,即 $x_1-x_0=0$,所以 $\frac{y_1-y_0}{x_1-x_0}$ 没有定义.

容易看出,两条均不垂直于 x 轴的直线相互平行的充分必要条件是它们的斜率相等,即斜率之间的关系为

$$l_1 \mathbin{/\mkern-4mu/} l_2 \Leftrightarrow k_1 = k_2.$$

证明 在图 1-14 中画出两条均不垂直于 x 轴的直线 l_1 和 l_2. 由初等几何可以得到

$$l_1 \mathbin{/\mkern-4mu/} l_2 \Leftrightarrow \angle 1 = \angle 3 \text{ 且 } \angle 2 = \angle 4$$

$$\Leftrightarrow \text{两个直角三角形相似} \Leftrightarrow k_1 = \frac{b}{a} = \frac{d}{c} = k_2.$$

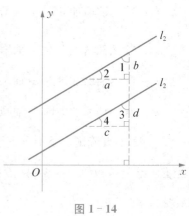

图 1-14

两条均不垂直于 x 轴的直线相互垂直的充分必要条件是它们的斜率乘积等于 -1,即斜率之间的关系为

$$l_1 \perp l_2 \Leftrightarrow k_1 \cdot k_2 = -1.$$

证明 在图 1-15 中,两条均不垂直于 x 轴的直线相交于 $P_0(x_0, y_0)$. 因为 $l_1 \perp l_2$,不难看出 $\angle 1 = \angle 2$,于是在图 1-15 中的两个直角三角形相似,所以对应边成比例,即

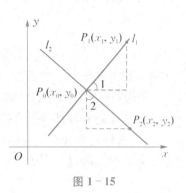

图 1-15

$$\frac{y_1 - y_0}{x_2 - x_0} = \frac{x_1 - x_0}{y_0 - y_2}.$$

由上式可得 $\dfrac{y_1 - y_0}{x_2 - x_0} \cdot \dfrac{y_0 - y_2}{x_1 - x_0} = 1$,所以 $\dfrac{y_1 - y_0}{x_2 - x_0} \cdot \dfrac{y_2 - y_0}{x_1 - x_0} = -1$,变形可得 $\dfrac{y_1 - y_0}{x_1 - x_0} \cdot \dfrac{y_2 - y_0}{x_2 - x_0} = -1$,即 $k_1 \cdot k_2 = -1$.

将上述证明过程倒推,可以得到下面的结论:

如果 $k_1 \cdot k_2 = -1$,则 $l_1 \perp l_2$.

1.4.3 直线方程

我们将直线分为垂直于 x 轴与不垂直于 x 轴两种. 下面分别讨论它们的方程.

一、垂直于 x 轴的直线

如果 l 是一条垂直于 x 轴的直线,则 l 与 x 轴必在某点 $P(a, 0)$ 处相交,称 a 为直线 l 在 x 轴上的截距.

点 $P(x, y)$ 在直线 l 上当且仅当 $x = a$,于是,直线 l 的方程为 $x = a$.

二、不垂直于 x 轴的直线

1. 斜截式方程

如果 l 是一条不垂直于 x 轴的直线(图 1-16),则 l 必有斜率 k 且与 y 轴相交于 $Q(0, b)$ 点,称 b 为直线 l 在 y 轴上的截距.

设点 $P(x, y)$ 为在直线 l 上不同于点 $Q(0, b)$ 的任意一点,则通过点 $P(x, y)$ 和点 $Q(0, b)$ 的斜率为 $\dfrac{y - b}{x - 0}$. 又因为点 $P(x, y)$ 和 $Q(0, b)$ 在直线 l 上,所以此斜率应等于直线 l 的斜率,即

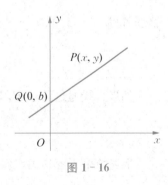

图 1-16

$$\frac{y - b}{x - 0} = k.$$

上式两边同乘以 x,得点 $P(x, y)$ 满足的方程为

$$y = kx + b.$$

直线 l 上的所有点,包括 $Q(0, b)$,都满足此方程. 此方程称为直线的斜截式方程. 它表示该直线具有斜率 k 且在 y 轴上的截距为 b.

如果直线是水平的,则 $k = 0$,此时方程为 $y = b$. 如果直线通过原点,则方程为 $y = kx$.

以上几种情况如图 1-17 所示.

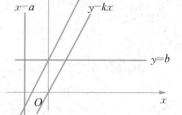

图 1-17

2. 线性方程

形如

$$Ax + By + C = 0(其中 A, B 不同时为 0)$$

的方程称为关于 x, y 的线性方程.

定理 1-2　每个直线都具有形式 $Ax + By + C = 0$(其中 A, B 不同时为 0) 的方程,每个这种形式的方程都表示直线.

3. 点斜式方程

如果直线通过一点 $P_0(x_0, y_0)$ 且有斜率 k,则该直线方程为

$$y - y_0 = k(x - x_0).$$

下面给出推导过程.

如图 1-18 所示,设通过点 $P_0(x_0, y_0)$ 且有斜率 k 的直线方程为

$$y = kx + b,$$

由于点 $P_0(x_0, y_0)$ 在此直线上,有

$$y_0 = kx_0 + b,$$

于是 $b = y_0 - kx_0$,代入 $y = kx + b$ 中, 得

$$y = kx + y_0 - kx_0,$$

整理可得

$$y - y_0 = k(x - x_0).$$

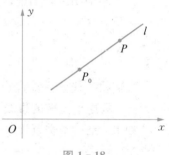

图 1-18

4. 两点式方程

如果直线通过两点 $P_0(x_0, y_0)$ 和 $P_1(x_1, y_1)$,则该直线方程为

$$y - y_0 = \frac{y_1 - y_0}{x_1 - x_0}(x - x_0).$$

上述结果很容易由点斜式方程推出,这里从略.

习题 1-4

1. 求出点 $P(2, -3)$ 关于(1)x 轴;(2)y 轴;(3)原点的对称点.

2. 求出端点为 $P_1(1, -2)$ 和 $P_2(2, -6)$ 的线段的中点坐标.

3. 已知点 M 平分线段 $\overrightarrow{P_1 P_2}$,如果 P_2 在点$(4, 8)$,点 M 在点$(1, -5)$,求点 P_1 的坐标.

4. 已知等边三角形的两点分别为原点 O 和 $P(0,b)$，求第 3 个点的坐标.

5. 下列直线通过已给的两点：

$$l_1：A(4,2)，B(7,1)；\quad l_2：C(2,5)，D(2,-1)；$$
$$l_3：E(0,0)，F(1,3)；\quad l_4：G(2,4)，H(1,0)；$$
$$l_5：I(-1,2)，J(5,2)；\quad l_6：K(3,2)，L(2,-1).$$

(1) 哪条直线是水平线？

(2) 哪条直线与 x 轴垂直？

(3) 哪两条直线互相平行？

(4) 哪两条直线互相垂直？

6. 通过点 $P(-2,5)$ 和点 $Q(2,3)$ 的直线与 x 轴和 y 轴分别相交何处？

7. 已知直线 l_1 通过点 $A(2,-3)$ 和点 $B(7,7)$，直线 l_2 通过点 $C(5,-1)$ 和点 $D(6,y_0)$，求满足下列条件的 y_0：

(1) $l_1 /\!/ l_2$；　(2) $l_1 \perp l_2$.

8. 找出下列直线的斜率和 y 轴上的截距：

(1) $y=x+4$；　(2) $4x=1$；　(3) $x+y+1=0$；　(4) $\dfrac{x}{a}+\dfrac{y}{b}=1$.

9. 已知直线 $l：2x+y+4=0$，求出满足下列条件的直线 $Ax+By+C=0$：

(1) 平行于 l 且在 y 轴的截距为 1；

(2) 垂直于 l 且在 y 轴的截距为 -3.

10. 求出通过点 $P(-2,-3)$ 且斜率为 3 的直线方程.

11. 求出通过点 $P(1,2)$ 和 $Q(2,1)$ 的直线 $Ax+By+C=0$.

12. 求出通过点 $P(2,7)$ 且满足下列条件的直线 $Ax+By+C=0$：

(1) 平行于 x 轴；

(2) 平行于直线 $x+y+1=0$；

(3) 垂直于直线 $3x-2y+6=0$.

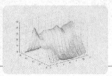

第 2 章

函数

微积分的基本运算都是在函数上进行的. 为了理解和实施这些运算, 必须对函数的概念很清楚. 本章介绍函数的相关内容, 主要包括: 函数的概念, 用 Excel 软件求函数值, 函数的图形, 用 Excel 软件画函数图形, 函数的四则运算, 两条曲线的交点.

§2.1 函数的概念

每个同学在自己的班级都有一个学号. 假如班里共有 30 个同学, 这 30 个同学就构成一个集合. 对于这个集合中的每个同学都分配唯一的学号, 因此可以说从班级同学这个集合到学号组成的集合构成一种映射.

一般地, 有下面的定义.

定义 2-1 设 A, B 是两个集合, 如果按某一个确定的对应规则 f, 使对于集合 A 中的每一个元素 x, 在集合 B 中都有唯一确定的元素 y 与之对应, 那么就称对应规则 f 为从集合 A 到集合 B 上的一个映射.

再如, 班级每个同学都有唯一的生肖, 因此可以说从班级同学这个集合到生肖组成的集合构成一种映射. 但是反过来, 从班级同学生肖组成的集合到班级同学组成的集合不构成映射.

在微积分中主要研究从实数范围内一个集合到实数集合上的映射, 称为函数, 可以表述如下:

定义 2-2 设 D 为实数范围内的一个非空集合, 定义在 D 上的函数, 意味着这样一个对应规则 f: 对于 D 上的每一个值都对应唯一的实数.

例 2-1 判断对应规则 $f: x \to x^2$ 是否为函数.

解 如果 x 是一个实数, 则对应规则

$$f: x \to x^2$$

是一个在$(-\infty，+\infty)$上的函数.

例 2-2 判断对应规则 $f：x \to \dfrac{1}{x}$ 是否为函数.

解 对应规则

$$f：x \to \dfrac{1}{x}$$

是一个在$(-\infty，0) \bigcup (0，+\infty)$上的函数.

例 2-3 判断对应规则 $f：x \to \sqrt{x}$ 是否为函数.

解 对应规则

$$f：x \to \sqrt{x}$$

是一个在$[0，+\infty)$上的函数.

但对应规则

$$f：x \to \pm\sqrt{x}$$

不是函数,因为对于每一个正数 x 分配了两个数.

函数可以用单一字母 $f，g，h$ 等来表示.

假设 f 是定义在 D 上的函数,则对于 D 上的每一个数 x,都有与之对应的唯一的数. 把这个与 x 对应的数记作 $f(x)$,它是函数 f 在 x 处的对应值,也称函数值. 这样在 D 上的函数 f 就是对应规则

$$f：x \to f(x) \text{ 对于在 } D \text{ 上的所有 } x.$$

因为 $f(x)$ 将函数这种对应规则很清楚地表达出来,所以今后为了方便也用 $f(x)$ 表示函数.

集合 D 称为函数 $f(x)$ 的定义域,所有函数值的集合称为函数的值域. 如果函数 $f(x)$ 在 D 上有定义,则函数 $f(x)$ 的定义域为 D,值域为 $\{f(x) \mid x \in D\}$.

当函数给定后,可以很容易求出在某点的函数值.

例 2-4 已知函数 $f(x)=x^4$,求 $f(0)，f(-1)，f(1)$,并说明函数的定义域和值域.

解 $f(0)=0，f(-1)=1，f(1)=1$.

函数的定义域为$(-\infty，+\infty)$.因为当 x 取遍全体实数时,x^4 取遍全体的非负实数,所以函数的值域为$[0，+\infty)$.

从上面函数的定义可以看出,确定函数需要两个要素:一个是定义域,一个是对应规则. 只有当两者都相同时,才是同一个函数. 函数关系相同,但定义域不同,此时也不是同一个函数. 例如,$y=\dfrac{x^2}{x}$ 与 $y=x$,虽然对应规则相同,但定义域不同,前者的定义域为$(-\infty，0) \bigcup (0，+\infty)$,后者的定义域为$(-\infty，+\infty)$,所以不是同一个函数.

1. 如果 $f(x)$ 按下列定义，求 $f(0)$，$f\left(\dfrac{1}{2}\right)$，$f(1)$.

(1) $f(x) = 1 - x$；　　(2) $f(x) = \sqrt{2 - x^2}$；　　(3) $f(x) = \dfrac{1}{x}$；

(4) $f(x) = \dfrac{1}{1 - x}$；　　(5) $f(x) = x\left(x - \dfrac{1}{2}\right)(x - 1)$.

2. 使下列函数 $f(x)$ 等于 2 时，求 x 的值.

(1) $f(x) = \sqrt{1 + 2x}$；　　　　　　(2) $f(x) = \mid 3 - x \mid$；

(3) $f(x) = x^2 + 4x + 6$；　　　　　　(4) $f(x) = \dfrac{x^2}{x + 2}$.

3. 对下列函数 $f(x)$，确定 $f(x - 2)$ 和 $f(x + 2)$.

(1) $f(x) = (x + 1)^2$；　　　　　　(2) $f(x) = x(x - 1)$；

(3) $f(x) = (x - 1)(x + 1)$；　　　　(4) $f(x) = \dfrac{x}{x + 1}$.

4. 求出下列函数的定义域：

(1) $f(x) = 1 + \mid x \mid$；　　　　　　(2) $g(x) = x^2 - 1$；

(3) $f(x) = 2x - 1$；　　　　　　　　(4) $g(x) = \sqrt{x} - 1$.

§2.2　用 Excel 软件求函数值

　　Excel 软件是很多同学熟悉的一款办公软件，它具有非常强大的计算功能（为了让还不太熟悉此软件的同学能够很方便地查阅，在本书的附录 1 中给出了它的简单介绍）. 本节介绍利用此软件来计算函数值的方法. 主要目的是让学生清楚可以用 Excel 软件计算函数值，为后面介绍用 Excel 软件画函数图形做些必要的准备.

　　下面以计算函数 $f(x) = \sqrt{x} + 2x^2 + \sin x$ 在 $x = 2$ 处的函数值为例，说明使用方法.

　　(1) 启动 Excel，进入 Excel 界面.

　　(2) 在单元格 A1 处输入"x"，在单元格 B1 处输入"f(x)".

　　(3) 在单元格 A2 处输入"2"，在单元格 B2 处输入"＝sqrt(A2)＋2＊A2^2＋sin(A2)". 然后回车，即可计算出所求的值，如图 2-1 所示.

　　注意　当不知道函数在 Excel 软件中如何表示时，可以从"插入"→"函数"中去找.

　　上述方法对于求相同函数在其他点处的函数值非常方便. 例如，求 $f(x) = \sqrt{x} + 2x^2 + \sin x$ 在 $x = 3$ 处的函数值时，只需在 A3 处输入"3"，然后点击 B2，将光标移至右下角，待出现如图 2-2 所示的"＋"时，按住下拉即可.

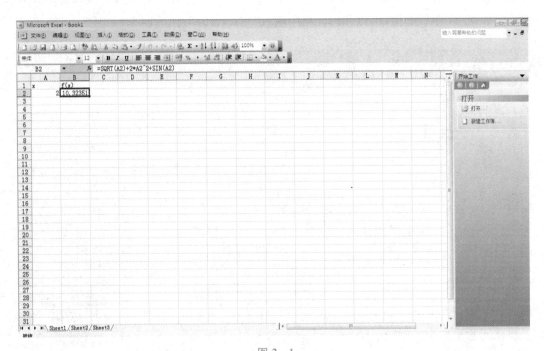

图 2 - 1

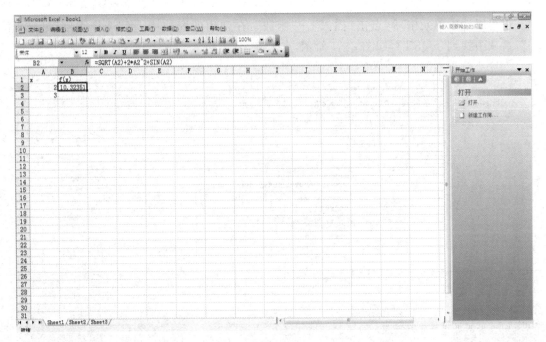

图 2 - 2

当仅仅计算某个函数的一个函数值时,也可以在任意选定的单元格上输入表达式直接计算.例如,要计算$\sqrt{5}$的值,可以在单元格中输入"=sqrt(5)",然后回车,如图2-3所示.

图2-3

也可以选中单元格后,点击"插入"→"函数",在弹出的窗口中,将"选择类别"处选"全部",再从中找到"SQRT",如图2-4所示,点击确定.

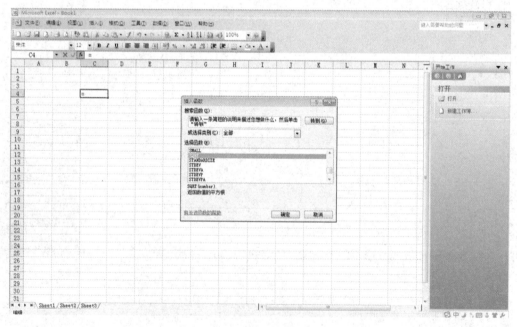

图2-4

此时弹出一个窗口,如图 2-5 所示,在空白处输入"5",即会出现计算结果,再点击"确定",计算结果会出现在单元格内.

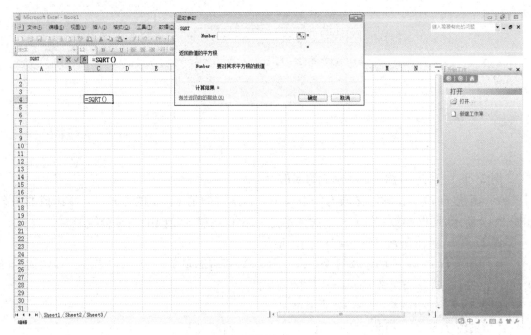

图 2-5

习题 2-2

1. 用 Excel 软件计算下列函数在 $x=2$ 和 $x=3$ 处的函数值:

(1) $f(x)=2\sqrt{x}-x+1$;

(2) $f(x)=3x^2-5x+7$;

(3) $f(x)=\sin x+5x-4$;

(4) $f(x)=-4x^3+25x-\sqrt{x}-3$.

§2.3 函数的图形

在平面上建立平面直角坐标系. 为了形象地表示定义域为 D 的函数 $y=f(x)$,将所有满足 $y=f(x)$ 的点 $P(x,y)$ 描绘在平面直角坐标系中,这些点组成的图案称为函数 $y=f(x)$ 的图形. 这些点一般形成一条曲线. 下面给出一些需要记住的特殊函数的图形.

例 2-5 画出常数函数 $f(x)=c$ 的图形.

解 函数 $f(x)=c$ 的定义域为 $(-\infty,+\infty)$,所有满足 $y=c$ 的点 $P(x,y)$ 组成的图案如图 2-6 所示,所以 $f(x)=c$ 的图形是水平线 $y=c$.

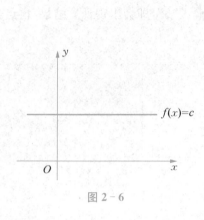

图 2-6

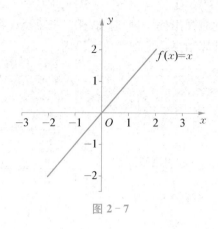

图 2-7

例 2-6 画出函数 $f(x) = x$ 的图形.

解 函数 $f(x) = x$ 的定义域为 $(-\infty, +\infty)$,所有满足 $y = x$ 的点 $P(x, y)$ 组成的图案如图 2-7 所示,所以函数 $f(x) = x$ 的图形是一条第 1、第 3 象限的角平分线.

例 2-7 画出函数 $f(x) = x^2$ 的图形.

解 函数 $f(x) = x^2$ 的定义域为 $(-\infty, +\infty)$,所有满足 $y = x^2$ 的点 $P(x, y)$ 组成的图案如图 2-8 所示,此为函数 $f(x) = x^2$ 的图形.

例 2-8 画出函数 $f(x) = x^3$ 的图形.

解 函数 $f(x) = x^3$ 的定义域为 $(-\infty, +\infty)$,所有满足 $y = x^3$ 的点 $P(x, y)$ 组成的图案如图 2-9 所示,此为函数 $f(x) = x^3$ 的图形.

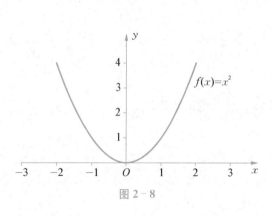

图 2-8

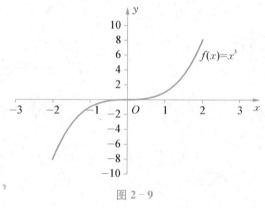

图 2-9

例 2-9 画出函数 $f(x) = \dfrac{1}{x}$ 的图形.

解 函数 $f(x) = \dfrac{1}{x}$ 的定义域为 $(-\infty, 0) \bigcup (0, +\infty)$,所有满足 $y = \dfrac{1}{x}$ 的点 $P(x, y)$ 组成的图案如图 2-10 所示,此为函数 $f(x) = \dfrac{1}{x}$ 的图形.

例 2-10 画出函数 $f(x) = \sqrt{x}$ 的图形.

解 函数 $f(x) = \sqrt{x}$ 的定义域为 $[0, +\infty)$,所有满足 $y = \sqrt{x}$ 的点 $P(x, y)$ 组成的图案如图 2-11 所示,此为函数 $f(x) = \sqrt{x}$ 的图形.

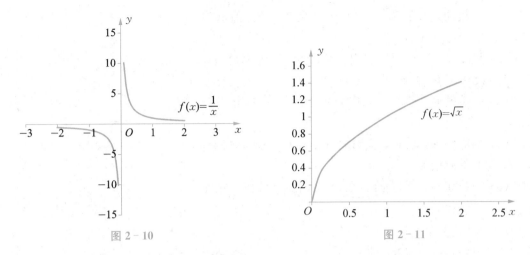

图 2 - 10

图 2 - 11

以上这些函数统称为幂函数,幂函数的一般定义为 $f(x) = x^\alpha$,其中 α 为常数.

例 2 - 11 画出函数 $f(x) = |x|$ 的图形.

解 函数 $f(x) = |x|$ 的定义域为 $(-\infty, +\infty)$,所有满足 $y = |x|$ 的点 $P(x, y)$ 组成的图案如图 2 - 12 所示,此为函数 $f(x) = |x|$ 的图形.

例 2 - 12 画出函数 $f(x) = \begin{cases} x, & x \leqslant -1, \\ x^2, & -1 < x < 1, \\ -x, & x > 1 \end{cases}$ 的图形.

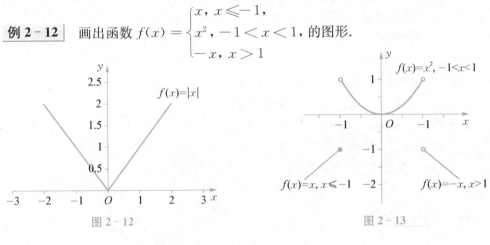

图 2 - 12

图 2 - 13

解 函数 $f(x) = \begin{cases} x, & x \leqslant -1, \\ x^2, & -1 < x < 1, \\ -x, & x > 1 \end{cases}$ 的定义域为 $(-\infty, 1) \bigcup (1, +\infty)$,所有满足 $y = \begin{cases} x, & x \leqslant -1, \\ x^2, & -1 < x < 1, \\ -x, & x > 1 \end{cases}$ 的点 $P(x, y)$ 组成的图案如图 2 - 13 所示,此为该函数的图形.

类似例 2 - 11 和例 2 - 12 这样的函数称为分段函数,其特点为在定义域的不同区间有不同的对应表达式.

从前面可以看出,当函数的表达式给出后,可以画出它的图形. 反过来,如果给出函数的图形,也可以从中得到函数的相关信息. 图 2 - 14 给出了某函数 $f(x)$ 的图形,并且在图上标出了一些点. 从图 2 - 14 中可以看出:

（1）函数的定义域为 $[a,e]$，已经画在 x 轴；值域为 $[A,D]$，已经画在 y 轴.

（2）从图 2-14 中可以看出，$f(a)=B$，$f(b)=D$，$f(c)=f(e)=0$，$f(d)=A$，$f(0)=C$.

（3）函数的最大值为 D，函数的最小值为 A，分别在 b 和 d 处取得.

（4）函数在 $[a,b]$ 上单调增加，在 $[b,d]$ 上单调减少，在 $[d,e]$ 上单调增加.

（5）函数在 $[a,c)$ 上为正，在 (c,e) 上为负，在 c 处等于 0.

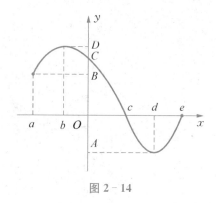

图 2-14

习题 2-3

1. 函数 $f(x)$ 的图形如图 2-15 所示. 试求：

（1）$f(a)$，$f(b)$，$f(c)$，$f(d)$，$f(e)$；

（2）$f(x)$ 的定义域；

（3）$f(x)$ 的值域；

（4）$f(x)$ 在何处函数值为 0？

（5）$f(x)$ 的最大值是什么？在何处取得？

（6）$f(x)$ 的最小值是什么？在何处取得？

（7）$f(x)$ 在哪个区间递增？在哪个区间递减？

（8）$f(x)$ 在哪个区间为正？在哪个区间为负？

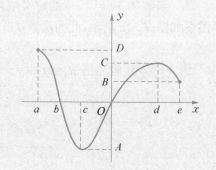

图 2-15

2. 画出下列函数的图形：

（1）$f(x)=1$；　　　　（2）$f(x)=-1$；　　　　（3）$f(x)=2x$；

（4）$f(x)=2x+1$；　　（5）$f(x)=\dfrac{1}{2}x$；　　（6）$f(x)=-\dfrac{1}{2}x$；

（7）$f(x)=\dfrac{1}{2}x+2$；　（8）$f(x)=-\dfrac{1}{2}x-3$.

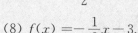
§2.4　用 Excel 软件画函数图形

利用数学软件可以很方便地画出函数的图形，下面介绍如何利用 Excel 软件画函数图形.

2.4.1　在函数定义域上只有一个表达式的函数图形

下面以画函数 $f(x)=x^2$ 的图形为例，说明具体操作步骤如下：

（1）启动 Excel 2003，进入 Excel 界面.

（2）在单元格 A1 处输入"x"，在单元格 B1 处输入"y".

（3）从单元格 A2 处向下准备输入 x 的值，从单元格 B2 处向下准备输入 y 的值. 为了保证函数曲线的连续、光滑和美观，x 的取值多少要适当，根据经验一般取值 80 个左右就可以了（可根据情况试取值）. 输入的方法有两种：

方法 1 在 A2 处输入绘图区间左端点数值（−2 或其他值），如图 2−16 所示，再利用 Excel 软件的自动填充功能完成 x 的其余值的输入. 首先退出−2 的输入后再次单击 A2，然后单击"编辑→填充→序列"，打开"序列"对话框，在"序列"对话框中"序列产生在"选项中选取"列"，"类型"选项中选取"等差数列"，"步长值"选项中选取公差（0.05 或者其他值），在"终止值"选项中输入区间右端点的数值（2 或其他值），这样就完成了 x 的其他值的输入，如图 2−17 所示.

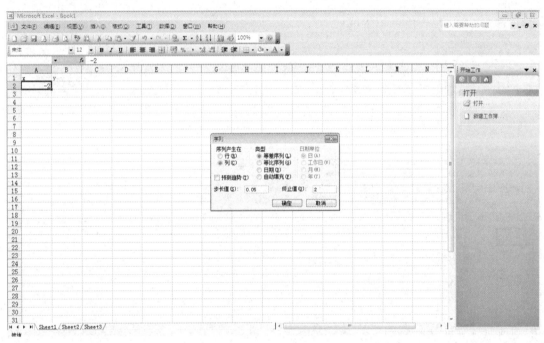

图 2−16

方法 2 在 A2 处输入区间左端点数值（−2 或根据函数定义域的情况输入其他值），在 A3 处输入一个与区间左端点紧邻的右边的数值（−1.95 或其他值），然后将 A2 和 A3 同时选中（如图 2−18 所示），将光标移到黑框的右下角，待出现"＋"时单击并往下拖动鼠标到需要的地方，即可生成 x 的其他值，如图 2−19 所示.

（4）在 B2 处输入函数 $f(x) = x^2$，具体输入为"＝A2^2"，然后回车. 单击 B2，将光标移到黑框的右下角，待出现"＋"时单击，并往下拖动鼠标到与 x 的最下面的数值平行的地方，即可生成 y 的其他值，如图 2−20 所示.

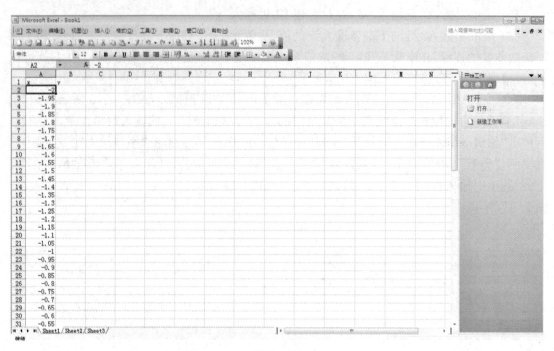

图 2 – 17

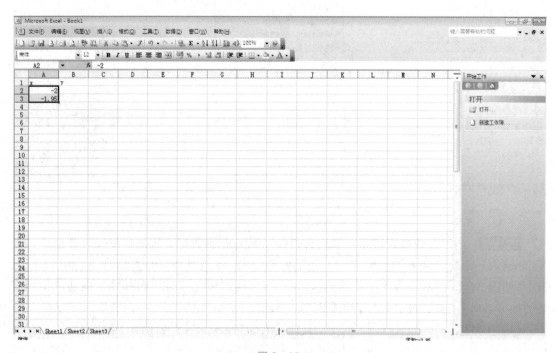

图 2 – 18

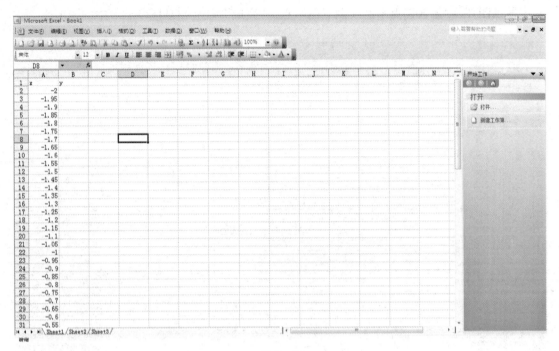

图 2 - 19

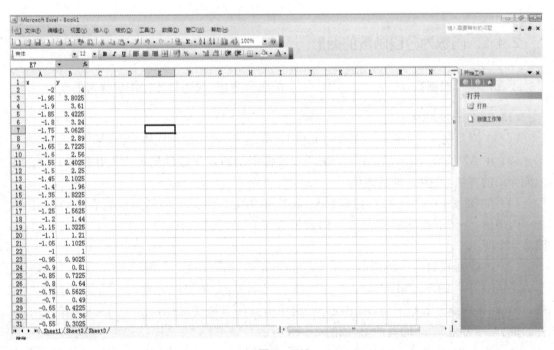

图 2 - 20

（5）选取 A 列和 B 列的数据，然后选择"插入"→"图表"命令，在弹出的对话框中点击"x y（散点图）"→"无数据点平滑线散点图"，点击"完成"，就会出现图 2-21 中的图形.

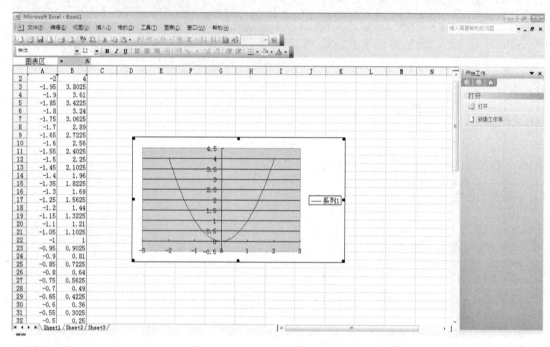

图 2-21

2.4.2　函数为分段函数的图形

下面以画分段函数 $f(x) = \begin{cases} x, & x \leqslant 0, \\ x^2, & x > 0 \end{cases}$ 的图形为例，说明具体操作步骤如下：

（1）启动 Excel 2003，进入 Excel 界面.

（2）在单元格 A1 处输入"x"，在单元格 B1 处输入"y1"，在单元格 C1 处输入"y2".

（3）在 A2 处输入区间左端点数值（-2 或根据函数定义域的情况输入其他值），然后用前面介绍的方法，产生 x 的其他值.

（4）在 B2 处输入"=A2"，然后回车. 再次单击 B2，将光标移到黑框的右下角，待出现"+"时单击，并往下拖动鼠标到与 x 的数值等于 0 平行的地方，即可生成 y_1 的其他值，如图 2-22 所示.

（5）在 C 列找到与 x 的值等于 0 平行的单元格，输入函数 x^2，具体输入为"="，然后点击 A 列与此平行的单元格，再输入"^2"，然后回车即可. 单击刚才输入函数的 C 列的单元格，将光标移到黑框的右下角，待出现"+"时单击并往下拖动鼠标到与 x 的最下端的数值平行的地方，即可生成 y_2 的其他值，如图 2-23 所示.

（6）将 A 列、B 列、C 列的数据选中，然后选择"插入"→"图表"命令，在弹出的对话框中点击"x y（散点图）"→"无数据点平滑线散点图"，点击"完成"，就会出现如图 2-24 所示的图形.

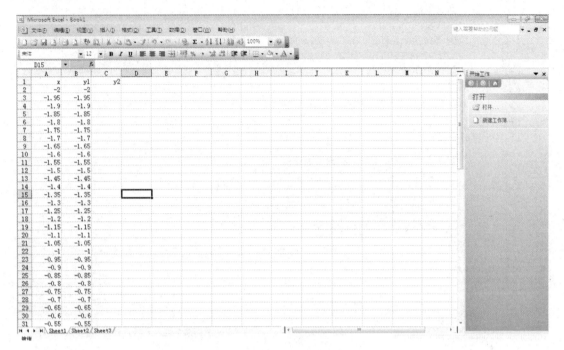

图 2 - 22

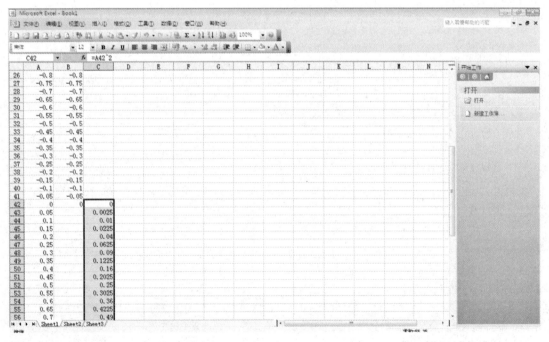

图 2 - 23

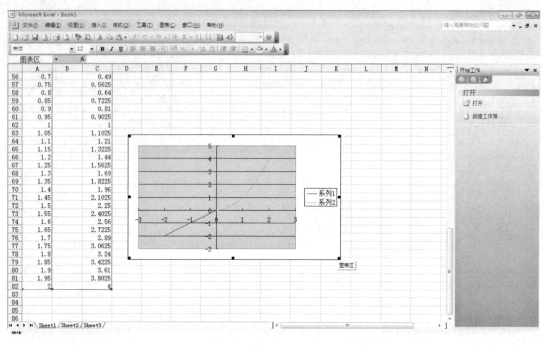

图 2－24

以上介绍的是用 Excel 软件画函数图形,也可以利用其他的数学软件(如 Matlab 等)来画图.这里不再叙述,可参考相关的书籍.

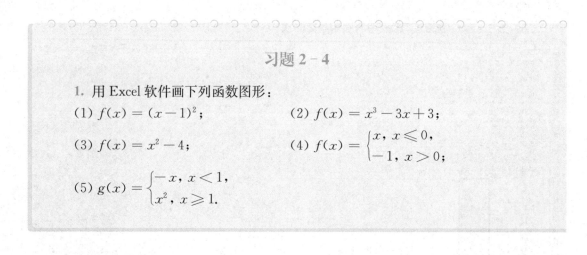

习题 2－4

1. 用 Excel 软件画下列函数图形:

(1) $f(x) = (x-1)^2$;

(2) $f(x) = x^3 - 3x + 3$;

(3) $f(x) = x^2 - 4$;

(4) $f(x) = \begin{cases} x, & x \leqslant 0, \\ -1, & x > 0; \end{cases}$

(5) $g(x) = \begin{cases} -x, & x < 1, \\ x^2, & x \geqslant 1. \end{cases}$

$§ 2.5$　　函数的四则运算

对函数进行四则运算是构造新函数的一种重要方法.下面就函数的加、减、乘、除这 4 种运算进行介绍.

2.5.1 函数的加、减、乘运算与多项式函数

假设函数 $f(x)$，$g(x)$ 的定义域分别为 D_1 和 D_2，通过加、减、乘运算，可以构成下列新函数：

$$(f+g)(x) = f(x) + g(x),$$
$$(f-g)(x) = f(x) - g(x),$$
$$(f \cdot g)(x) = f(x) \cdot g(x).$$

这些函数的定义域均为 $D_1 \bigcap D_2$.

例 2 - 13 已知 $f(x) = x^n$（其中 n 为正整数），$g(x) = c$（其中 c 为不等于 0 的常数），求 $(f+g)(x)$，$(f \cdot g)(x)$，$(f-g)(x)$，并确定这些函数的定义域.

解
$$(f+g)(x) = f(x) + g(x) = x^n + c,$$
$$(f-g)(x) = f(x) - g(x) = x^n - c,$$
$$(f \cdot g)(x) = f(x) \cdot g(x) = cx^n.$$

因为 $f(x) = x^n$ 的定义域为 $(-\infty, +\infty)$，$g(x) = c$ 定义域也为 $(-\infty, +\infty)$，所以，上面 3 个函数的定义域为 $(-\infty, +\infty) \bigcap (-\infty, +\infty) = (-\infty, +\infty)$.

例 2 - 14 已知 $f(x) = x^2$，$g(x) = 3x+1$，求 $(f+g)(x)$，$(f-g)(x)$，$(f \cdot g)(x)$，并确定这些函数的定义域.

解
$$(f+g)(x) = f(x) + g(x) = x^2 + 3x + 1,$$
$$(f-g)(x) = f(x) - g(x) = x^2 - 3x - 1,$$
$$(f \cdot g)(x) = f(x) \cdot g(x) = x^2(3x+1).$$

因为 $f(x) = x^2$ 的定义域为 $(-\infty, +\infty)$，$g(x) = 3x+1$ 定义域也为 $(-\infty, +\infty)$，所以，上面 3 个函数的定义域为 $(-\infty, +\infty) \bigcap (-\infty, +\infty) = (-\infty, +\infty)$.

形如
$$f(x) = a_n x^n + a_{n-1} x^{n-1} + \cdots + a_0$$
的函数称为 *n 次多项式函数*，其中 a_n，a_{n-1}，$\cdots$，a_0 为常数，且 $a_n \neq 0$.

当多项式函数不是上面的规范形式时，应将其写成规范形式. 例如，$f(x) = -1 + 6x - 3x^2$ 可以化为 $f(x) = -3x^2 + 6x - 1$.

多项式函数可以看成是由正整数幂函数和常数函数进行有限次的加法和乘法运算得到的，因此定义域为 $(-\infty, +\infty)$. 例如，$f(x) = 5x^7 + 3x^5 - 4x + 8$ 就是一个 7 次多项式函数，定义域为 $(-\infty, +\infty)$. 再如，$f(x) = ax^2 + bx + c$（其中 $a \neq 0$）称为*二次多项式函数*，定义域也为 $(-\infty, +\infty)$.

二次多项式函数 $f(x) = ax^2 + bx + c$ 是经常遇到的多项式函数，其图形为抛物线，对称轴为直线 $x = -\dfrac{b}{2a}$，顶点为 $\left(-\dfrac{b}{2a}, \dfrac{4ac-b^2}{4a}\right)$. 当 $a > 0$ 时，开口向上；当 $a < 0$ 时，开口向下，如图 2 - 25 所示. $|a|$ 越大，则抛物线的开口越小.

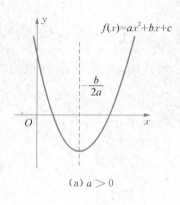

(a) $a > 0$

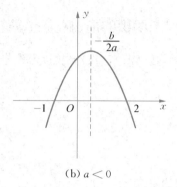

(b) $a < 0$

图 2 - 25

上面的结果可以从下面的分析中得到解释.

首先,最简单的二次多项式是 $f(x) = x^2$,其图形如图 2 - 26 所示. 同时不难看出 $f(x) = -x^2$ 的图形与 $f(x) = x^2$ 的图形关于 x 轴对称,如图 2 - 28 所示.

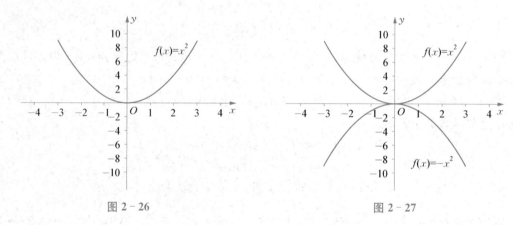

图 2 - 26   图 2 - 27

其次,对于 $f(x) = dx^2$,不难看出其图形与 $f(x) = x^2$ 或 $f(x) = -x^2$ 类似:当 $d > 0$ 时,与 $f(x) = x^2$ 类似;当 $d < 0$ 时,与 $f(x) = -x^2$ 类似. 口张开的大小由 $|d|$ 确定:当 $|d| > 1$ 时,口张开得比 $f(x) = x^2$ 或 $f(x) = -x^2$ 要小;当 $|d| < 1$ 时,口张开得比 $f(x) = x^2$ 或 $f(x) = -x^2$ 要大. 如图 2 - 28 所示.

第三,对于 $f(x) = d(x+h)^2$,其图形与 $f(x) = dx^2$ 类似. 所不同的是,当 $x = -h$ 时,曲线达到最低或最高点,即顶点坐标为 $(-h, 0)$,如图 2 - 29 所示.

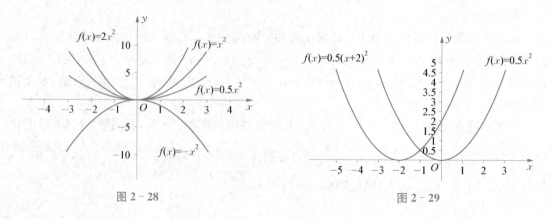

图 2 - 28   图 2 - 29

第四,对于 $f(x)=d(x+h)^2+r$,对应的图形为方程 $y=d(x+h)^2+r$ 的图形,此图形可以从 $y=d(x+h)^2$ 的图形上移或下移 r 个单位得到:当 $r>0$ 时,上移 r 个单位;当 $r<0$ 时,下移 $-r$ 个单位. 如图 2-30 所示.

最后,对于 $f(x)=ax^2+bx+c$,可以通过配方化为 $f(x)=a\left(x+\dfrac{b}{2a}\right)^2+\dfrac{4ac-b^2}{4a}$. 利用前面的分析,不难看出顶点在 $\left(-\dfrac{b}{2a},\dfrac{4ac-b^2}{4a}\right)$,开口方向由 a 的正负来确定.

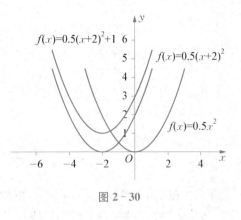

图 2-30

2.5.2 函数的除法运算与有理函数

假设函数 $f(x)$,$g(x)$ 的定义域分别为 D_1 和 D_2,通过除法运算可以构成下列新函数:

$$(f/g)(x)=f(x)/g(x).$$

此函数的定义域为 $D_1\bigcap D_2\bigcap\{x\mid g(x)\neq 0\}$.

例 2-15 已知 $f(x)=2x^2+x+1$,$g(x)=x-1$,求 $(f/g)(x)$ 并确定其定义域.

解 $$(f/g)(x)=\frac{f(x)}{g(x)}=\frac{2x^2+x+1}{x-1}.$$

因为 $f(x)=2x^2+x+1$ 的定义域为 $(-\infty,+\infty)$,$g(x)=x-1$ 的定义域为 $(-\infty,+\infty)$,$\{x\mid g(x)\neq 0\}=(-\infty,1)\bigcup(1,+\infty)$,所以 $(f/g)(x)$ 的定义域为

$$(-\infty,+\infty)\bigcap(-\infty,+\infty)\bigcap\{x\mid g(x)\neq 0\}=(-\infty,1)\bigcup(1,+\infty).$$

两个多项式函数相除得到的函数称为**有理函数**. 由前面的讨论可知,有理函数的定义域为所有使得分母多项式函数不为 0 的实数组成的集合.

习题 2-5

1. 将下列各式化为多项式的规范形式,并指出多项式函数的次数:

(1) $f(x)=4+10x-x^2$;   (2) $f(x)=(x+1)^2$;

(3) $f(x)=x(x-1)$;   (4) $f(x)=(x-1)(x+1)$.

2. 已知 $f(x)=x^2-a^2$,$g(x)=x^2+a^2$,$a>0$,求 $(f+g)(x)$,$(f-g)(x)$,$(f\cdot g)(x)$,$(f/g)(x)$,并说明函数的定义域.

3. 已知 $f(x)=2x^2+5x-1$,$g(x)=3x^2-4x+4$,求 $(f+g)(x)$,$(f-g)(x)$,$(f\cdot g)(x)$,$(f/g)(x)$,并说明函数的定义域.

4. 已知 $f(x)=\sqrt{x}-\dfrac{1}{\sqrt{x}}$,$g(x)=\sqrt{x}+\dfrac{2}{\sqrt{x}}$,求 $(f+g)(x)$,$(f-g)(x)$,$(f\cdot g)(x)$,$(f/g)(x)$,并说明函数的定义域.

5. 画出下列二次多项式的图形:

(1) $f(x) = 3x^2 + 5x - 1$;　　　　　(2) $f(x) = -x^2 + 3x - 1$;

(3) $f(x) = 5 - x^2 + 3x$;　　　　　(4) $f(x) = 0.5x^2 - 5x + 2$.

§2.6　两条曲线的交点

由 2.2 节可知函数 $y = f(x)$ 的图形就是所有满足 $y = f(x)$ 的点 $P(x, y)$ 的全体组成的集合,这些点的集合一般会形成一条曲线,也就是说,一般情况下函数 $y = f(x)$ 与平面直角坐标系中的一条曲线相对应. 在实际问题中,有时会遇到求两条函数曲线的交点坐标的情形. 例如,求由不同函数表示的曲线所围成图形的面积问题时,就需要先求出两条曲线的交点坐标.

求两条曲线 $y = f(x)$ 和 $y = g(x)$ 的交点,实际上是找出既在曲线 $y = f(x)$ 上、又在曲线 $y = g(x)$ 上的点. 换句话说,就是找出点 $P(x, y)$,使得 x, y 同时满足函数 $y = f(x)$ 和 $y = g(x)$,即求联立方程组 $\begin{cases} y = f(x), \\ y = g(x) \end{cases}$ 的解.

例 2 - 16　求曲线 $y = x^2$ 与直线 $y = x + 2$ 的交点.

解　联立方程组 $\begin{cases} y = x^2, \\ y = x + 2, \end{cases}$ 可得 $x^2 = x + 2$, $x^2 - x - 2 = 0$, $(x-2)(x+1) = 0$,解得 $x = 2$ 或 $x = -1$,所以方程组的解为 $\begin{cases} x = -1 \\ y = 1 \end{cases}$ 或 $\begin{cases} x = 2 \\ y = 4 \end{cases}$. 于是,交点为 $(-1, 1)$ 和 $(2, 4)$.

例 2 - 17　求曲线 $y = \dfrac{1}{x}$ 与直线 $y = 3x$ 的交点坐标.

解　联立方程组 $\begin{cases} y = \dfrac{1}{x}, \\ y = 3x, \end{cases}$ 可得 $\dfrac{1}{x} = 3x$,即 $3x^2 = 1$,于是 $x^2 = \dfrac{1}{3}$,因此 $x = -\sqrt{\dfrac{1}{3}}$ 或 $x = \sqrt{\dfrac{1}{3}}$,所以方程组的解为

$$\begin{cases} x_1 = -\sqrt{\dfrac{1}{3}}, \\ y_1 = -\sqrt{3}, \end{cases} \begin{cases} x_2 = \sqrt{\dfrac{1}{3}}, \\ y_2 = \sqrt{3}. \end{cases}$$

于是,交点为 $\left(-\sqrt{\dfrac{1}{3}}, -\sqrt{3}\right)$ 和 $\left(\sqrt{\dfrac{1}{3}}, \sqrt{3}\right)$.

习题 2 - 6

1. 求曲线 $y = (x-1)^2$ 与直线 $y = 2x - 2$ 的交点.

2. 求曲线 $y = \dfrac{1}{x}$ 与直线 $y = x$ 的交点.

3. 求直线 $y = 2x - 1$ 与曲线 $y = x^2 - 4$ 的交点.

4. 求直线 $y = x + 3$ 与曲线 $y = x^3 - 3x + 3$ 的交点.

第3章

极限

历史上微积分是牛顿和莱布尼兹在研究下列问题时产生的:

(1) 在曲线上的一点找到切线;

(2) 找出由任意曲线围成的平面区域的面积.

切线问题的研究奠定了微分学的基础,面积问题的研究奠定了积分学的基础.函数的微分和积分密切相关,而微分和积分这两个概念又是按照另一个更基本的概念——极限定义的.本章主要介绍极限的基本知识.

§3.1 极限的概念

3.1.1 引例

极限概念是很难理解的概念.本节通过一个例子引入,并用表格和图形给出极限的直观含义.

有一磁悬浮列车从静止开始,沿着直线轨道运行.假设静止时开始计时,工程师通过对其多次运行的数据进行分析,得到列车运行距离 s 与运行时刻 t 之间的关系为

$$s = f(t) = 3t^2 (0 \leqslant t \leqslant 30),$$

其中 $f(t)$ 称为位置函数.在时刻 $t = 0, 1, 2, 3, \cdots, 10$ 时,磁悬浮列车与初始位置的距离分别为 $f(0) = 0$, $f(1) = 3$, $f(2) = 12$, $f(3) = 27$, $\cdots$, $f(10) = 300$,如图 3-1 所示.

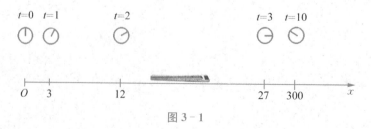

图 3-1

下面来求 $t=3$ 时的速度,其含义是找出在 $t=3$ 时刻的瞬时速度.为此,先来考虑在时间间隔 $[3,5]$ 上的平均速度,该速度为

$$\frac{f(5)-f(3)}{5-3}=24.$$

尽管上式结果不是在 $t=3$ 时的瞬时速度,但给出了一个近似值.通过分析发现,以 $t=3$ 为左端点的时间间隔取得越小,这种近似越好.

令 $t>3$,则在时间间隔 $[3,t]$ 上的平均速度为

$$\frac{f(t)-f(3)}{t-3}=\frac{3t^2-3(3^2)}{t-3}=\frac{3(t^2-9)}{t-3}. \tag{3.1}$$

通过选择越来越靠近 3 的 t,可以得到一系列在越来越小的时间间隔上的平均速度,这一列数越来越靠近 $t=3$ 时的瞬时速度.例如,取 $t=3.5,3.1,3.01,3.001,3.0001,\cdots$,利用上面的方程,可以得到一列平均速度,将它们列表(表 3-1)如下:

表 3-1

t	3.5	3.1	3.01	3.001	3.0001
在 $[3,t]$ 上的平均速度	19.5	18.3	18.03	18.003	18.0003

从表 3-1 可以看出,当把时间间隔取得越来越小时,在时间间隔 $[3,t]$ 上的平均速度越来越靠近 18.因此可将 18 视为 $t=3$ 时的瞬时速度.

注意　不能通过直接将 $t=3$ 代入(3.1)式来计算,因为平均速度在该处没有定义.

3.1.2　极限的直观定义

在上面的例子中,令

$$\frac{3(t^2-9)}{t-3}=g(t),$$

则 $g(t)$ 表示在时间间隔 $[3,t]$ 上的平均速度.求 $t=3$ 时的瞬时速度问题,可归结为求当 t 靠近 3 时 $g(t)$ 靠近何值的问题.如果从 3 的右侧取靠近 3 的一列数 t,可以得到一列 $g(t)$ 的值,从前面的分析可以看到,$g(t)$ 越来越靠近 18.类似地,如果从 3 的左侧取靠近 3 的一列数,如 $t=2.5,2.9,2.99,2.999,\cdots$,可以得到一列 $g(t)$ 的值,将它们列表(表 3-2)如下:

表 3-2

t	2.5	2.9	2.99	2.999	2.9999
$g(t)$	17.5	17.7	17.97	17.997	17.9997

从表 3-2 可以看出,当 t 从 3 的左侧靠近 3 时,$g(t)$ 也靠近 18.综上所述,不论是从 3 的左侧还是右侧取靠近 3 的一列数时,$g(t)$ 越来越靠近 18.所以可称函数 $g(t)$ 当 t 趋于 3 时有极限 18,记作

$$\lim_{t \to 3} g(t) = 18.$$

也可通过画图形来观察函数的极限,如图 3-2 所示. 从图 3-2 中可以看到,函数 $g(t)$ 虽然在 $t=3$ 时没有定义,但可以讨论极限.

对于一般函数 $f(x)$,可以得到极限的描述性定义如下:

定义 3-1 如果 x 充分靠近 a(但不等于 a)时,函数值 $f(x)$ 与常数 L 尽可能接近,则称函数 $f(x)$ 当 x 趋于 a 时有极限 L,记作 $\lim_{x \to a} f(x) = L$.

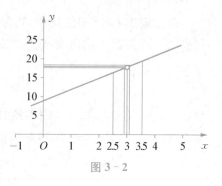

图 3-2

利用此极限定义可以求函数的极限.

例 3-1 求 $\lim_{x \to 1} x$.

解 画出函数的图形(图 3-3). 从图 3-3 中可以看出,当 x 充分靠近 1 时,函数 $f(x) = x$ 尽可能靠近 1,所以 $\lim_{x \to 1} x = 1$.

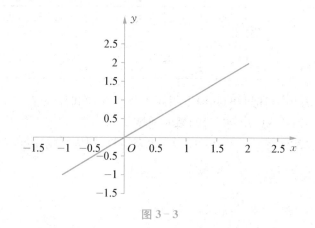

图 3-3

也可以通过选取充分靠近 1 的一列数来观察函数值的变化趋势,如表 3-3 所示. 所以, $\lim_{x \to 1} x = 1$.

表 3-3　(a)当 x 从 1 的左边靠近 1 时

x	0.5	0.9	0.99	0.999	0.999 9
$f(x) = x$	0.5	0.9	0.99	0.999	0.999 9

(b)当 x 从 1 的右边靠近 1 时

x	1.5	1.1	1.01	1.001	1.000 1
$f(x) = x$	1.5	1.1	1.01	1.001	1.000 1

用同样的方法可以得到 $\lim_{x \to x_0} x = x_0$. 此结果在以后的极限运算中会经常用到.

例 3-2 求 $\lim_{x \to 2} 3$.

解　画出函数的图形(图 3-4).从图 3-4 中可以看出,当 x 充分靠近 2 时,函数 $f(x)=3$ 尽可能靠近 3,所以 $\lim\limits_{x\to 2} 3 = 3$.

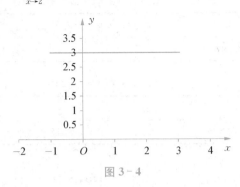

图 3-4

也可以通过选取充分靠近 2 的一列数来观察函数值的变化趋势,如表 3-4 所示.所以 $\lim\limits_{x\to 2} 3 = 3$.

表 3-4　(a) 当 x 从 2 的左边靠近 2 时

x	1.5	1.9	1.99	1.999	1.999 9
$f(x) = 3$	3	3	3	3	3

(b)当 x 从 2 的右边靠近 2 时

x	2.5	2.1	2.01	2.001	2.000 1
$f(x) = 3$	3	3	3	3	3

用同样的方法可以得到 $\lim\limits_{x\to x_0} 3 = 3$.更进一步有 $\lim\limits_{x\to x_0} c = c$,此结果在以后的极限运算中会经常用到.

例 3-3　已知 $f(x) = x^3$,求 $\lim\limits_{x\to 2} f(x)$.

解　画出函数的图形(图 3-5).从图 3-5 中可以看出,当 x 充分靠近 2 时,函数 $f(x) = x^3$ 尽可能靠近 8,所以 $\lim\limits_{x\to 2} f(x) = 8$.

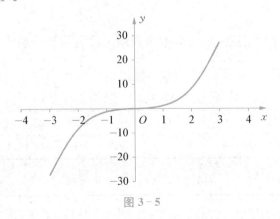

图 3-5

也可以通过选取充分靠近 2 的一列数来观察函数值的变化趋势,如表 3-5 所示.所以

$$\lim_{x \to 2} f(x) = 8.$$

表 3 - 5　(a)当 x 从 2 的左边靠近 2 时

x	1.5	1.9	1.99	1.999	1.999 9
$f(x) = x^3$	3.375	6.859	7.88	7.988	7.998 8

(b)当 x 从 2 的右边靠近 2 时

x	2.5	2.1	2.01	2.001	2.000 1
$f(x) = x^3$	15.625	9.261	8.12	8.012	8.001 2

例 3 - 4　已知 $g(x) = \begin{cases} x+3, & x \neq 1, \\ 1, & x = 1, \end{cases}$ 求 $\lim_{x \to 1} g(x)$.

解　画出函数的图形(图 3 - 6).从图 3 - 6 中可以看出,当 x 充分靠近 1 时,函数 $g(x)$ 尽可能靠近 4,所以 $\lim_{x \to 1} g(x) = 4$.

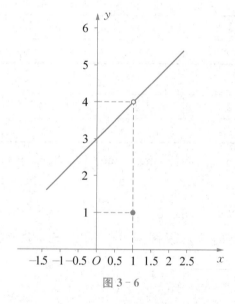

图 3 - 6

也可以通过选取充分靠近 1 的一列数来观察函数值的变化趋势,如表 3 - 6 所示.所以 $\lim_{x \to 1} g(x) = 4$.

表 3 - 6　(a)当 x 从 1 的左边靠近 1 时

x	0.5	0.9	0.99	0.999	0.999 9
$g(x)$	3.5	3.9	3.99	3.999	3.999 9

(b)当 x 从 1 的右边靠近 1 时

x	1.5	1.1	1.01	1.001	1.000 1
$g(x)$	4.5	4.1	4.01	4.001	4.000 1

例 3 - 5 已知 $f(x) = \begin{cases} -2, & x < 0, \\ 2, & x \geqslant 0, \end{cases}$ 求 $\lim\limits_{x \to 0} f(x)$.

解 画出函数的图形(图 3 - 7).从图 3 - 7 中可以看出,当 x 从 0 的右侧充分靠近 0 时,函数值 $f(x)$ 总为 2,也可以说尽可能靠近 2,当 x 从 0 的左侧充分靠近 0 时,函数值 $f(x)$ 总为 -2,也可以说尽可能靠近 -2.这样就没有单一的数 L,使得当 x 从 0 的两侧充分靠近 0 时函数 $f(x)$ 尽可能接近此数,所以 $\lim\limits_{x \to 0} f(x)$ 不存在.

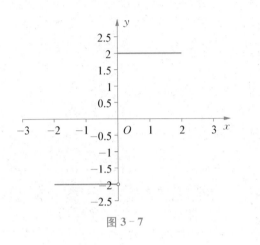

图 3 - 7

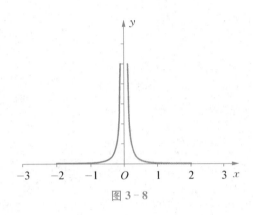

图 3 - 8

例 3 - 6 已知 $g(x) = \dfrac{1}{x^2}$,求 $\lim\limits_{x \to 0} g(x)$.

解 画出函数的图形(图 3 - 8).从图 3 - 8 中可以看出,当 x 从 0 的两边靠近 0 时,$g(x)$ 无限增大,这样函数 $g(x)$ 不靠近任何特定的实数,所以 $\lim\limits_{x \to 0} g(x)$ 不存在.

习题 3 - 1

1. 利用函数图形求出函数在指定点的极限 $\lim\limits_{x \to a} f(x)$.

(1)   (2)

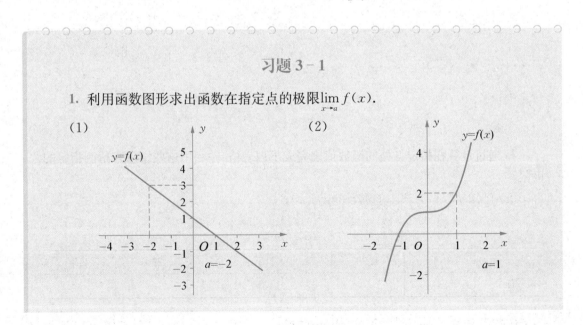

（3）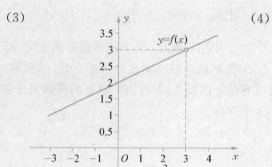

（4）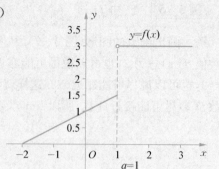

（5）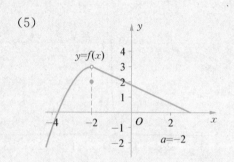

（6）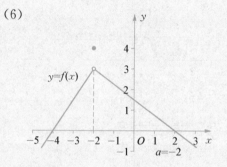

（7）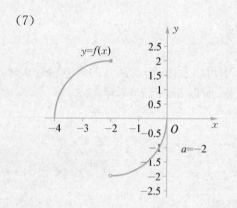

（8）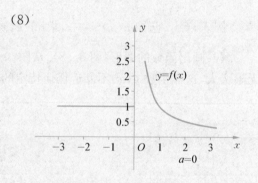

图 3-9

2. 通过计算在指定点处的函数值来完成下列表格，并利用这些结果来猜测指定的极限.

（1）已知 $f(x) = x^2 + 1$，猜测 $\lim\limits_{x \to 2} f(x)$；

表 3-7

x	1.9	1.99	1.999	2.001	2.01	2.1
$f(x)$						

（2）已知 $f(x) = 2x^3 - 1$，猜测 $\lim\limits_{x \to 1} f(x)$；

表 3 - 8

x	0.9	0.99	0.999	1.001	1.01	1.1
$f(x)$						

(3) 已知 $f(x) = \dfrac{|x|}{x}$,猜测 $\lim\limits_{x \to 0} f(x)$;

表 3 - 9

x	-0.1	-0.01	-0.001	0.001	0.01	0.1
$f(x)$						

(4) 已知 $f(x) = \dfrac{|x-1|}{x-1}$,猜测 $\lim\limits_{x \to 1} f(x)$;

表 3 - 10

x	0.9	0.99	0.999	1.001	1.01	1.1
$f(x)$						

(5) 已知 $f(x) = \dfrac{1}{(x-1)^2}$,猜测 $\lim\limits_{x \to 1} f(x)$;

表 3 - 11

x	0.9	0.99	0.999	1.001	1.01	1.1
$f(x)$						

(6) 已知 $f(x) = \dfrac{1}{x-2}$,猜测 $\lim\limits_{x \to 2} f(x)$;

表 3 - 12

x	1.9	1.99	1.999	2.001	2.01	2.1
$f(x)$						

(7) 已知 $f(x) = \dfrac{x^2 + x - 2}{x - 1}$,猜测 $\lim\limits_{x \to 1} f(x)$.

表 3 - 13

x	0.9	0.99	0.999	1.001	1.01	1.1
$f(x)$						

§3.2 极限的四则运算法则

§3.1节给出函数在固定点处极限的定义,但是利用此定义求极限比较麻烦.当新函数是由已知函数通过四则运算得到时,可以利用极限四则运算法则来求此新函数的极限.下面只给出法则,而不作证明.

定理 3-1 如果 $\lim\limits_{x \to a} f(x) = L$, $\lim\limits_{x \to a} g(x) = M$,则

(1) $\lim\limits_{x \to a} [f(x) \pm g(x)] = \lim\limits_{x \to a} f(x) \pm \lim\limits_{x \to a} g(x) = L \pm M$;

(2) $\lim\limits_{x \to a} [f(x) \cdot g(x)] = \lim\limits_{x \to a} f(x) \cdot \lim\limits_{x \to a} g(x) = LM$;

(3) $\lim\limits_{x \to a} \dfrac{f(x)}{g(x)} = \dfrac{\lim\limits_{x \to a} f(x)}{\lim\limits_{x \to a} g(x)} = \dfrac{L}{M}$,其中 $M \neq 0$.

推论 1 $\lim\limits_{x \to a} cf(x) = c \lim\limits_{x \to a} f(x) = cL$.

推论 2 $\lim\limits_{x \to a} [f(x)]^n = [\lim\limits_{x \to a} f(x)]^n = L^n$.

利用上述法则,以及前面得到的极限 $\lim\limits_{x \to x_0} x = x_0$ 和 $\lim\limits_{x \to x_0} c = c$,可以求一些复杂函数的极限.

例 3-7 求 $\lim\limits_{x \to 2} x^4$.

解 $\lim\limits_{x \to 2} x^4 = [\lim\limits_{x \to 2} x]^4 = 2^4 = 16$.

例 3-8 求 $\lim\limits_{x \to 1} (5x^4 - 2)$.

解 $\lim\limits_{x \to 1} (5x^4 - 2) = \lim\limits_{x \to 1} 5x^4 - \lim\limits_{x \to 1} 2 = 5 \lim\limits_{x \to 1} x^4 - 2 = 5(1)^4 - 2 = 3$.

例 3-9 求 $\lim\limits_{x \to 2} \dfrac{2x^2 + 1}{x + 1}$.

解 $\lim\limits_{x \to 2} \dfrac{2x^2 + 1}{x + 1} = \dfrac{\lim\limits_{x \to 2} (2x^2 + 1)}{\lim\limits_{x \to 2} (x + 1)} = \dfrac{2(2)^2 + 1}{2 + 1} = \dfrac{9}{3} = 3$.

习题 3-2

1. 已知 $\lim\limits_{x \to a} f(x) = 3$, $\lim\limits_{x \to a} g(x) = 4$,求下列极限:

(1) $\lim\limits_{x \to a} [f(x) - g(x)]$;　(2) $\lim\limits_{x \to a} 2f(x)$;　　(3) $\lim\limits_{x \to a} [4f(x) - 3g(x)]$;

(4) $\lim\limits_{x \to a} [f(x)g(x)]$;　(5) $\lim\limits_{x \to a} \dfrac{5f(x) + 3g(x)}{f(x)g(x)}$;　(6) $\lim\limits_{x \to a} \dfrac{g(x) - f(x)}{f(x) - 2g(x)}$.

2. 求下列函数极限:

(1) $\lim\limits_{x \to 2} (2x^3 - 3x + 5)$;　(2) $\lim\limits_{x \to 1} \dfrac{x^3 - 3x + 1}{x + 2}$;　(3) $\lim\limits_{x \to 1} \dfrac{2x^3 - 3x - 4}{3x^2 + 2}$.

§3.3 函数在无穷远处的极限

上面讨论了当自变量 x 靠近一个有限数 a 时的函数极限问题，在实际问题中也会遇到考虑当 x 无限增大时函数的极限问题．例如，在可控条件下一个容器内的果蝇数量 $P(t)$ 是时间 t 的函数，如图 3-10 所示．

从图 3-10 中可以看出，当时间 t 增加时，$P(t)$ 越来越靠近 400．400 这个数值是由果蝇生活的空间和可获得的食物以及其他环境因素决定的，称为环境承载能力．

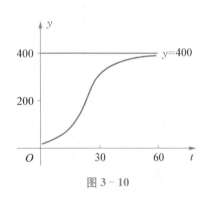

图 3-10

再举另一个例子．考察函数 $f(x) = \dfrac{2x^2}{1+x^2}$，当 x 越来越大时，观察 $f(x)$ 的变化趋势．例如，取一列数 1，2，5，10，100，1 000，计算相应的函数值，如表 3-15 所示．

表 3-15

x	1	2	5	10	100
$f(x)$	1	1.6	1.92	1.98	1.999 8

从表 3-15 中可以看出，当 x 越来越大时，$f(x)$ 越来越靠近 2．

我们也可以利用 Excel 软件画出函数的图形，如图 3-11 所示．此时称函数当 x 无限增大时的极限为 2，记作 $\lim\limits_{x \to +\infty} \dfrac{2x^2}{1+x^2} = 2$．$y = 2$ 称为函数 $f(x) = \dfrac{2x^2}{1+x^2}$ 的水平渐近线．

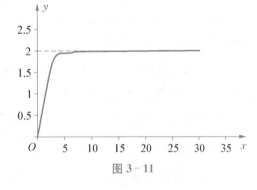

图 3-11

从上面的例子可以知道，对于一般函数 $f(x)$，当自变量 x 无限增大时的极限应定义如下：当 x 足够大时，函数 $f(x)$ 任意靠近实数 L，则称当 x 无限增大时函数 $f(x)$ 的极限为 L，记作 $\lim\limits_{x \to +\infty} f(x) = L$．

类似地，当 x 取负值且绝对值足够大时，函数 $f(x)$ 任意靠近实数 M，则称当 x 无限减少时函数 $f(x)$ 的极限为 M，记作 $\lim\limits_{x \to -\infty} f(x) = M$．

例 3-10 已知 $f(x) = \begin{cases} -2, & x < 0, \\ 2, & x \geqslant 0, \end{cases}$ 求 $\lim\limits_{x \to +\infty} f(x)$ 和 $\lim\limits_{x \to -\infty} f(x)$．

解 画出函数的图形（图 3-12）．从图 3-12 中可以看出，$\lim\limits_{x \to +\infty} f(x) = 2$，$\lim\limits_{x \to -\infty} f(x) = -2$．

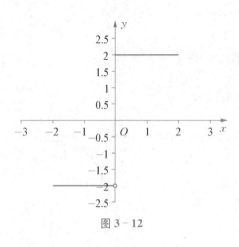

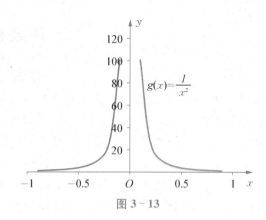

图 3-12   图 3-13

例 3-11 已知 $g(x) = \dfrac{1}{x^2}$，求 $\lim\limits_{x \to +\infty} g(x)$ 和 $\lim\limits_{x \to \infty} g(x)$.

解 画出函数的图形(图 3-13). 从图 3-13 中可以看出，$\lim\limits_{x \to +\infty} g(x) = 0$，$\lim\limits_{x \to -\infty} g(x) = 0$.

一般地，有下面的定理：

定理 3-2 对于任意的正整数 n，则 $\lim\limits_{x \to +\infty} \dfrac{1}{x^n} = 0$,

$\lim\limits_{x \to -\infty} \dfrac{1}{x^n} = 0$.

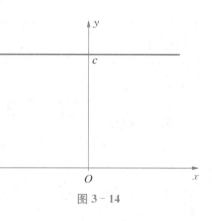

图 3-14

例 3-12 求 $\lim\limits_{x \to -\infty} c$ 和 $\lim\limits_{x \to +\infty} c$.

解 画出函数的图形(图 3-14). 从图 3-14 中可以看出，$\lim\limits_{x \to -\infty} c = c$，$\lim\limits_{x \to +\infty} c = c$.

当自变量 $x \to +\infty$，$x \to -\infty$ 时，如果 $\lim\limits_{x \to +\infty} f(x)$ 与 $\lim\limits_{x \to -\infty} f(x)$ 存在且相等，此时称 $x \to \infty$ 时的极限 $\lim\limits_{x \to \infty} f(x)$ 存在，且 $\lim\limits_{x \to \infty} f(x) = \lim\limits_{x \to -\infty} f(x) = \lim\limits_{x \to +\infty} f(x)$.

例如，在例 3-11 中，$\lim\limits_{x \to \infty} \dfrac{1}{x^n} = 0$；在例 3-12 中，$\lim\limits_{x \to \infty} c = c$.

§3.2 节给出的极限运算法则，对于自变量 $x \to +\infty$，$x \to -\infty$，$x \to \infty$ 的情形也适用.

例 3-13 求 $\lim\limits_{x \to +\infty} \left(\dfrac{2}{x} - \dfrac{1}{x^2} + \dfrac{4}{x^3} - 5 \right)$.

解 $\lim\limits_{x \to +\infty} \left(\dfrac{2}{x} - \dfrac{1}{x^2} + \dfrac{4}{x^3} - 5 \right) = \lim\limits_{x \to +\infty} \dfrac{2}{x} - \lim\limits_{x \to +\infty} \dfrac{1}{x^2} + \lim\limits_{x \to +\infty} \dfrac{4}{x^3} - \lim\limits_{x \to +\infty} 5$

$= 2 \lim\limits_{x \to +\infty} \dfrac{1}{x} - \lim\limits_{x \to +\infty} \dfrac{1}{x^2} + 4 \lim\limits_{x \to +\infty} \dfrac{1}{x^3} - \lim\limits_{x \to +\infty} 5$

$= 2 \times 0 - 0 + 4 \times 0 - 5 = -5.$

例 3-14 求 $\lim\limits_{x \to \infty} \dfrac{\dfrac{3}{x} - \dfrac{2}{x^3} - 4}{\dfrac{1}{x} - \dfrac{1}{x^2} + 2}$.

解　因为 $\lim\limits_{x\to\infty}\left(\dfrac{1}{x}-\dfrac{1}{x^2}+2\right)=2\neq 0$,所以

$$\lim_{x\to\infty}\frac{\dfrac{3}{x}-\dfrac{2}{x^3}-4}{\dfrac{1}{x}-\dfrac{1}{x^2}+2}=\frac{\lim\limits_{x\to\infty}\left(\dfrac{3}{x}-\dfrac{2}{x^3}-4\right)}{\lim\limits_{x\to\infty}\left(\dfrac{1}{x}-\dfrac{1}{x^2}+2\right)}=\frac{-4}{2}=-2.$$

对于有理函数,可以通过下面的方法来求 $x\to+\infty$,$x\to-\infty$ 和 $x\to\infty$ 的极限:分子分母同除以 x^n,其中 n 是分母的最高次幂.

例 3-15　求 $\lim\limits_{x\to+\infty}\dfrac{x^2-x+3}{2x^3+1}$.

解　因为分子分母在 $x\to+\infty$ 时的极限不存在,所以不能直接利用商的极限运算法则.

$$\lim_{x\to+\infty}\frac{x^2-x+3}{2x^3+1}=\lim_{x\to+\infty}\frac{\dfrac{1}{x}-\dfrac{1}{x^2}+\dfrac{3}{x^3}}{2+\dfrac{1}{x^3}}=\frac{0-0+0}{2+0}=\frac{0}{2}=0.$$

例 3-16　求 $\lim\limits_{x\to+\infty}\dfrac{3x^2+8x-4}{2x^2+4x-5}$.

解　因为分子分母在 $x\to+\infty$ 时的极限不存在,所以不能直接利用商的极限运算法则.

$$\lim_{x\to+\infty}\frac{3x^2+8x-4}{2x^2+4x-5}=\lim_{x\to+\infty}\frac{3+\dfrac{8}{x}-\dfrac{4}{x^2}}{2+\dfrac{4}{x}-\dfrac{5}{x^2}}=\frac{3+0-0}{2+0-0}=\frac{3}{2}.$$

例 3-17　求 $\lim\limits_{x\to+\infty}\dfrac{2x^3-3x^2+1}{x^2+2x+4}$.

解　分子分母除以 x^2,可得

$$\lim_{x\to+\infty}\frac{2x^3-3x^2+1}{x^2+2x+4}=\lim_{x\to+\infty}\frac{2x-3+\dfrac{1}{x^2}}{1+\dfrac{2}{x}+\dfrac{4}{x^2}}.$$

当 $x\to+\infty$ 时,因为分子变得任意大,而分母接近 1,商越来越大,因此极限不存在,即

$$\lim_{x\to+\infty}\frac{2x^3-3x^2+1}{x^2+2x+4}=\lim_{x\to+\infty}\frac{2x-3+\dfrac{1}{x^2}}{1+\dfrac{2}{x}+\dfrac{4}{x^2}}=\infty.$$

习题 3-3

1. 求下列极限:

(1) $\lim\limits_{x\to\infty}\dfrac{3x+2}{x-5}$;

(2) $\lim\limits_{x\to\infty}\dfrac{4x^2-1}{x+2}$;

(3) $\lim\limits_{x\to\infty}\dfrac{3x^3+x^2+1}{x^3+1}$;

(4) $\lim\limits_{x\to\infty}\dfrac{2x^2+3x+1}{x^4-x^2}$;　　(5) $\lim\limits_{x\to\infty}\dfrac{x^4+1}{x^3-1}$;　　(6) $\lim\limits_{x\to\infty}\dfrac{4x^4-3x^2+1}{2x^4+x^3+x^2+x+1}$;

(7) $\lim\limits_{x\to\infty}\dfrac{x^5-x^3+x-1}{x^6+2x^2+1}$;　　(8) $\lim\limits_{x\to\infty}\dfrac{2x^2-1}{x^3+x^2+1}$.

§3.4　单侧极限

函数 $f(x)=\begin{cases}x-1,\ x<0,\\ x+1,\ x\geqslant0\end{cases}$ 的图形,如图 3-15

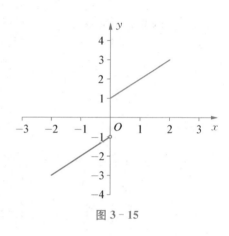

所示.从图 3-15 中可以看出,当 $x\to0$ 时函数没有极
限.因为不管 x 如何靠近 0,函数 $f(x)$ 如果取正则靠近
1,取负则靠近 -1,当 $x\to0$ 时函数不靠近唯一的数 L.
虽然 $\lim\limits_{x\to0}f(x)$ 不存在,但如果限制 $x>0$,此时可以发
现,当 x 充分靠近 0 时,函数 $f(x)$ 尽可能靠近 1,此时称
函数 $f(x)$ 当 x 从 0 的右侧靠近 0 时的右极限为 1,记作
$\lim\limits_{x\to0^+}f(x)=1$.类似地,如果限制 $x<0$,此时可以发现,
当 x 充分靠近 0 时,函数 $f(x)$ 尽可能靠近 -1,此时称

图 3-15

函数 $f(x)$ 当 x 从 0 的左侧靠近 0 时的左极限为 -1,记作 $\lim\limits_{x\to0^-}f(x)=-1$.左极限和右极限统

称为单侧极限.

也可以通过选取充分靠近 0 的一列数,来观察函数值的变化趋势,如表 3-16 所示.从
表 3-16 中也可以看出,$\lim\limits_{x\to0^-}f(x)=-1$,$\lim\limits_{x\to0^+}f(x)=1$.

表 3-16　(a)当 x 从 0 的左边靠近 0 时

x	-0.5	-0.1	-0.01	-0.001	-0.0001
$f(x)$	-1.5	-1.1	-1.01	-1.001	-1.0001

(b)当 x 从 0 的右边靠近 0 时

x	0.5	0.1	0.01	0.001	0.0001
$f(x)$	1.5	1.1	1.01	1.001	1.0001

从上面的例子得到启示,可以对一般情况给出单侧极限的描述性定义:

定义 3-2　当 x 从 a 的右侧充分靠近 a 时(即 $x>a$),函数 $f(x)$ 尽可能靠近常数 L,
此时称函数 $f(x)$ 当 x 从 a 的右侧靠近 a 时的右极限为 L,记作 $\lim\limits_{x\to a^+}f(x)=L$.

类似地,当 x 从 a 的左侧充分靠近 a 时(即 $x<a$),函数 $f(x)$ 尽可能靠近常数 M,此时

称函数 $f(x)$ 当 x 从 a 的左侧靠近 a 时的左极限为 M，记作 $\lim\limits_{x \to a^-} f(x) = M$.

例 3 - 18 已知 $f(x) = \begin{cases} x-2, & x < 1, \\ x+3, & x \geqslant 1, \end{cases}$

求 $\lim\limits_{x \to 1^+} f(x)$ 和 $\lim\limits_{x \to 1^-} f(x)$.

解 画出函数的图形(图 3 - 16). 从图 3 - 16 中可以看出，$\lim\limits_{x \to 1^+} f(x) = 4$，$\lim\limits_{x \to 1^-} f(x) = -1$.

也可以通过选取充分靠近 1 的一列数，来观察函数值的变化趋势，如表 3 - 17 所示. 从表 3 - 17 中也可以看出，$\lim\limits_{x \to 1^+} f(x) = 4$，$\lim\limits_{x \to 1^-} f(x) = -1$.

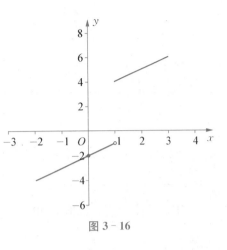

图 3 - 16

表 3 - 17　(a)当 x 从 1 的左边靠近 1 时

x	0.5	0.9	0.99	0.999	0.999 9
$f(x)$	-1.5	-1.1	-1.01	-1.001	$-1.000 1$

(b)当 x 从 1 的右边靠近 1 时

x	1.5	1.1	1.01	1.001	1.000 1
$f(x)$	4.5	4.1	4.01	4.001	4.000 1

例 3 - 19 求 $\lim\limits_{x \to 1^+} x$ 和 $\lim\limits_{x \to 1^-} x$.

解 画出函数的图形(图 3-17). 从图 3-17 中可以看出，$\lim\limits_{x \to 1^+} x = 1$，$\lim\limits_{x \to 1^-} x = 1$.

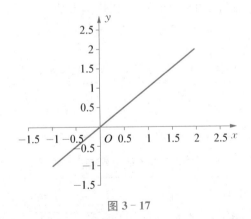

图 3 - 17

也可以通过选取充分靠近 1 的一列数，来观察函数值的变化趋势，如表 3 - 18 所示. 从表 3 - 18 中也可以看出，$\lim\limits_{x \to 1^+} x = 1$，$\lim\limits_{x \to 1^-} x = 1$.

表 3 - 18　(a)当 x 从 1 的左边靠近 1 时

x	0.5	0.9	0.99	0.999	0.999 9
$f(x) = x$	0.5	0.9	0.99	0.999	0.999 9

(b)当 x 从 1 的右边靠近 1 时

x	1.5	1.1	1.01	1.001	1.000 1
$f(x) = x$	1.5	1.1	1.01	1.001	1.000 1

用同样的方法可以得到 $\lim\limits_{x \to x_0^+} x = x_0$，$\lim\limits_{x \to x_0^-} x = x_0$. 此结果在以后的极限运算中会经常用到.

例 3 - 20 求 $\lim\limits_{x \to 1^+} c$ 和 $\lim\limits_{x \to 1^-} c$.

解 画出函数的图形(图 3 - 18). 从图 3 - 18 中可以看出，$\lim\limits_{x \to 1^+} c = c$，$\lim\limits_{x \to 1^-} c = c$.

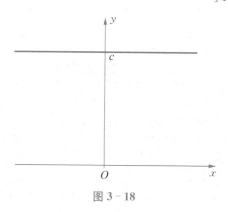

图 3 - 18

也可以通过选取充分靠近 1 的一列数,来观察函数值的变化趋势,如表 3 - 19 所示. 从表 3 - 19 中也可以看出，$\lim\limits_{x \to 1^-} c = c$，$\lim\limits_{x \to 1^+} c = c$.

表 3 - 19　(a)当 x 从 1 的左边靠近 1 时

x	0.5	0.9	0.99	0.999	0.999 9
$f(x) = c$	c	c	c	c	c

(b)当 x 从 1 的右边靠近 1 时

x	1.5	1.1	1.01	1.001	1.000 1
$f(x) = c$	c	c	c	c	c

用同样的方法可以得到 $\lim\limits_{x \to x_0^+} c = c$，$\lim\limits_{x \to x_0^-} c = c$. 此结果在以后的极限运算中会经常用到.

§ 3.2 节中给出的极限运算法则,对于自变量 $x \to x_0^-$，$x \to x_0^+$ 的情形也适用.

例 3-21 用另一种方法求解例 3-18 的问题.

解 可采用下面的方法求解:

$$\lim_{x \to 1^+} f(x) = \lim_{x \to 1^+} (x+3) = \lim_{x \to 1^+} x + \lim_{x \to 1^+} 3 = 1 + 3 = 4,$$

$$\lim_{x \to 1^-} f(x) = \lim_{x \to 1^-} (x-2) = \lim_{x \to 1^-} x - \lim_{x \to 1^-} 2 = 1 - 2 = -1.$$

例 3-22 已知 $f(x) = \begin{cases} 3x+2, & x \leqslant 1, \\ 4-x^2, & x > 1, \end{cases}$ 求 $\lim_{x \to 1^+} f(x)$ 和 $\lim_{x \to 1^-} f(x)$.

解 $\lim_{x \to 1^+} f(x) = \lim_{x \to 1^+} (4-x^2) = \lim_{x \to 1^+} 4 - \lim_{x \to 1^+} x^2 = 4 - 1^2 = 3,$

$\lim_{x \to 1^-} f(x) = \lim_{x \to 1^-} (3x+2) = \lim_{x \to 1^-} 3x + \lim_{x \to 1^-} 2 = 3 \lim_{x \to 1^-} x + 2 = 3 \cdot 1 + 2 = 5.$

例 3-23 已知 $f(x) = \begin{cases} 2, & 0 \leqslant x < 1, \\ -4x^3 + x^2 + 1, & 1 \leqslant x < 5, \\ 4x+3, & 5 \leqslant x < 80, \end{cases}$ 求 $\lim_{x \to 1^+} f(x)$ 和 $\lim_{x \to 1^-} f(x)$.

解 $\lim_{x \to 1^+} f(x) = \lim_{x \to 1^+} (-4x^3 + x^2 + 1) = \lim_{x \to 1^+} (-4x^3) + \lim_{x \to 1^+} x^2 + \lim_{x \to 1^+} 1$

$$= -4 \lim_{x \to 1^+} x^3 + 1^2 + 1 = -4 \cdot 1 + 2 = -2,$$

$$\lim_{x \to 1^-} f(x) = \lim_{x \to 1^-} 2 = 2.$$

习题 3-4

1. 已知 $f(x) = \begin{cases} 2x+1, & x \leqslant 0, \\ 4-3x^2, & x > 0, \end{cases}$ 求 $\lim_{x \to 0^+} f(x)$ 和 $\lim_{x \to 0^-} f(x)$.

2. 已知 $f(x) = \begin{cases} 0, & 0 \leqslant x < 1, \\ -0.14x^3 + 0.67x^2 + 0.05, & 1 \leqslant x < 10, \\ 1.5, & 10 \leqslant x < 100, \end{cases}$ 求 $\lim_{x \to 1^+} f(x)$ 和 $\lim_{x \to 1^-} f(x)$.

3. 设 $f(x) = \begin{cases} 2x-3, & x \leqslant 2, \\ -x+3, & x > 2, \end{cases}$ 画出该函数的图形,求出 $\lim_{x \to 2^+} f(x)$ 和 $\lim_{x \to 2^-} f(x)$, 并讨论 $\lim_{x \to 2} f(x)$ 是否存在.

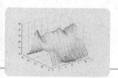  

第 4 章

导 数

导数是微积分的核心概念之一. 本章将在函数和极限基础上介绍导数的概念与导数的四则运算法则,以及高阶导数的概念.

§4.1 导 数 的 概 念

导数与其他数学概念一样,也是从实际问题中产生的、为了更好地理解导数的概念,本节先给出产生导数概念的两个实际问题,进而引入导数的定义. 最后,利用导数的定义,推导常用的一些公式.

4.1.1 平面曲线切线的斜率

对于一些特殊的平面曲线(如圆),中学数学课本已经给出切线的概念,即与曲线只有一个交点的直线称为该曲线的切线. 但是,对于一般的曲线来说,这种切线定义没有刻画出切线的本质,因此需要给出一般曲线的切线定义.

设 P 为曲线 C 上固定点,Q 为曲线 C 上异于 P 点的任意一动点,通过 P 和 Q 所作的直线称为割线,如图 4-1 所示.

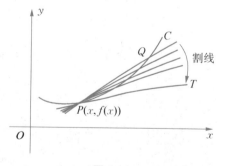

图 4-1

当 Q 点沿着曲线 C 朝向 P 运动时,通过 P 和 Q 的割线围绕 P 点旋转并靠近一条通过 P 点的固定直线 PT. 这条固定直线,是通过 P 和 Q 的割线当点 Q 靠近 P 时的极限位置,被称作曲线 C 在 P 点的切线.

切线的一个重要指标是斜率,因此需要设法求出切线的斜率. 切线的斜率可以通过割线的斜率来近似,通过取极限得到精确值.

下面让我们更精确地描述这个过程.

设曲线 C 为函数 $y = f(x)$ 的曲线, 设曲线上 P 点的坐标为 $P(x, f(x))$, Q 点的横坐标为 $x+h$, 这里 h 是非零的数, 则 Q 点的坐标为 $Q(x+h, f(x+h))$, 如图 4-2 所示. 通过让 h 靠近 0, 可以使 Q 沿着曲线 C 靠近 P, 即 $h \to 0$ 等价于 Q 沿着曲线 C 靠近 P, 如图 4-3 所示.

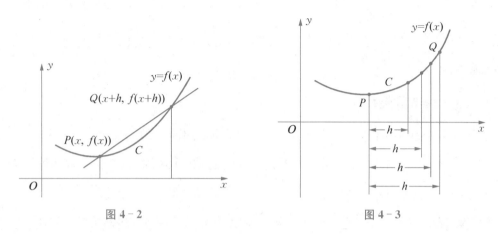

图 4-2   图 4-3

此外, 利用直线的斜率公式, 可以写出通过 $P(x, f(x))$ 和 $Q(x+h, f(x+h))$ 的割线的斜率为

$$\frac{f(x+h) - f(x)}{(x+h) - x} = \frac{f(x+h) - f(x)}{h}.$$

因此, 可以将割线斜率的极限看作切线的斜率, 即将 $\lim\limits_{h \to 0} \dfrac{f(x+h) - f(x)}{h}$ 看作切线的斜率. 由此得到切线斜率的定义如下:

如果极限 $\lim\limits_{h \to 0} \dfrac{f(x+h) - f(x)}{h}$ 存在, 则函数 $y = f(x)$ 在点 $P(x, f(x))$ 的切线斜率为

$$\lim_{h \to 0} \frac{f(x+h) - f(x)}{h}.$$

4.1.2 函数的瞬时变化率

在第 3 章介绍极限概念时, 曾经给出一个生活实例. 已知磁悬浮列车的运行距离与运行时刻 t 之间的函数关系为 $s = f(t) = 3t^2 (0 \leqslant t \leqslant 30)$, 求在 $t = 3$ 时的瞬时速度. 当时采用的方法是先求在 $[3, t]$ 上的平均速度, 然后让 $t \to 3$, 观察平均速度的变化情况, 从而得到 $t = 3$ 时的瞬时速度.

下面讨论类似的问题. 设距离与运行时刻 t 的函数关系为 $s = f(t)$, 时间间隔 $[x, x+h]$ 上的平均速度为

$$\frac{f(x+h) - f(x)}{(x+h) - x} = \frac{f(x+h) - f(x)}{h}.$$

在 $t = x$ 时的瞬时速度可以看作当 $x + h \to x$, 即 $h \to 0$ 时的极限

$$\lim_{h \to 0} \frac{f(x+h) - f(x)}{h}.$$

上面的问题可以用函数变化率给出解释. $f(x+h) - f(x)$ 表示当 x 变化 h 时相应函数 $f(x)$ 的变化, 这样 $\dfrac{f(x+h) - f(x)}{h}$ 表示在间隔 $[x, x+h]$ 上函数 $f(x)$ 关于 x 的平均变化率, $\lim\limits_{h \to 0} \dfrac{f(x+h) - f(x)}{h}$ 表示函数 $f(x)$ 在 x 处的瞬时变化率. 因此, 瞬时速度就是位置函数的瞬时变化率.

4.1.3 导数的概念

从上面两个实际问题可以看出, 虽然实际意义不同, 但最后都归结为计算极限 $\lim\limits_{h \to 0} \dfrac{f(x+h) - f(x)}{h}$ 的问题. 还有一些其他实际问题, 最后也归结为类似函数此种结构的极限问题, 为了对它们进行理论研究, 数学家给它一个新的称呼 —— 导数.

定义 4-1 $\lim\limits_{h \to 0} \dfrac{f(x+h) - f(x)}{h}$ 称为函数 $f(x)$ 的**导函数**(简称**导数**), 记作

$$f'(x) = \lim_{h \to 0} \frac{f(x+h) - f(x)}{h}.$$

$f'(x)$ 是一个新的函数, 其定义域为使上式极限存在的所有 x 的集合. 如果 $f'(x)$ 的定义域为 (a, b), 此时称 $f(x)$ 在 (a, b) 内可导. 如果 $f'(x)$ 在 x_0 处有定义, 此时称 $f(x)$ 在 x_0 处可导.

根据导数的定义, 可知函数 $y = f(x)$ 的导数 $f'(x)$, 既表示函数 $y = f(x)$ 的图形在任何点 $(x, f(x))$ 切线的斜率, 也表示函数 $y = f(x)$ 在 x 处的瞬时变化率, 如图 4-4 所示.

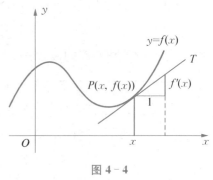

图 4-4

函数 $f(x)$ 的导数也可以用 $\dfrac{\mathrm{d}}{\mathrm{d}x} f(x)$ 来表示. 当函数表示为 $y = f(x)$ 时, 也可以用 $\dfrac{\mathrm{d}y}{\mathrm{d}x}$ 和 y' 来表示.

计算函数 $f(x)$ 的导数 $f'(x)$, 可按下面 4 个步骤来完成:

(1) 计算 $f(x+h)$;

(2) 计算 $f(x+h) - f(x)$;

(3) 计算 $\dfrac{f(x+h) - f(x)}{h}$;

(4) 计算 $f'(x) = \lim\limits_{h \to 0} \dfrac{f(x+h) - f(x)}{h}$.

例 4-1 求出函数 $f(x) = 2x + 3$ 的图形在任意点的切线斜率.

解 函数 $f(x)$ 的图形在任意点的切线斜率, 可以通过函数 $f(x)$ 在 x 处的导数来计算.

为了求出导数,通过以下 4 个步骤来完成:

(1) $f(x+h)=2(x+h)+3=2x+2h+3$;

(2) $f(x+h)-f(x)=(2x+2h+3)-(2x+3)=2h$;

(3) $\dfrac{f(x+h)-f(x)}{h}=\dfrac{2h}{h}=2$;

(4) $f'(x)=\lim\limits_{h\to 0}\dfrac{f(x+h)-f(x)}{h}=\lim\limits_{h\to 0}2=2.$

于是,函数 $f(x)=2x+3$ 的图形在任意点的切线斜率为 2.

熟练时,计算导数不必分 4 步进行计算,而是直接从第 4 步开始化简计算.

例 4 - 2 已知 $f(x)=x^2$,计算下列各题:

(1) 求 $f'(x)$;

(2) 求 $f'(3)$,并对结果进行解释.

解 (1) $f'(x)=\lim\limits_{h\to 0}\dfrac{f(x+h)-f(x)}{h}=\lim\limits_{h\to 0}\dfrac{(x+h)^2-x^2}{h}=\lim\limits_{h\to 0}(2x+h)=2x.$

(2) $f'(3)=2\cdot 3=6.$

这个结果表明,一是函数 $f(x)=x^2$ 的图形在点 $(3,9)$ 的切线斜率为 6;二是函数在 $x=3$ 处自变量改变一个单位,函数将以 6 个单位的比率改变.

例 4 - 3 已知 $f(x)=x^2-3x$,计算下列各题:

(1) 求 $f'(x)$;

(2) 找出曲线上的点使得该点的切线是水平的.

解 (1) $f'(x)=\lim\limits_{h\to 0}\dfrac{f(x+h)-f(x)}{h}=\lim\limits_{h\to 0}\dfrac{\left[(x+h)^2-3(x+h)\right]-(x^2-3x)}{h}$

$=\lim\limits_{h\to 0}(2x+h-3)=2x-3.$

(2) 切线是水平的,意味着切线的斜率为 0,也就是导数等于 0,所以应使 $f'(x)=0$,即 $2x-3=0$,解得 $x=\dfrac{3}{2}$. 对应的 y 值为

$$y=f\left(\dfrac{3}{2}\right)=\left(\dfrac{3}{2}\right)^2-3\left(\dfrac{3}{2}\right)=-\dfrac{9}{4},$$

于是,曲线上使得切线是水平的点为 $\left(\dfrac{3}{2},-\dfrac{9}{4}\right)$.

例 4 - 4 已知 $f(x)=\dfrac{1}{x}$,计算下列各题:

(1) 求 $f'(x)$;

(2) 找出 $x=1$ 时的曲线上点的切线斜率;

(3) 求出在 (2) 中的切线方程.

解 (1) $f'(x)=\lim\limits_{h\to 0}\dfrac{f(x+h)-f(x)}{h}=\lim\limits_{h\to 0}\dfrac{\dfrac{1}{x+h}-\dfrac{1}{x}}{h}=\lim\limits_{h\to 0}\dfrac{-1}{x(x+h)}=\dfrac{-1}{x^2}.$

(2) $x=1$ 时的曲线上点的切线斜率为 $f'(1)=-1.$

(3) 当 $x=1$ 时,$y=f(1)=1$,所以曲线上的点为 $(1,1)$. 于是切线方程为

$$y - 1 = -(x - 1).$$

例 4 - 5 假设汽车沿着直线的公路从静止开始运动,行使 t 秒的距离可以用函数 $f(t) = 2t^2(0 \leqslant t \leqslant 20)$ 表示.计算下列各题:

(1) 计算汽车在时间间隔 $[11, 12]$,$[11, 11.1]$,$[11, 11.01]$ 上的平均速度;

(2) 计算汽车在 $t = 11$ 秒时的瞬时速度.

解 (1) 汽车在时间间隔 $[t, t+h]$ 上的平均速度为

$$\frac{f(t+h) - f(t)}{h} = \frac{2(t+h)^2 - 2t^2}{h} = 2(2t + h).$$

在上式中令 $t = 11, h = 1$,可以计算出汽车在时间间隔 $[11, 12]$ 上的平均速度为 46 米 / 秒. 运用同样的方法,可以得到汽车在时间间隔 $[11, 11.1]$,$[11, 11.01]$ 上的平均速度分别为 44.2 米 / 秒和 44.02 米 / 秒.

(2) 汽车在 t 时的瞬时速度为

$$f'(t) = \lim_{h \to 0} \frac{f(t+h) - f(t)}{h} = \lim_{h \to 0} \frac{2(t+h)^2 - 2t^2}{h} = \lim_{h \to 0} 2(2t + h) = 4t,$$

于是,汽车在 $t = 11$ 秒时的瞬时速度为 $f'(11) = 4 \cdot 11 = 44$(米 / 秒).

4.1.4 简单的导数公式

从前面的例子可以看出,即使函数比较简单,利用定义求导数也是很麻烦的. 下面给出一些公式来简化求导过程. 本书将使用符号 $\dfrac{\mathrm{d}}{\mathrm{d}x}[f(x)]$ 来表示函数 $f(x)$ 在 x 处关于 x 的导数.

一、常数函数的求导公式

$$\frac{\mathrm{d}}{\mathrm{d}x}(c) = 0.$$

常数函数的导数为 0.

此公式很容易利用定义证明.

例 4 - 6 已知 $f(x) = 23$,求 $f'(x)$.

解 $f'(x) = \dfrac{\mathrm{d}}{\mathrm{d}x}(23) = 0$.

例 4 - 7 已知 $f(x) = \pi^3$,求 $f'(x)$.

解 $f'(x) = \dfrac{\mathrm{d}}{\mathrm{d}x}(\pi^3) = 0$.

二、幂函数的求导公式

$$\frac{\mathrm{d}}{\mathrm{d}x}(x^a) = \alpha x^{\alpha - 1},$$

其中 α 为实数.

在前面的例题中已经给出此公式 $\alpha = 1, 2, -1$ 时的证明. 对于一般情形不容易证明,这

里略去,只给出公式.

例 4 - 8 已知 $f(x) = x$,求 $f'(x)$.

解 $f'(x) = \dfrac{\mathrm{d}}{\mathrm{d}x}(x) = \dfrac{\mathrm{d}}{\mathrm{d}x}(x^1) = 1 \cdot x^{1-1} = 1.$

例 4 - 9 已知 $f(x) = x^2$,求 $f'(x)$.

解 $f'(x) = \dfrac{\mathrm{d}}{\mathrm{d}x}(x^2) = 2 \cdot x^{2-1} = 2x.$

例 4 - 10 已知 $f(x) = \dfrac{1}{x}$,求 $f'(x)$.

解 $f'(x) = \dfrac{\mathrm{d}}{\mathrm{d}x}\left(\dfrac{1}{x}\right) = \dfrac{\mathrm{d}}{\mathrm{d}x}(x^{-1}) = -1 \cdot x^{-1-1} = -x^{-2} = -\dfrac{1}{x^2}.$

例 4 - 11 已知 $f(x) = x^{\frac{7}{2}}$,求 $f'(x)$.

解 $f'(x) = \dfrac{\mathrm{d}}{\mathrm{d}x}\left(x^{\frac{7}{2}}\right) = \dfrac{7}{2} \cdot x^{\frac{7}{2}-1} = \dfrac{7}{2}x^{\frac{5}{2}}.$

当幂函数用根式表示时,利用公式 $\sqrt{x} = x^{\frac{1}{2}}$,$\sqrt[n]{x^m} = x^{\frac{m}{n}}$,$\dfrac{1}{\sqrt[n]{x^m}} = x^{-\frac{m}{n}}$,首先将其写成

分数指数幂,再利用公式求导.

例 4 - 12 已知 $f(x) = \sqrt{x}$,求 $f'(x)$.

解 $f'(x) = \dfrac{\mathrm{d}}{\mathrm{d}x}(\sqrt{x}) = \dfrac{\mathrm{d}}{\mathrm{d}x}\left(x^{\frac{1}{2}}\right) = \dfrac{1}{2} \cdot x^{\frac{1}{2}-1} = \dfrac{1}{2}x^{-\frac{1}{2}} = \dfrac{1}{2\sqrt{x}}.$

例 4 - 13 已知 $g(x) = \dfrac{1}{\sqrt[5]{x}}$,求 $g'(x)$.

解 $g'(x) = \dfrac{\mathrm{d}}{\mathrm{d}x}\left(\dfrac{1}{\sqrt[5]{x}}\right) = \dfrac{\mathrm{d}}{\mathrm{d}x}\left(x^{-\frac{1}{5}}\right) = -\dfrac{1}{5} \cdot x^{-\frac{1}{5}-1} = -\dfrac{1}{5}x^{-\frac{6}{5}}.$

三、常数与函数乘积的导数

$$\dfrac{\mathrm{d}}{\mathrm{d}x}\big[cf(x)\big] = c\dfrac{\mathrm{d}}{\mathrm{d}x}\big[f(x)\big].$$

常数与可导函数乘积的导数等于常数与函数导数的乘积.

此法则可以直接利用导数定义证明.

例 4 - 14 已知 $f(x) = 5x^3$,求 $f'(x)$.

解 $f'(x) = \dfrac{\mathrm{d}}{\mathrm{d}x}(5x^3) = 5\dfrac{\mathrm{d}}{\mathrm{d}x}(x^3) = 5 \cdot 3x^2 = 15x^2.$

例 4 - 15 已知 $f(x) = \dfrac{3}{\sqrt{x}}$,求 $f'(x)$.

解 $f'(x) = \dfrac{\mathrm{d}}{\mathrm{d}x}\left(\dfrac{3}{\sqrt{x}}\right) = 3\dfrac{\mathrm{d}}{\mathrm{d}x}\left(\dfrac{1}{\sqrt{x}}\right) = 3\dfrac{\mathrm{d}}{\mathrm{d}x}\left(x^{-\frac{1}{2}}\right) = 3 \cdot \left(-\dfrac{1}{2}\right) \cdot x^{-\frac{1}{2}-1} = -\dfrac{3}{2}x^{-\frac{3}{2}}.$

习题 4 - 1

1. 利用导数定义,求 $f(x) = 3x + 5$ 在任何点 $P(x, f(x))$ 处切线的斜率.

2. 利用导数的定义，求 $f(x) = -\dfrac{2}{x}$ 在任何点 $P(x, f(x))$ 处切线的斜率.

3. 利用导数的定义，求 $f(x) = \dfrac{3}{2}x + 5$ 在点 $(2, 8)$ 处切线的斜率，并求切线方程.

4. 已知 $y = x^2 + 3$，计算下列各题：

(1) 求出 y 关于 x 在 $[1, 2]$，$[1, 1.5]$，$[1, 1.1]$ 上的平均变化率；

(2) 求出在 $x = 1$ 处的瞬时变化率.

5. 已知 $f(x) = x^2 - 2x + 1$，计算下列各题：

(1) 求 $f'(x)$；

(2) 找出曲线上的点，使得该点的切线是水平的.

6. 利用公式求下列函数的导数：

(1) $f(x) = 17$；　(2) $g(x) = \dfrac{1}{\sqrt[5]{x^2}}$；　(3) $f(x) = 3x^5$；　(4) $f(x) = \dfrac{5}{\sqrt{x}}$.

§4.2 函数四则运算的求导法则

构成新函数的一种很重要的方式就是进行四则运算. 对于这一类函数的导数，如果利用定义来求解比较麻烦. 因此，本节介绍函数的四则运算的求导法则. 对于这些求导法则，我们只给出结果，而不进行证明.

一、两个函数和(差)的导数公式

$$[f(x) \pm g(x)]' = f'(x) \pm g'(x).$$

两个可导函数和(差)的导数，等于这两个函数导数的和(差).

这个结果可以推广到有限个函数的和与差.

例 4-16 求函数 $f(x) = 3x^5 - 2x^4 - 7x^2 + x - 4$ 的导数.

解
$$\begin{aligned}
f'(x) &= (3x^5 - 2x^4 - 7x^2 + x - 4)' \\
&= (3x^5)' - (2x^4)' - (7x^2)' + (x)' - (4)' \\
&= 3(x^5)' - 2(x^4)' - 7(x^2)' + 1 \\
&= 3 \cdot 5x^4 - 2 \cdot 4x^3 - 7 \cdot 2x + 1 \\
&= 15x^4 - 8x^3 - 14x + 1.
\end{aligned}$$

例 4-17 求函数 $g(t) = \dfrac{t^3}{7} + \dfrac{7}{t^2}$ 的导数.

解
$$\begin{aligned}
g'(t) &= \left(\dfrac{t^3}{7} + \dfrac{7}{t^2}\right)' = \left(\dfrac{t^3}{7}\right)' + \left(\dfrac{7}{t^2}\right)' = \dfrac{1}{7}(t^3)' + 7\left(\dfrac{1}{t^2}\right)' \\
&= \dfrac{1}{7} \cdot 3t^2 + 7(t^{-2})' = \dfrac{3}{7}t^2 + 7 \cdot (-2)t^{-3} = \dfrac{3}{7}t^2 - 14t^{-3}.
\end{aligned}$$

例 4-18 求函数 $f(x) = 3x + \dfrac{1}{\sqrt{x}}$ 的图形在点 $(1, 4)$ 处的切线斜率和切线方程.

解 因为 $f'(x) = \left(3x + \dfrac{1}{\sqrt{x}}\right)' = (3x)' + \left(\dfrac{1}{\sqrt{x}}\right)' = 3(x)' + (x^{-\frac{1}{2}})'$

$$= 3 + \left(-\dfrac{1}{2}\right)x^{-\frac{1}{2}-1} = 3 - \dfrac{1}{2}x^{-\frac{3}{2}},$$

所以，$f'(1) = 3 - \dfrac{1}{2} \cdot 1^{-\frac{3}{2}} = \dfrac{5}{2}$. 于是，函数 $f(x) = 3x + \dfrac{1}{\sqrt{x}}$ 的图形在点 $(1, 4)$ 处的切线斜率为 $\dfrac{5}{2}$，切线方程为 $y - 4 = \dfrac{5}{2}(x - 1)$.

二、两个函数乘积的导数公式

$$[f(x) \cdot g(x)]' = f'(x)g(x) + f(x)g'(x).$$

两个函数乘积的导数，等于第一个函数的导数乘第二个函数加上第二个函数的导数乘第一个函数.

注意 $[f(x) \cdot g(x)]' \neq f'(x)g'(x)$.

例 4-19 求出函数 $f(x) = (4x^2 - 3)(x^3 + 1)$ 的导数.

解 $f'(x) = [(4x^2 - 3)(x^3 + 1)]'$

$$= (4x^2 - 3)'(x^3 + 1) + (4x^2 - 3)(x^3 + 1)'$$

$$= 8x(x^3 + 1) + (4x^2 - 3)3x^2 = 20x^4 - 9x^2 + 8x.$$

例 4-20 求出函数 $f(x) = x^4(\sqrt{x} + 2)$ 的导数.

解 $f'(x) = [x^4(\sqrt{x} + 2)]' = (x^4)'(\sqrt{x} + 2) + x^4(\sqrt{x} + 2)'$

$$= 4x^3(\sqrt{x} + 2) + x^4 \dfrac{1}{2\sqrt{x}} = \dfrac{9}{2}x^{\frac{7}{2}} + 8x^3.$$

注：在合并时用到公式 $a^b \cdot a^c = a^{b+c}$，$x^{\frac{m}{n}} \cdot x^{-\frac{m}{n}} = 1$，详见第 7 章 §7.1.

三、两个函数的商的导数公式

$$\left[\dfrac{f(x)}{g(x)}\right]' = \dfrac{f'(x)g(x) - f(x)g'(x)}{g^2(x)} \quad (g(x) \neq 0).$$

为了方便记忆，可以把此公式叙述为：商的导数等于分子的导数乘分母减去分母的导数乘分子再除以分母的平方.

注意 $\left[\dfrac{f(x)}{g(x)}\right]' \neq \dfrac{f'(x)}{g'(x)}$.

例 4-21 已知 $f(x) = \dfrac{x}{2x - 4}$，求 $f'(x)$.

解 $f'(x) = \left(\dfrac{x}{2x - 4}\right)' = \dfrac{(x)'(2x - 4) - x(2x - 4)'}{(2x - 4)^2} = \dfrac{(2x - 4) - 2x}{(2x - 4)^2}$

$$= \dfrac{-4}{(2x - 4)^2} = -\dfrac{1}{(x - 2)^2}.$$

例 4 - 22 已知 $f(x) = \dfrac{x^2+2}{x^2-2}$，求 $f'(x)$．

解
$$f'(x) = \left(\frac{x^2+2}{x^2-2}\right)' = \frac{(x^2+2)'(x^2-2) - (x^2+2)(x^2-2)'}{(x^2-2)^2}$$
$$= \frac{2x(x^2-2) - (x^2+2)2x}{(x^2-2)^2} = \frac{-8x}{(x^2-2)^2}.$$

例 4 - 23 已知 $h(x) = \dfrac{\sqrt{x}}{x^2+2}$，求 $h'(x)$．

解
$$h'(x) = \left(\frac{\sqrt{x}}{x^2+2}\right)' = \frac{(\sqrt{x})'(x^2+2) - \sqrt{x}(x^2+2)'}{(x^2+2)^2}$$
$$= \frac{\dfrac{1}{2\sqrt{x}}(x^2+2) - \sqrt{x}\cdot 2x}{(x^2+2)^2} = \frac{-\dfrac{3}{2}x^{\frac{3}{2}} + \dfrac{1}{\sqrt{x}}}{(x^2+2)^2} = \frac{-3x^2+2}{2\sqrt{x}(x^2+2)^2}.$$

注意　在合并时用到分式 $a^b \cdot a^c = a^{b+c}$，$x^{\frac{m}{n}} \cdot x^{-\frac{m}{n}} = 1$，详见第 7 章 §7.1．

习题 4 - 2

1. 求下列函数的导数：

(1) $f(x) = x^3 + 5x^2 - 10x + 6$；

(2) $f(x) = 5x^4 - 10x^2 - 6x + 7$；

(3) $f(x) = (x^2+1)(2x^3+3x+2)$；

(4) $f(x) = (\sqrt{x}+5)(x^{\frac{3}{2}}+5x^2+7)$；

(5) $f(x) = \dfrac{\sqrt[3]{x}}{x^2+1}$；

(6) $f(x) = \dfrac{\sqrt{x}}{2x^3+5x+7}$．

§4.3　高 阶 导 数

　　函数 $f(x)$ 的导数 $f'(x)$ 也是一个函数，因此对于 $f'(x)$ 可继续讨论导数．如果在函数 $f'(x)$ 的定义域内，极限 $\lim\limits_{h\to 0} \dfrac{f'(x+h) - f'(x)}{h}$ 存在，函数 $f'(x)$ 就有导数 $[f'(x)]'$，记作 $f''(x)$，换句话说，$f''(x)$ 就是 $f(x)$ 一阶导数的导数，因此 $f''(x)$ 被称为函数 $f(x)$ 的二阶导数．继续这种方式，可以得到 $f(x)$ 的三阶、四阶和更高阶导数．

　　函数 $f(x)$ 在 x 处的一阶、二阶、三阶、四阶、五阶……n 阶导数可以表示为

$$f'(x),\ f''(x),\ f'''(x),\ f^{(4)}(x),\ f^{(5)}(x),\ \cdots,\ f^{(n)}(x).$$

　　如果函数 $f(x)$ 写成 $y = f(x)$ 的形式，其各阶导数还可以表示为

$$y',\ y'',\ y''',\ y^{(4)},\ y^{(5)},\ \cdots,\ y^{(n)} \ \text{或} \ \frac{dy}{dx},\ \frac{d^2y}{dx^2},\ \frac{d^3y}{dx^3},\ \frac{d^4y}{dx^4},\ \frac{d^5y}{dx^5},\ \cdots,\ \frac{d^ny}{dx^n}.$$

例 4 - 24 求出函数 $f(x) = 2x^5 - 3x^4 + 4x^3 - 2x^2 + x - 9$ 的各阶导数.

解 $f'(x) = 10x^4 - 12x^3 + 12x^2 - 4x + 1$,

$$f''(x) = \frac{\mathrm{d}}{\mathrm{d}x}f'(x) = 40x^3 - 36x^2 + 24x - 4,$$

$$f'''(x) = \frac{\mathrm{d}}{\mathrm{d}x}f''(x) = 120x^2 - 72x + 24,$$

$$f^{(4)}(x) = \frac{\mathrm{d}}{\mathrm{d}x}f'''(x) = 240x - 72,$$

$$f^{(5)}(x) = \frac{\mathrm{d}}{\mathrm{d}x}f^{(4)}(x) = 240,$$

$$f^{(n)}(x) = 0(n > 5).$$

例 4 - 25 求出函数 $y = x^{\frac{2}{3}}$ 的三阶导数,并说明它的定义域.

解 $y' = \frac{2}{3}x^{-\frac{1}{3}}$, $y'' = \frac{2}{3}\left(-\frac{1}{3}\right)x^{-\frac{4}{3}} = -\frac{2}{9}x^{-\frac{4}{3}}$, $y''' = -\frac{2}{9}\left(-\frac{4}{3}\right)x^{-\frac{7}{3}} = \frac{8}{27}x^{-\frac{7}{3}}$.

从上面的表达式可以看出,函数 $y = x^{2/3}$ 的定义域为 $(-\infty, +\infty)$, y' 的定义域为 $(-\infty, 0) \bigcup (0, +\infty)$, y'' 的定义域为 $(-\infty, 0) \bigcup (0, +\infty)$, y''' 的定义域为 $(-\infty, 0) \bigcup (0, +\infty)$.

函数 $f(x)$ 在 $x = x_0$ 处的各阶导数可以表示为 $f'(x_0)$, $f''(x_0)$, $f'''(x_0)$, $\cdots$, $f^{(n)}(x_0)$. 当函数表示为 $y = f(x)$ 时,在 $x = x_0$ 处的各阶导数也可以表示为

$$y'\mid_{x=x_0}, \ y''\mid_{x=x_0}, \ y'''\mid_{x=x_0}, \ \cdots, \ y^{(n)}\mid_{x=x_0}.$$

例 4 - 26 求函数 $f(x) = 2x^3 - 3x^2 + 2$ 在 $x = -1$ 的二阶导数.

解 $f'(x) = 6x^2 - 6x$, $f''(x) = 12x - 6$, $f''(-1) = 12(-1) - 6 = -18$.

习题 4 - 3

1. 求下列函数的各阶导数:

(1) $f(x) = x^4 - 3x^3 + 4x^2 - 2x - 9$;　　　(2) $f(x) = 2x^3 - 3x^2 + 2x - 7$;

(3) $f(x) = x^4 - 3x - 1$.

2. 求下列函数在 $x = -1$ 的二阶导数:

(1) $f(x) = 2x^3 - 3x^2 + 2$;　　　(2) $f(x) = x^3 - x^2 + x - 6$;

(3) $f(x) = -3x^4 + x^3 - 2x^2 - 1$.

第5章

导数的应用

本章将主要介绍一阶导数在研究函数性质方面的应用,由此获得的信息可以帮助我们更准确地刻画函数的图形.此外,也将介绍导数在求解优化问题中的一些应用.

§5.1 函数的单调性

按照美国能源部的研究结果,一辆典型的汽车其燃料燃烧效率与它的速度之间的函数关系如图 5-1 所示.从图中可以看出,当汽车的速度 x(单位:公里/小时)从 0 增加到 42 时,汽车的燃料燃烧效率 $f(x)$(单位:公里/加仑)上升,超过 42 后开始下降.可以使用单调增加和单调减少来描述这种函数的行为.

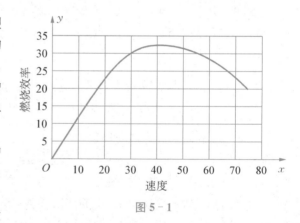

图 5-1

一般地,有下面的定义:

定义 5-1 如果对于 (a,b) 内任意两点 x_1,x_2,当 $x_1 < x_2$ 时总有 $f(x_1) < f(x_2)$ 成立,则称函数 $f(x)$ 在区间 (a,b) 内单调递增(或单调增加);如果对于 (a,b) 内任意两点 x_1,x_2,当 $x_1 < x_2$ 时总有 $f(x_1) > f(x_2)$ 成立,则称函数 $f(x)$ 在区间 (a,b) 内单调递减(或单调减少).

上述定义可以用图 5-2(a)和(b)形象地说明.

在第 4 章已经知道,一个函数在一点的导数,既是该点对应于曲线上点的切线斜率,也是函数在该点的变化率.从图 5-3(a)可以看出,当导数 $f'(x)$ 为正时,曲线 $f(x)$ 上对应点的切线斜率为正,此时函数 $f(x)$ 是递增的;从图 5-3(b)可以看出,当导数 $f'(x)$ 为负时,曲线 $f(x)$ 上对应点的切线的斜率为负,此时函数 $f(x)$ 是递减的.由这些观察结果可以给出下列重要的定理,这里只给出结论而不作证明.

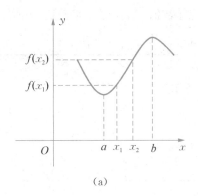 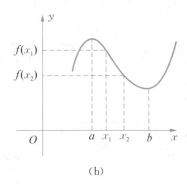

图 5 - 2

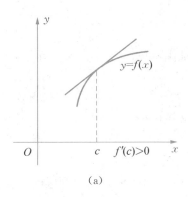 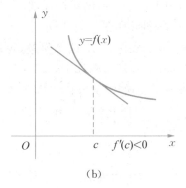

图 5 - 3

定理 5 - 1　如果函数 $f(x)$ 在 (a, b) 内可导,

(1) 当 $f'(x) > 0$ 时,函数 $f(x)$ 在区间 (a, b) 内单调增加;

(2) 当 $f'(x) < 0$ 时,函数 $f(x)$ 在区间 (a, b) 内单调减少.

例 5 - 1　求函数 $f(x) = x^2$ 的单调区间.

解　函数 $f(x)$ 的定义域为 $(-\infty, +\infty)$,$f'(x) = 2x$.

因为如果 $x > 0$,则 $f'(x) = 2x > 0$;如果 $x < 0$,则 $f'(x) = 2x < 0$. 所以函数 $f(x)$ 在区间 $(0, +\infty)$ 上单调递增,在区间 $(-\infty, 0)$ 上单调递减.

从例 5 - 1 可以看出,求函数 $f(x)$ 的单调区间就是将函数 $f(x)$ 的定义域用一些点进行分割,使分割的小区间都是开区间. 例 5 - 1 中用 $x = 0$ 对定义域进行分割,此时 $f'(0) = 0$. 顺便介绍一下,今后把使 $f'(x) = 0$ 的点称为函数 $f(x)$ 的**驻点**.因为例 5 - 1 中的函数 $f(x)$ 在定义域中导数存在,所以只用驻点来分割定义域.下面的例子告诉我们,有时还需用导数不存在的点进行分割.

例 5 - 2　确定函数 $f(x) = x^{\frac{2}{3}}$ 的单调区间.

解　函数 $f(x)$ 的定义域为 $(-\infty, +\infty)$. $f'(x) = \dfrac{2}{3} x^{-\frac{1}{3}} = \dfrac{2}{3 x^{\frac{1}{3}}}$.

可以看出,$f'(x)$ 在 $x = 0$ 处无意义,所以 $f(x)$ 在 $x = 0$ 处导数不存在.此外,在任何其他点处 $f'(x) \neq 0$,用 0 将函数 $f(x)$ 的定义域分成 $(-\infty, 0)$ 和 $(0, +\infty)$ 两个开区间.

为了确定导数 $f'(x)$ 在上述各个开区间内的正负号,可以在各个开区间内选取容易计算 $f(x)$ 导数的测试点,并计算 $f(x)$ 在这些测试点的导数值,列表讨论如表 5-1 所示.

表 5-1

x	$(-\infty, 0)$	0	$(0, +\infty)$
测试点 c	-1		1
$f'(c)$	$\dfrac{2}{3}$		$\dfrac{2}{3}$
$f'(x)$ 的符号	$-$	0	$+$
$f(x)$ 的特征	单调递减		单调递增

从表 5-1 中可以看出,函数 $f(x)$ 在区间 $(-\infty, 0)$ 内单调递减,在区间 $(0, +\infty)$ 内单调递增.

函数 $f(x)$ 的图形如图 5-4 所示.

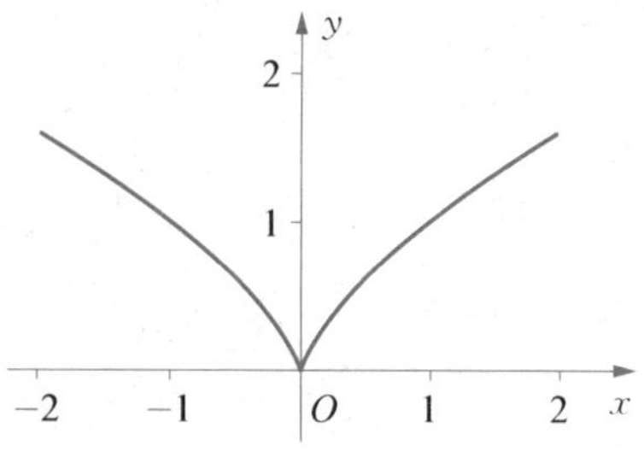

图 5-4

从上面例 5-1 和例 5-2 两个例题,可以总结出求函数 $f(x)$ 单调区间的一般步骤如下:

(1) 求函数 $f(x)$ 的定义域;

(2) 求 $f'(x)$,根据此表达式找出 $f(x)$ 在定义域内所有导数不存在的点;

(3) 解方程 $f'(x) = 0$,确定函数 $f(x)$ 在定义域内的驻点;

(4) 用(2)和(3)中得到的点把定义域分成若干个开区间,在每个开区间内找出一个容易计算 $f(x)$ 导数值的测试点,并求出函数 $f(x)$ 在这些测试点处的导数值,据此确定每个开区间内 $f'(x)$ 的符号,列表讨论;

(5) 根据 $f'(x)$ 的符号判别函数 $f(x)$ 的单调区间.

例 5-3 确定函数 $f(x) = x^3 - 3x^2 - 24x + 32$ 的单调区间.

解 函数 $f(x)$ 的定义域为 $(-\infty, +\infty)$.

$$f'(x) = 3x^2 - 6x - 24 = 3(x^2 - 2x - 8) = 3(x-4)(x+2),$$

从 $f'(x)$ 的表达式可以看出,函数 $f(x)$ 没有导数不存在的点.

令 $f'(x) = 0$,可得 $x_1 = -2$,$x_2 = 4$. 用点 -2 和 4 把实数轴分成 3 个开区间 $(-\infty, -2)$,$(-2, 4)$,$(4, +\infty)$.

为了确定 $f'(x)$ 在上述各个开区间内的正负号,列表讨论如表 5-2 所示.

表 5-2

x	$(-\infty, -2)$	-2	$(-2, 4)$	4	$(4, +\infty)$
测试点 c	-3		0		5
$f'(c)$	21		-24		21
$f'(x)$ 的符号	$+$	0	$-$	0	$+$
$f(x)$ 的特征	单调递增		单调递减		单调递增

从表 5-2 中可以看出,函数 $f(x)$ 在区间 $(-\infty,-2)$ 和 $(4,+\infty)$ 内单调递增,在区间 $(-2,4)$ 内单调递减.函数 $f(x)$ 的图形如图 5-5 所示.

例 5-4 确定函数 $f(x)=x+\dfrac{1}{x}$ 的单调区间.

解 函数的定义域为 $(-\infty,0)\bigcup(0,+\infty)$.

$$f'(x)=1-\frac{1}{x^2}=\frac{x^2-1}{x^2},$$

因为 $f'(x)$ 在 $(-\infty,0)\bigcup(0,+\infty)$ 有意义,所以 $f(x)$ 在 $(-\infty,0)\bigcup(0,+\infty)$ 内没有导数不存在的点.

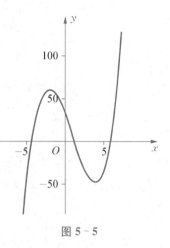

图 5-5

令 $f'(x)=0$,可得 $x_1=-1$,$x_2=1$.用 -1 和 1 把 $(-\infty,0)\bigcup(0,+\infty)$ 分成 $(-\infty,-1)$,$(-1,0)$,$(0,1)$,$(1,+\infty)$ 4 个开区间,为了确定导数在上述开区间内的正负号,在各个开区间内选取测试点并计算 $f(x)$ 在这些测试点处的导数值,列表讨论如表 5-3 所示.

表 5-3

x	$(-\infty,-1)$	-1	$(-1,0)$	$(0,1)$	1	$(1,+\infty)$
测试点 c	-2		$-\dfrac{1}{2}$	$\dfrac{1}{2}$		2
$f'(c)$	$\dfrac{3}{4}$		-3	-3		$\dfrac{3}{4}$
$f'(x)$ 的符号	$+$	0	$-$	$-$	0	$+$
$f(x)$ 的特征	单调递增		单调递减	单调递减		单调递增

从表 5-3 中可以看出,函数 $f(x)$ 在区间 $(-\infty,-1)$ 和 $(1,+\infty)$ 内单调递增,在区间 $(-1,0)$ 和 $(0,1)$ 内单调递减.

函数 $f(x)$ 的图形见图 5-6 所示.

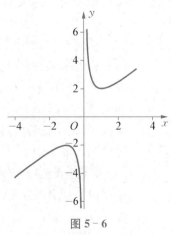

图 5-6

熟练之后,选取测试点和求其导数的过程可以省略.

1. 求下列函数的单调区间：

(1) $y = x^3 - 6x^2 + 9x - 4$；

(2) $y = x^3 - 3x$；

(3) $f(x) = x^3 - 6x^2 + 12x - 8$；

(4) $f(x) = x^4 - 2x^2$；

(5) $f(x) = \dfrac{1}{3}x^3 - x^2 - 3x - 6$.

§5.2 函数的极值

一阶导数除了可以确定函数的单调区间以外，还可以确定函数图形的某些高点和低点. 知道高点和低点在画图和求解优化问题中非常重要，因为这些高点和低点就对应于函数的极大和极小. 之所以被称为高点和低点，是因为它们分别是其附近的最高点和最低点.

图 5-7 给出从 1996 年到 2008 年美国预算剩余（赤字），在图中标出了极大值和极小值.

一般地，有下面的定义：

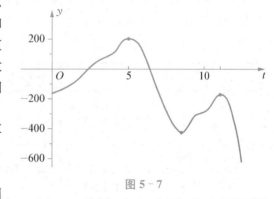

图 5-7

定义 5-2 如果存在包含 c 的开区间 (a,b)，使得对于任意的 $x \in (a,b)$，恒有 $f(x) \leqslant f(c)$，则称函数 $f(x)$ 在 c 处取得极大值，$f(c)$ 为极大值，c 为极大值点.

在几何上，这意味着存在某个包含 c 的区间，使得在其上的点的函数图形没有在点 $(c, f(c))$ 之上的，即 $f(c)$ 是在某个围绕 c 的区间上的最大函数值. 图 5-8 描述了函数在 $x = x_1$ 和 $x = x_3$ 有极大值的情形.

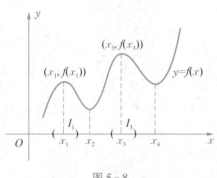

图 5-8

从图 5-8 中可以看出，包含 x_1 的区间 I_1 上的点所对应的函数图形上的所有点，都在点 $(x_1, f(x_1))$ 的下方，对点 $(x_3, f(x_3))$ 和区间 I_3 也有这样的特点. 即使整个函数的图形上有比 $(x_1, f(x_1))$ 和 $(x_3, f(x_3))$ 更高的点，但这两点也是在它们各自临近区间内最高的.

定义 5-3 如果存在包含 c 的开区间 (a,b)，使得对于任意的 $x \in (a,b)$，恒有 $f(x) \geqslant f(c)$，则称函数 $f(x)$ 在 c 处取得极小值，$f(c)$ 为极小值，c 为极小值点.

图 5-8 中的函数图形分别在 $x = x_2$ 和 $x = x_4$ 取得极小值.

极小值和极大值统称为**极值**,极小值点与极大值点统称为极值点.下面来讨论如何求函数的极值(或极值点).

假设函数 $f(x)$ 在区间 (a, b) 内可导,在区间 (a, b) 内的 c 点取得极大值,如图 5-9(a)所示.

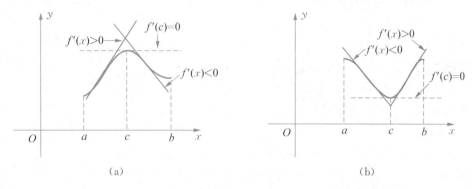

图 5-9

从图 5-9(a)可以看出,当 x 从左到右经过点 c 时,函数 $f(x)$ 的图形的切线斜率经历了从正到负的变化过程,所以函数 $f(x)$ 在 $(c, f(c))$ 处的切线一定是水平的,即 $f'(c) = 0$.

采用相同的讨论,如果函数 $f(x)$ 在区间 (a, b) 内的 c 点取得极小值,如图 5-9(b)所示,则 $f'(c) = 0$.

这个分析揭示了下面的重要性质:

定理 5-2　如果函数 $f(x)$ 在 c 点可导,且取得极值,则有 $f'(c) = 0$.

这个命题的逆命题是不正确的.也就是说,如果 $f'(c) = 0$,则函数 $f(x)$ 在 c 点未必取得极值.例如,对于 $f(x) = x^3$,有 $f'(x) = 3x^2$,$f'(0) = 0$,但函数 $f(x)$ 在 $x=0$ 处既不能取得极大值也不能取得极小值,如图 2-21 所示.

极值也有可能在导数不存在的点处取得.例如,函数

$$f(x) = |x| \text{ 和 } f(x) = x^{\frac{2}{3}},$$

这两个函数在 $x = 0$ 处不可导,但在 $x = 0$ 处取得极值,函数图形见图 5-10(a) 和(b)所示.因此,函数 $f(x)$ 定义域中任何导数等于 0 的点和导数不存在的点都有可能取得极值.

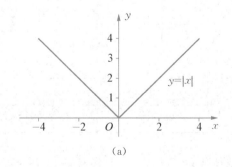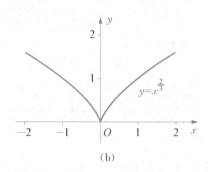

图 5-10

虽然导数等于 0 的点和导数不存在的点都有可能取得极值,但这些点未必一定都取得极值. 下面通过图形直观地加以说明.

在图 5 - 11 中,a, b, c 是导数等于 0 的点,d, e 为导数不存在的点. 从前面的分析可知,函数在 a, b, c, d, e 这 5 个点可能取得极值. 观察发现,函数在 $x = a$, b, d 处取得极值,在 $x = c$, e 处不取得极值. 因此,在知道了函数可能取得极值的点后,还需要进行判断.

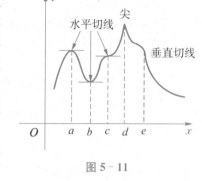

图 5 - 11

定理 5 - 3 假设 $x = c$ 是函数 $f(x)$ 的可能取得极值的点,当 x 从左到右经过 $x = c$ 时,

(1) 如果 $f'(x)$ 的符号由正变到负,则 $f(x)$ 在 $x = c$ 处取得极大值;

(2) 如果 $f'(x)$ 的符号由负变到正,则 $f(x)$ 在 $x = c$ 处取得极小值.

有了定理 5 - 3,可以总结出求函数 $f(x)$ 极值(或极值点)的步骤如下:

(1) 求出函数 $f(x)$ 的定义域;

(2) 求出 $f'(x)$,确定 $f(x)$ 在定义域内的所有导数不存在的点;

(3) 解方程 $f'(x) = 0$,求出函数 $f(x)$ 的全部驻点;

(4) 用(2)和(3)中得到的点把定义域分成若干个开区间,列表考察每个开区间内 $f'(x)$ 的符号,确定极值点;

(5) 求出 $f(x)$ 的全部极值.

例 5 - 5 求函数 $f(x) = (2x - 1)(x + 1)$ 的单调区间和极值.

解 函数 $f(x)$ 的定义域为 $(-\infty, +\infty)$.

$$f'(x) = (2x - 1)'(x + 1) + (2x - 1)(x + 1)' = 4x + 1,$$

从 $f'(x)$ 的表达式可以看出,函数 $f(x)$ 没有导数不存在的点.

令 $f'(x) = 0$,可得 $x = -\dfrac{1}{4}$. 列表讨论如表 5 - 4 所示.

表 5 - 4

x	$\left(-\infty, -\dfrac{1}{4}\right)$	$-\dfrac{1}{4}$	$\left(-\dfrac{1}{4}, +\infty\right)$
测试点 c	-1		0
$f'(c)$	-3		1
$f'(x)$ 的符号	$-$	0	$+$
$f(x)$ 的特征	单调递减	极小值	单调递增

从表 5 - 4 中可以看出,函数 $f(x)$ 在区间 $\left(-\dfrac{1}{4}, +\infty\right)$ 内单调递增,在区间

$\left(-\infty, -\dfrac{1}{4}\right)$ 内单调递减. 极小值为

$$f\left(-\frac{1}{4}\right) = \left[2\left(-\frac{1}{4}\right) - 1\right]\left(-\frac{1}{4} + 1\right) = -\frac{9}{8}.$$

习题 5-2

1. 求下列函数的单调区间和极值:

(1) $f(x) = \dfrac{1}{3}x^3 - x^2 - 3x - 6$; 　　(2) $f(x) = x^4 - 2x^2$;

(3) $f(x) = x + \dfrac{4}{x}$; 　　(4) $f(x) = \dfrac{x^2}{x-1}$;

(5) $f(x) = \dfrac{2x^2}{x+1}$; 　　(6) $f(x) = -\dfrac{1}{1+x^2}$.

§5.3 函数的最大值和最小值

　　函数的最大值和最小值统称为最值. 求最值的过程也称为最优化过程, 最优化是自然、人和社会普遍遵循的一个行为准则. 例如, 蜜蜂建造的蜂房的形状被证明是最省料的结构, 人们在购物时选择物美价廉商品的行为, 著名的烙饼问题也是时间最省的问题……由此可见, 树立最优化的观念是多么重要.

　　很多最优化问题最后可以归结为求函数的最大值或最小值问题, 因此本节介绍函数最值问题的求解.

　　为了对最值概念有一个直观的认识, 先看一个实例.

　　图 5-12 显示了从 1946 年年初 ($t = 0$) 到 2009 年年初 ($t = 63$) 美国汽车使用者的平均驾龄. 观察发现, 在这段时间内美国汽车使用者的平均驾龄最大值为 9.3 年, 而最小值为 5.5 年. 9.3 是函数 $f(x)$ 在定义域 $[0, 63]$ 上所有数的函数值的最大值, 被称作 $f(x)$ 在区间上的最大值; 5.5 是函数 $f(x)$ 在定义域 $[0, 63]$ 上所有数的函数值的最小值, 被称作 $f(x)$ 在区间上的最小值. 由图 5-12 还可知, $f(x)$ 的最大值在 $t = 63$ 处取得, 而最小值分别在 $t = 12$ 和 $t = 23$ 取得. $t = 0$, 对应于 1946 年; $t = 12$, 对应于 1958 年; $t = 23$, 对应于 1969 年. 1946 年是"二战"后的第一年, 1958 年和 1969 年是美国近代史中两次繁荣时期的结束年份. 这些结果和实

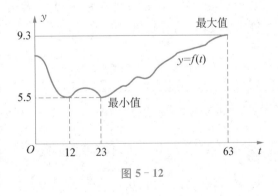

图 5-12

际情况是吻合的. 由此可见, 研究最值问题往往会得到一些非常重要的结果.

一般地, 有如下定义: 对于函数 $f(x)$ 定义域中的所有 x,

(1) 如果 $f(x) \leqslant f(c)$, 则称 $f(c)$ 为 $f(x)$ 的最大值, c 为最大值点;

(2) 如果 $f(x) \geqslant f(c)$, 则称 $f(c)$ 为 $f(x)$ 的最小值, c 为最小值点.

函数的定义域有多种情况, 一般分为闭区间和非闭区间. 对于这两种区间, 求最值有所区别, 下面分别加以讨论.

5.3.1 闭区间上连续函数的最值

所谓连续函数就是函数图形可以一笔画下来. 连续函数在闭区间上一定存在最大值和最小值 (详见 §13.3). 如何求出连续函数 $f(x)$ 在闭区间 $[a, b]$ 上的最大值和最小值呢?

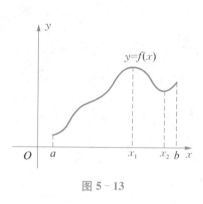

图 5-13

从图 5-13 可以看出, $f(x)$ 的最大值和最小值既可能在区间的端点取得, 也可能在区间内取得. 如果在区间内取得最值, 则函数 $f(x)$ 一定在该点取得极值. 由 5.2 节讨论可知, 极值一定在导数不存在的点或导数等于 0 的点取得, 因此函数 $f(x)$ 的最大值和最小值必在导数不存在的点、导数等于 0 的点或端点取得. 于是得到求闭区间 $[a, b]$ 上连续函数 $f(x)$ 的最值 (或最值点) 步骤如下:

(1) 求 $f'(x)$, 根据其表达式求出函数 $f(x)$ 在 (a, b) 内导数不存在的点; 令 $f'(x) = 0$, 求出函数 $f(x)$ 在 (a, b) 内的驻点; 计算上述两类点的函数值;

(2) 求出端点处的函数值;

(3) 比较这些函数值的大小, 其中最大者为所求的最大值, 最小者为所求的最小值.

例 5-6 求函数 $f(x) = x^{\frac{2}{3}}$ 在区间 $[-1, 8]$ 上的最大值和最小值.

解
$$f'(x) = \frac{2}{3} x^{-\frac{1}{3}} = \frac{2}{3 x^{\frac{1}{3}}},$$

函数 $f'(x)$ 在 $x = 0$ 处无意义, 所以 $f(x)$ 在 $x = 0$ 处导数不存在. 令 $f'(x) = 0$, 方程无解, 说明 $f(x)$ 没有导数等于 0 的点. 又

$$f(-1) = 1, \ f(0) = 0, \ f(8) = 4.$$

故函数 $f(x)$ 在区间 $[-1, 8]$ 上的最大值为 $f(8) = 4$, 最小值为 $f(0) = 0$.

例 5-7 求函数 $f(x) = \frac{1}{3} x^3 - x^2 + x + 1$ 在 $[0, 2]$ 上的最大值和最小值.

解
$$f'(x) = \left(\frac{1}{3} x^3 - x^2 + x + 1 \right)' = x^2 - 2x + 1 = (x - 1)^2,$$

从 $f'(x)$ 的表达式可以看出没有无意义的点, 所以 $f(x)$ 在 $(0, 2)$ 内没有导数不存在的点.

令 $f'(x) = 0$, 可得 $x = 1$, 且 $f(1) = \frac{1}{3} \cdot 1^3 - 1^2 + 1 + 1 = \frac{4}{3}$. 又 $f(0) = \frac{1}{3} 0^3 - 0^2 +$

$0+1=1$，$f(2)=\dfrac{1}{3}\cdot 2^3-2^2+2+1=\dfrac{5}{3}$. 所以 $f(x)$ 在 $[0,2]$ 上的最大值为 $f(2)=\dfrac{5}{3}$，最小值为 $f(0)=1$.

5.3.2 非闭区间上连续函数的最值

若函数在非闭区间上只有一个点取得极值时，则函数必在该点取得相应的最值.

例 5-8 求函数 $f(x)=2x^2+3x-2$ 的最值.

解 函数 $f(x)=2x^2+3x-2$ 的定义域为 $(-\infty,+\infty)$.

$f'(x)=4x+3$，从 $f'(x)$ 的表达式可以看出，没有无意义的点，也就是 $f(x)$ 没有导数不存在的点.

令 $f'(x)=0$，可得 $x=-\dfrac{3}{4}$. 当 $x<-\dfrac{3}{4}$ 时，$f'(x)<0$；当 $x>-\dfrac{3}{4}$ 时，$f'(x)>0$. 因此，$f(x)$ 在 $x=-\dfrac{3}{4}$ 取得极小值. 因为可能取得极值的点只有一个，所以函数 $f(x)$ 在 $(-\infty,+\infty)$ 内只有一个极小值

$$f\left(-\dfrac{3}{4}\right)=2\left(-\dfrac{3}{4}\right)^2+3\left(-\dfrac{3}{4}\right)-2=\dfrac{9}{8}-\dfrac{9}{4}-2=-\dfrac{25}{8},$$

于是，函数 $f(x)$ 在 $(-\infty,+\infty)$ 内只有最小值 $f\left(-\dfrac{3}{4}\right)=-\dfrac{25}{8}$，而没有最大值.

在实际问题中，如果根据问题的实际意义断定，所研究的函数必在定义区间内取得最大值或最小值，而此时在相应的区间内驻点和不可导点加在一起只有一个，则函数必在该点处取得最大值或最小值.

例 5-9 现有一根长为 a 米的铝合金料，欲加工成一"日"字形的窗框，如图 5-14 所示，x 表示窗框的宽度，忽略铝合金料的宽度和厚度. 问 x 为多少时，才能使窗户的面积最大？最大面积是多少？

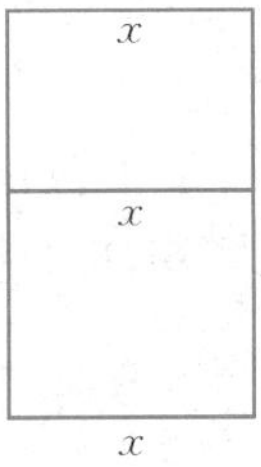

解 设窗框的宽度为 x，则窗框的高度为 $\dfrac{1}{2}(a-3x)$. 为了保证窗框的高度为正数，所以 $x\in\left(0,\dfrac{a}{3}\right)$. 于是窗户的面积为

图 5-14

$$S(x)=x\cdot\dfrac{1}{2}(a-3x)=-\dfrac{3}{2}x^2+\dfrac{1}{2}ax.$$

求导数，得

$$S'(x)=-3x+\dfrac{1}{2}a.$$

从 $S'(x)$ 的表达式可以看出，没有无意义的点，也就是 $S(x)$ 没有导数不存在的点.

令 $S'(x)=0$，可得 $x=\dfrac{a}{6}$. 由题意可知，最大面积存在，即函数 $S(x)$ 在 $\left(0,\dfrac{a}{3}\right)$ 内取得最大值. 因为函数 $S(x)$ 在 $\left(0,\dfrac{a}{3}\right)$ 内可能取得极值的点只有一个，于是当 $x=\dfrac{a}{6}$ 时，面积最大，

最大面积为

$$S\left(\frac{a}{6}\right)=-\frac{3}{2}\left(\frac{a}{6}\right)^2+\frac{1}{2}a\left(\frac{a}{6}\right)=\frac{a^2}{24}.$$

习题 5-3

1. 求下列函数在指定闭区间上的最大值和最小值:

(1) $f(x)=2x^2+3x-2$, $[0,1]$; (2) $h(t)=t^3-6t^2$, $[2,5]$;

(3) $g(x)=\dfrac{x}{x^2+1}$, $[0,5]$; (4) $f(x)=x-\dfrac{1}{x}$, $[1,3]$;

(5) $h(t)=8t-\dfrac{1}{t^2}$, $[1,3]$; (6) $f(x)=\dfrac{x^2}{x-1}$, $\left[\dfrac{3}{2},3\right]$.

2. 求下列函数的最大值和最小值:

(1) $f(x)=2x^2-3x-2$; (2) $g(x)=\dfrac{x}{x^2+1}$.

3. 用一块边长为 a 的正方形铁皮,四角各截去一个大小相同的小正方形,然后将四边折起 $90°$,做成一个无盖的立方体盒子.问盒子的底边为多长时,才能使得容器的容积最大? 最大的容积是多少?(忽略铁皮的厚度.)

§5.4 导数在经济问题中的应用

在经济生活中经常会遇到各种问题,如边际问题和优化问题,这些问题可以通过导数来解释和解决. 本节先介绍经济中常见的几个函数,随后介绍边际函数和经济问题中的优化.

5.4.1 几个经济函数

一、需求函数与供给函数

消费者对某种商品的需求由多种因素决定,如商品价格的高低、消费者收入的增减、其他替代品的价格等都会影响需求. 其中商品的价格是影响需求的主要因素,在忽略价格以外其他因素的情况下,需求量 Q(有时也用 q)可以看成是价格 p 的函数,此函数称为需求函数,记作

$$Q=f(p).$$

一般来说,需求函数为价格 p 的单调递减函数. 从 $Q=f(p)$ 中解出 p,得到的表达式 $p=g(Q)$ 称为价格函数.

供给量也是由多种因素决定的,这里略去价格以外的其他因素,只讨论供给与价格的关系. 供给量 S 与价格 p 之间的函数关系,称为供给函数,记为

$$S = S(p).$$

如果没有外力的干预(如垄断力量存在或国家干预)时,即在公平的市场环境下,商品的需求量与供给量应该相等.商品需求量与供给量相等时的价格,称为均衡价格,记作 p_e.处于均衡价格时的需求量称为均衡需求量.

二、成本函数

某产品的总成本是指生产一定数量的该产品所需的费用(如劳动力、原料、设备等)总额.总成本随着生产的数量变化而变化,与生产的数量 q 之间形成的这种函数关系称为总成本函数,记作 $C(q)$.总成本可以看成两部分之和:一部分是在一定时期内不随产量变化的那部分成本,称为固定成本;另一部分是随产量变化而变化的那部分成本,称为可变成本.

固定成本包括厂房、设备、运输工具等固定资产的折旧费及管理者的固定工资等,用 C_0 表示.其特点是短期内不发生变化,即不随生产数量的变化而变化,固定成本即产量为 0 时的成本.

可变成本包括能源费用、原材料费用、劳动者的计件工资等,用 $C_1(q)$ 表示,其特点是随商品产量的变化而变化.

例如,服装厂的厂房和设备的折旧费以及管理费等,在一定时期内不随产量变化,是固定成本;而一旦开工,生产服装花费的原材料费、动力费以及工人的工资等,随着生产的数量而变化,是可变成本.

由前面的分析可知,总成本函数 $C(q)$ 为

$$C(q) = C_0 + C_1(q).$$

生产每件产品的成本叫平均成本(或单位成本),记为 $\overline{C}(q)$,显然

$$\overline{C}(q) = \frac{C(q)}{q}.$$

三、收益函数(收入函数)

总收益是指生产者出售商品后的收入.如果产品的单位售价为 p,销售量为 q,则总收益为销售量 q 的函数,记作 $R(q)$,有

$$R(q) = pq.$$

四、利润函数

总利润是总收益与总成本之差.因为总收益与总成本都是销售量 q 的函数,所以总利润也是销售量 q 的函数,称为总利润函数,记作 $L(q)$,有

$$L(q) = R(q) - C(q).$$

例 5 - 10 某工厂生产某种产品,固定成本为 10 000 元,每生产一件产品增加的费用为 50 元,预计售价 80 元,求总成本函数、平均成本函数、总收益函数和总利润函数.

解 设产量为 q,则总成本函数、平均成本函数、总收益函数分别为

$$C(q) = 10\,000 + 50q,\ \overline{C}(q) = \frac{10\,000}{q} + 50,\ R(q) = 80q.$$

而总利润函数为

$$L(q) = 80q - (10\,000 + 50q) = 30q - 10\,000.$$

5.4.2 边际函数

一、边际成本

先看一个具体例子.

例 5 - 11 假设某公司每周生产冰箱的总成本函数(单位:元)为

$$C(x) = 8\,000 + 200x - 0.2x^2\,(0 \leqslant x \leqslant 400).$$

(1) 生产第 251 台冰箱的实际成本是多少?

(2) 求出总成本函数在 $x = 250$ 时的变化率;

(3) 比较上面的结果.

解 (1) 生产第 251 台冰箱的实际成本是

$$\begin{aligned} C(251) - C(250) &= \left[8\,000 + 200 \times 251 - 0.2 \times 251^2\right] - \\ &\quad \left[8\,000 + 200 \times 250 - 0.2 \times 250^2\right] = 99.8. \end{aligned}$$

(2) 根据导数的意义,总成本函数在 $x = 250$ 时的变化率就是 $C'(250)$. 因为 $C'(x) = 200 - 0.4x$,所以 $C'(250) = 200 - 0.4 \times 250 = 100$.

(3) 由(1)的解答可以看出,生产第 251 台冰箱的实际成本是 99.8,这个结果非常接近 (2)的解 100. 为了看清楚其中的原因,将 $C(251) - C(250)$ 写成下面的形式:

$$C(251) - C(250) = \frac{C(250 + 1) - C(250)}{1} = \frac{C(250 + h) - C(250)}{h},$$

其中 $h = 1$. 换句话说,$C(251) - C(250)$ 是总成本函数在 $[250, 251]$ 上的平均变化率. 而 $C'(250) = 100$ 表示 $C(x)$ 在 $x = 250$ 的瞬时变化率.

当 h 很小时,平均变化率很好地近似于瞬时变化率,所以

$$\begin{aligned} C(251) - C(250) &= \frac{C(250 + 1) - C(250)}{1} = \frac{C(250 + h) - C(250)}{h}\,(h \text{ 很小}) \\ &\approx \lim_{h \to 0} \frac{C(250 + h) - C(250)}{h} = C'(250). \end{aligned}$$

工厂已经在某一水平时,额外再生产一个单位商品的实际成本被称作边际成本. 知道了边际成本,对于管理非常重要. 如例 5 - 11 所示,边际成本由总成本函数在合适点的变化率来近似. 由于这个原因,经济学家也将边际成本函数定义为相应的总成本函数的导数. 换句话说,如果 $C(x)$ 为总成本函数,则边际成本函数定义为 $C'(x)$.

二、边际收入

边际收入是指销售已经在某一水平时,额外再卖一个单位商品的实际收入. 因为边际收入可由 $R'(x)$ 来近似. 可以定义边际收入函数为 $R'(x)$,其中 $R(x)$ 为收入函数.

例 5 - 12 假设单价 p(单位:元)与某产品的需求量 x 之间的关系为

$$p = -0.02x + 400(0 \leqslant x \leqslant 20\,000).$$

（1）求收入函数；

（2）求边际收入函数；

（3）计算 $R'(2\,000)$，并解释得到的结果.

解　（1）收入函数为

$$R(x) = px = (-0.02x + 400)x = -0.02x^2 + 400x(0 \leqslant x \leqslant 20\,000).$$

（2）边际收入函数为

$$R'(x) = -0.04x + 400.$$

（3）$R'(2\,000) = -0.04 \times 2\,000 + 400 = 320$，

此结果表示生产第 2\,001 个该产品的实际收益为 320 元.

三、边际利润

边际利润是指销售已经在某一水平时，额外再卖一个单位商品的实际利润. 因为边际利润可由 $L'(x)$ 来近似，所以可以定义边际利润函数为 $L'(x)$，其中 $L(x)$ 为利润函数.

5.4.3　经济问题中的优化

例 5 - 13　某公司制造和销售 x 单位某商品的总收益（单位：元）为

$$R(x) = -0.02x^2 + 300x - 200\,000(0 \leqslant x \leqslant 20\,000),$$

该公司生产多少单位的该产品能产生最大收益？

解　$R'(x) = -0.04x + 300$.

从 $R'(x)$ 的表达式可以看出，没有无意义的点，也就是 $R(x)$ 没有导数不存在的点.

令 $R'(x) = 0$，可得 $x = 7\,500$，且 $R(7\,500) = 925\,000$. 又

$$R(0) = -200\,000,\ R(20\,000) = -2\,200\,000.$$

从这些计算可以看出，函数 $R(x)$ 的最大值是 925\,000. 于是，通过生产 7\,500 单位，公司将实现 925\,000 元的最大利润.

例 5 - 14　某城市每周对 40 英寸电视机的需求量与价格之间的关系为

$$p = -0.05x + 600(0 \leqslant x \leqslant 12\,000),$$

其中 p 表示批发价格，x 表示需求量. 每周制造这些电视机的成本为

$$C(x) = 0.000\,002x^3 - 0.03x^2 + 400x + 8\,000,$$

其中 $C(x)$ 表示生产 x 个电视机总的费用. 求利润最大时的产量.

解　设利润为 $L(x)$，则有

$$L(x) = px - C(x) = (-0.05x + 600)x - (0.000\,002x^3 - 0.03x^2 + 400x + 8\,000)$$
$$= -0.000\,002x^3 - 0.02x^2 + 200x - 8\,000(0 \leqslant x \leqslant 12\,000).$$

$$L'(x) = -0.000\,006x^2 - 0.04x + 200 = (-0.006x + 20)(0.001x + 10),$$

从 $L'(x)$ 的表达式可以看出,没有无意义的点,也就是 $L(x)$ 没有导数不存在的点.

令 $L'(x) = 0$,可得 $x_1 = \dfrac{10\,000}{3}$,$x_2 = -10\,000$(舍),且

$$L\left(\frac{10\,000}{3}\right) = -0.000\,002 \times \left(\frac{10\,000}{3}\right)^3 - 0.02 \times \left(\frac{10\,000}{3}\right)^2 +$$

$$200 \times \frac{10\,000}{3} - 8\,000 > 0.$$

又

$$L(0) = -0.000\,002 \times (0)^3 - 0.02 \times (0)^2 + 200 \times 0 - 8\,000 = -8\,000 < 0,$$
$$L(12\,000) = -0.000\,002 \times 12\,000^3 - 0.02 \times 12\,000^2 + 200 \times 12\,000 - 8\,000 < 0.$$

所以,$L(x)$ 在 $x = \dfrac{10\,000}{3}$ 处取得最大值,即利润最大时的产量为 $\dfrac{10\,000}{3}$.

习题 5 - 4

1. 已知猪肉的需求函数和供给函数分别为

$$Q = 70 - p,\ S = 40 + 5p.$$

求该产品的均衡价格 p_e.

2. 已知某厂生产灯泡的总成本函数为

$$C(q) = 100 + \frac{q^2}{4}.$$

求当生产 10 个灯泡时的总成本和平均成本.

3. 设某糕点加工厂生产 A 类糕点的总成本函数和总收入函数分别是

$$C(x) = 100 + 2x + 0.02x^2,\ R(x) = 7x + 0.01x^2.$$

(1) 求边际利润函数;

(2) 当产量分别是 200 千克、250 千克和 300 千克时的边际利润,并说明其经济意义.

4. 一家制造寻呼机的公司,公司每周的固定成本为 20 000 元,可变成本为

$$C_1(x) = 0.000\,001x^3 - 0.01x^2 + 50x\ \text{元},$$

公司每周卖出 x 个寻呼机的收入为

$$R(x) = -0.02x^2 + 150x(0 \leqslant x \leqslant 7\,500)\ \text{元},$$

求出对于生产商产生最大利润的生产水平.

5. 每月运动手表的需求量关于单位价格的关系为

$$p = \frac{50}{0.01x^2 + 1}(0 \leqslant x \leqslant 20),$$

其中 p 的单位是元, x 的单位是千只,为了产生最大的收入需卖多少只手表?

6. 生产电视机的成本函数是 $C(q) = 2q^2 + 40q + 5\,000$,其中 q 为产量,收益函数是 $R(q) = 2\,240q$,问产量为多少时利润最大?

7. 某煤炭公司每天生产 q 吨煤的总成本函数为 $C(q) = 2\,000 + 450q + 0.02q^2$,如果每吨煤的销售价为 490 元,求使得总利润最大的产量.

8. 某商品的成本函数为 $C = C(Q) = 1\,000 + \dfrac{Q^2}{4}$.

(1) 求 $Q = 20$ 时的总成本、平均成本及边际成本;

(2) 产量 Q 为多少时平均成本最小? 并求最小平均成本.

9. 工厂生产某种产品总成本 $C(x) = 8x + 125$(单位:万元),其中 x 为产品件数,将其投放市场后,所得到的总收入为 $R(x) = 12x - 0.004x^2$ 万元.问该产品生产多少件时,所获得利润最大? 最大利润是多少?

10. 某产品的总成本 C 与总收益 R(单位:万元)都是产量 x(单位:百台)的函数,其边际成本函数为 $C' = x$,边际收益函数为 $R' = 8 - 3x$.问产量为多少时总利润最大?

第6章

定积分与不定积分

定积分是微积分的又一核心概念,它在很多学科都有着重要的应用.本章首先介绍定积分的产生背景,进而阐述定积分的概念、引入原函数和不定积分的概念,给出定积分的计算公式,最后介绍定积分在求平面图形面积中的应用.

§6.1 定积分的概念

6.1.1 定积分的产生背景

先看一些熟悉的简单公式.

引例 1 已知矩形的长和宽分别为 a 和 b,则矩形区域的面积为

$$S = ab.$$

引例 2 已知三角形的底边长为 c,底边上的高为 h_c,如图 6-1所示,则三角形的面积为

$$A = \frac{c \cdot h_c}{2}.$$

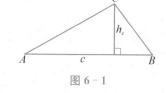

图 6-1

对于像引例1、引例2这样简单的有限区域,可以很容易地计算出它们的面积. 然而,对于更一般的情况,则难以得到结果.下面以圆的面积为例加以说明.

引例 3 求半径为 r 的圆的面积 A.

一个基本的想法是先计算这种面积的近似值,再取得适当的结果.

先用 3 个分点将圆弧三等分,再将这 3 个分点进行连接,这样就得到内接三角形. 在这 3 个分点上分别作圆的切线,这 3 条切线相交后得到的就是外切三角形. 于是,圆的面积介于

内接三角形面积与外切三角形面积之间. 为了求出内接三角形与外切三角形的面积, 将 3 个分点分别与圆心相连, 这 3 条线将圆平均分成三等份, 同时也将内接三角形与外切三角形分成三等份, 如图 6 - 2 (a) 所示.

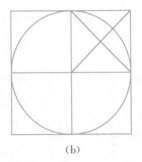
(a)

利用三角函数, 可以求得其中一份扇形的面积介于 $r^2 \sin \dfrac{\pi}{3} \cos \dfrac{\pi}{3}$ 和 $r \cdot r \tan \dfrac{\pi}{3} = r^2 \tan \dfrac{\pi}{3}$ 之间. 所以圆的面积 A 满足

$$3r^2 \sin \frac{\pi}{3} \cos \frac{\pi}{3} < A < 3r^2 \tan \frac{\pi}{3}.$$

注意 此处用到了三角函数的内容, 可参考第 8 章 §8.1.

当然, 上述近似相当不准确, 可以将圆进行更多的分割, 如四等分等. 如图 6 - 2(b) 所示, 此时得到其中一份扇形的面积介于 $r^2 \sin \dfrac{\pi}{4} \cos \dfrac{\pi}{4}$ 和 $r \cdot r \tan \dfrac{\pi}{4} = r^2 \tan \dfrac{\pi}{4}$ 之间. 所以圆的面积 A 满足

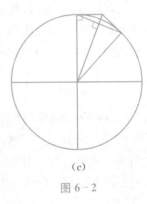
(b)

$$4r^2 \sin \frac{\pi}{4} \cos \frac{\pi}{4} < A < 4r^2 \tan \frac{\pi}{4}.$$

上述近似也还相当不准确. 在远古时代, 将正方形边数增加一倍变成八角形, 而后变成十六角形等, 获得了较好的结果.

一般地, 用 n 个分点将圆弧 n 等份, 再将这 n 个分点中相邻的分点两两进行连接, 这样就得到内接 n 边形. 在这 n 个分点分别作圆的切线, 这 n 条切线相邻的两两相交后得到的就是外切 n 边形, 于是, 圆的面积介于内接 n 边形面积与外切 n 边形面积之间. 将 n 个分点分别与圆心相连, 这 n 条线将圆平均分成 n 等份, 同时也将内接 n 边形与外切 n 边形分成了 n 等份. 图 6 - 2(c) 给出其中一份的示意图.

(c)

图 6 - 2

利用三角函数, 可以求得这一份扇形的面积介于 $r^2 \sin \dfrac{\pi}{n} \cos \dfrac{\pi}{n}$ 和 $r \cdot r \tan \dfrac{\pi}{n} = r^2 \tan \dfrac{\pi}{n}$ 之间. 所以圆的面积 A 满足

$$nr^2 \sin \frac{\pi}{n} \cos \frac{\pi}{n} < A < nr^2 \tan \frac{\pi}{n}.$$

当圆被分割的份数无限增大, 即 $n \to \infty$ 时, 发现上面的不等式的两头的结果相同, 即得到不等式 $M \leqslant A \leqslant M$, 则 $A = M$, 即可求出 A 的结果. 此处的 $M = \pi r^2$.

当取 $n = 32$ 时, 即用 32 边形近似, 利用计算器可估算

$$3.121 r^2 < A < 3.152 r^2.$$

将上述这种古老朴素的观念运用到计算由曲线围成的平面图形的面积, 就可以得到比以往任何时候都更精细的结果, 这样在 17 世纪产生了积分学.

6.1.2 定积分的概念

什么是定积分? 定积分的精确定义很复杂,本章只对特殊情况说明其含义,精确定义放到第 13 章再讲.

假设函数 $y = f(x)$ 在 $[a, b]$ 上连续,且在 (a, b) 内 $f(x) > 0$,现在的问题是求由函数 $y = f(x)$ 以及 x 轴和垂直的两条线 $x = a$ 和 $x = b$ 组成的封闭图形的面积 A,如图 6-3 所示.

图 6-3 中的这个区域被称为函数 $y = f(x)$ 从 a 到 b 的定积分,用符号 $A = \int_a^b f(x)\mathrm{d}x$ 表示.

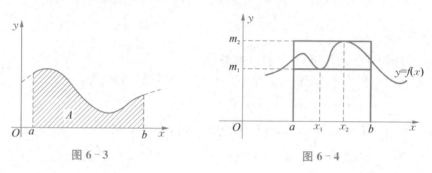

图 6-3　　　　　　　　　　　　图 6-4

如图 6-4 所示,为了求出由函数 $y = f(x)$ 以及 x 轴和垂直的两条线 $x = a$ 和 $x = b$ 组成的封闭图形的面积 A,找出函数 $y = f(x)$ 在 $[a, b]$ 上的最大值 m_2 和最小值 m_1,分别做出最大矩形和最小矩形,则面积 A 介于 $m_2(b-a)$ 与 $m_1(b-a)$ 之间,即

$$m_1(b-a) \leqslant \int_a^b f(x)\mathrm{d}x \leqslant m_2(b-a).$$

这种估计通常很粗糙. 为了达到更好的效果,仿照前面计算圆面积使用的方法,可以将区间 $[a, b]$ 分成 n 个相等的小区间,分别在每个小区间上作出最大矩形和最小矩形,如图 6-5 所示. 将所有小区间上最大矩形面积相加,所得结果称为大和. 再将所有小区间上最小矩形面积相加,所得结果称为小和.

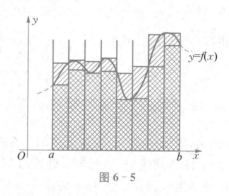

图 6-5

于是

$$小和 \leqslant \int_a^b f(x)\mathrm{d}x \leqslant 大和.$$

当 n 增大时,区间 $[a, b]$ 被分得越来越精细,此时小和与大和越来越接近 A 的值,由此可

以求得定积分的值.

下面通过一个具体的例子来说明.

例 6-1 计算 $\int_0^b x^2 \mathrm{d}x$（b 是一个固定的正实数）.

解 将区间 $[0, b]$ 分成 n 等份,分点分别为

$$0, \frac{b}{n}, \frac{2b}{n}, \frac{3b}{n}, \cdots, \frac{nb}{n} = b.$$

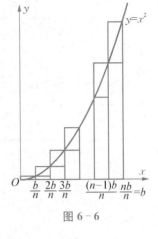

图 6-6

因为函数 $y = x^2$ 在 $x \geqslant 0$ 时是单调递增的,所以函数 $y = x^2$ 在每个小区间的最小值在这个小区间的左端取得,最大值在这个小区间的右端取得. 在各个小区间上分别作出最大矩形和最小矩形,如图 6-6 所示.

接下来计算小和与大和. 表 6-1 给出了小和的形成过程.

表 6-1

子区间	区间长度	高度	面积
$0 \leqslant x \leqslant \dfrac{b}{n}$	$\dfrac{b}{n}$	0^2	0
$\dfrac{b}{n} \leqslant x \leqslant \dfrac{2b}{n}$	$\dfrac{b}{n}$	$\left(\dfrac{b}{n}\right)^2$	$\dfrac{b}{n} \cdot \left(\dfrac{b}{n}\right)^2$
$\dfrac{2b}{n} \leqslant x \leqslant \dfrac{3b}{n}$	$\dfrac{b}{n}$	$\left(\dfrac{2b}{n}\right)^2$	$\dfrac{b}{n} \cdot \left(\dfrac{2b}{n}\right)^2$
……	……	……	……
$\dfrac{(n-1)b}{n} \leqslant x \leqslant b$	$\dfrac{b}{n}$	$\left(\dfrac{(n-1)b}{n}\right)^2$	$\dfrac{b}{n} \cdot \left(\dfrac{(n-1)b}{n}\right)^2$

因此

$$小和 = \frac{b}{n} \cdot \left(\frac{b}{n}\right)^2 + \frac{b}{n} \cdot \left(\frac{2b}{n}\right)^2 + \cdots + \frac{b}{n} \cdot \left(\frac{(n-1)b}{n}\right)^2 = \frac{b^3}{n^3}(1^2 + 2^2 + \cdots + (n-1)^2).$$

同样,大和的形成过程如表 6-2 所示.

表 6-2

子区间	区间长度	高度	面积
$0 \leqslant x \leqslant \dfrac{b}{n}$	$\dfrac{b}{n}$	$\left(\dfrac{b}{n}\right)^2$	$\dfrac{b}{n} \cdot \left(\dfrac{b}{n}\right)^2$
$\dfrac{b}{n} \leqslant x \leqslant \dfrac{2b}{n}$	$\dfrac{b}{n}$	$\left(\dfrac{2b}{n}\right)^2$	$\dfrac{b}{n} \cdot \left(\dfrac{2b}{n}\right)^2$

子区间	区间长度	高度	面积
$\dfrac{2b}{n} \leqslant x \leqslant \dfrac{3b}{n}$	$\dfrac{b}{n}$	$\left(\dfrac{3b}{n}\right)^2$	$\dfrac{b}{n} \cdot \left(\dfrac{3b}{n}\right)^2$
……	……	……	……
$\dfrac{(n-1)b}{n} \leqslant x \leqslant b$	$\dfrac{b}{n}$	$\left(\dfrac{nb}{n}\right)^2$	$\dfrac{b}{n} \cdot \left(\dfrac{nb}{n}\right)^2$

因此

$$
\text{大和} = \frac{b}{n} \cdot \left(\frac{b}{n}\right)^2 + \frac{b}{n} \cdot \left(\frac{2b}{n}\right)^2 + \cdots + \frac{b}{n} \cdot \left(\frac{(n-1)b}{n}\right)^2 + \frac{b}{n} \cdot \left(\frac{nb}{n}\right)^2
$$
$$
= \frac{b^3}{n^3}(1^2 + 2^2 + \cdots + n^2).
$$

于是

$$
\text{小和} \leqslant \int_0^b x^2 \, \mathrm{d}x \leqslant \text{大和}.
$$

当 $n = 10$ 时,有

$$
0.285 b^3 \leqslant \int_0^b x^2 \, \mathrm{d}x \leqslant 0.385 b^3.
$$

当 $n = 100$ 时,有

$$
0.328\,35 b^3 \leqslant \int_0^b x^2 \, \mathrm{d}x \leqslant 0.338\,35 b^3.
$$

下面考虑 $n \to \infty$ 时的小和与大和的情况. 为此首先考虑公式

$$
1^2 + 2^2 + \cdots + n^2 = \frac{n(n+1)(2n+1)}{6}, \tag{6.1}
$$

此公式可以通过表 6-3 的计算得到确认.

表 6-3

n	$1^2 + 2^2 + \cdots + n^2$	$\dfrac{n(n+1)(2n+1)}{6}$
2	$1^2 + 2^2 = 5$	$\dfrac{2 \cdot 3 \cdot 5}{6} = 5$
3	$1^2 + 2^2 + 3^2 = 14$	$\dfrac{3 \cdot 4 \cdot 7}{6} = 14$
4	$1^2 + 2^2 + 3^2 + 4^2 = 30$	$\dfrac{4 \cdot 5 \cdot 9}{6} = 30$
5	$1^2 + 2^2 + 3^2 + 4^2 + 5^2 = 55$	$\dfrac{5 \cdot 6 \cdot 11}{6} = 55$
……	……	……

利用公式(6.1),可以得到

$$\text{大和} = \frac{b^3}{n^3} \cdot \frac{n \cdot (n+1) \cdot (2n+1)}{6} = \frac{b^3}{6} \cdot \frac{n \cdot (n+1) \cdot (2n+1)}{n \cdot n \cdot n}$$

$$= \frac{b^3}{6} \cdot \frac{(n+1)}{n} \cdot \frac{2n+1}{n} = \frac{b^3}{6} \left(1 + \frac{1}{n}\right)\left(2 + \frac{1}{n}\right).$$

要计算小和,只需将公式(6.1)中的 n 换成 $n-1$,于是

$$\text{小和} = \frac{b^3}{n^3} \cdot \frac{(n-1) \cdot (n-1+1) \cdot (2(n-1)+1)}{6} = \frac{b^3}{6} \cdot \frac{(n-1) \cdot n \cdot (2n-1)}{n \cdot n \cdot n}$$

$$= \frac{b^3}{6} \cdot \frac{(n-1)}{n} \cdot \frac{2n-1}{n} = \frac{b^3}{6} \left(1 - \frac{1}{n}\right)\left(2 - \frac{1}{n}\right).$$

因此

$$\frac{b^3}{6} \left(1 - \frac{1}{n}\right)\left(2 - \frac{1}{n}\right) \leqslant \int_0^b x^2 \, \mathrm{d}x \leqslant \frac{b^3}{6} \left(1 + \frac{1}{n}\right)\left(2 + \frac{1}{n}\right).$$

因为当 $n \to \infty$ 时,$\frac{1}{n} \to 0$,$1 - \frac{1}{n} \to 1$,$2 - \frac{1}{n} \to 2$,$1 + \frac{1}{n} \to 1$,$2 + \frac{1}{n} \to 2$,所以当 $n \to \infty$ 时,

$$\text{小和} \to \frac{b^3}{6} \cdot 1 \cdot 2 = \frac{b^3}{3},\ \text{大和} \to \frac{b^3}{6} \cdot 1 \cdot 2 = \frac{b^3}{3}.$$

因此

$$\int_0^b x^2 \, \mathrm{d}x = \frac{b^3}{3}. \tag{6.2}$$

例 6-2 对于 $0 \leqslant a \leqslant b$,计算 $\int_a^b x^2 \, \mathrm{d}x$.

解 先画图,如图 6-7 所示. 从图中可以看出,

$$\int_0^a x^2 \, \mathrm{d}x + \int_a^b x^2 \, \mathrm{d}x = \int_0^b x^2 \, \mathrm{d}x, \tag{6.3}$$

由(6.2)式可得

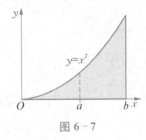

图 6-7

$$\int_0^b x^2 \, \mathrm{d}x = \frac{b^3}{3},\ \int_0^a x^2 \, \mathrm{d}x = \frac{a^3}{3}.$$

于是

$$\int_a^b x^2 \, \mathrm{d}x = \frac{b^3}{3} - \frac{a^3}{3}.$$

注意 在本题中对于 $y = x^2$ 成立的(6.3)式,对于一般的函数 $y = f(x)$,$a \leqslant b \leqslant c$,也成立,即

$$\int_a^b f(x) \, \mathrm{d}x + \int_b^c f(x) \, \mathrm{d}x = \int_a^c f(x) \, \mathrm{d}x. \tag{6.4}$$

此性质称为定积分对区间的可加性.

例 6 - 3 证明:

(1) 对于 $a \leqslant b \leqslant 0$, 有 $\int_a^b x^2 \mathrm{d}x = \dfrac{b^3}{3} - \dfrac{a^3}{3}$;

(2) 对于 $a \leqslant 0 \leqslant b$, 也有 $\int_a^b x^2 \mathrm{d}x = \dfrac{b^3}{3} - \dfrac{a^3}{3}$.

证明 (1) 当 $a \leqslant b \leqslant 0$ 时, 利用函数 $y = x^2$ 关于 y 轴对称的性质, 有

$$\int_a^b x^2 \mathrm{d}x = \int_{-b}^{-a} x^2 \mathrm{d}x = \frac{(-a)^3}{3} - \frac{(-b)^3}{3} = \frac{b^3}{3} - \frac{a^3}{3}.$$

(2) 当 $a \leqslant 0 \leqslant b$ 时, 利用定积分对区间的可加性和函数 $y = x^2$ 关于 y 轴对称的性质, 有

$$\int_a^b x^2 \mathrm{d}x = \int_a^0 x^2 \mathrm{d}x + \int_0^b x^2 \mathrm{d}x = \int_0^{-a} x^2 \mathrm{d}x + \int_0^b x^2 \mathrm{d}x = \frac{(-a)^3}{3} + \frac{b^3}{3} = \frac{b^3}{3} - \frac{a^3}{3}.$$

由例 6 - 1 和例 6 - 2 可知, 只要 $a \leqslant b$, 下面的公式总成立:

$$\int_a^b x^2 \mathrm{d}x = \frac{b^3}{3} - \frac{a^3}{3}. \tag{6.5}$$

习题 6 - 1

1. 用例 6 - 1 的方法计算下列定积分:

(1) $\int_1^3 x^2 \mathrm{d}x$;　　　(2) $\int_1^3 x \mathrm{d}x$.

2. 利用 (6 - 5) 式计算下列定积分:

(1) $\int_1^2 x^2 \mathrm{d}x$;　　(2) $\int_{-2}^3 x^2 \mathrm{d}x$;　　(3) $\int_{-4}^0 x^2 \mathrm{d}x$;　　(4) $\int_{-3}^{-1} x^2 \mathrm{d}x$.

---

§6.2　原函数与不定积分

6.2.1　原函数的概念

6.1 节已经得到函数 $y = x^2$ 的定积分公式

$$\int_a^b x^2 \mathrm{d}x = \frac{b^3}{3} - \frac{a^3}{3},$$

下面对图形是直线的函数给出定积分公式.

例 6 - 4 已知 $y = 1$, 求对应的定积分 $\int_a^b \mathrm{d}x$.

解　如图 6-8 所示,根据定积分的定义,可知 $\int_a^b \mathrm{d}x$ 为图中阴影部分的面积,于是

$$\int_a^b 1\mathrm{d}x = b - a, \text{即} \int_a^b \mathrm{d}x = b - a.$$

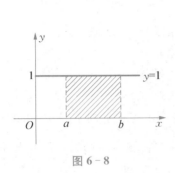

图 6-8

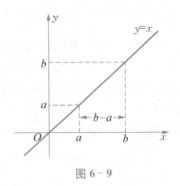

图 6-9

例 6-5　已知 $y = x$,求对应的定积分 $\int_a^b x\mathrm{d}x$.

解　如图 6-9 所示,根据定积分的定义,可知 $\int_a^b x\mathrm{d}x$ 为图中梯形的面积,于是

$$\int_a^b x\mathrm{d}x = (b-a) \cdot \frac{a+b}{2} = \frac{b^2}{2} - \frac{a^2}{2}.$$

将例 6-4 和例 6-5,连同上一节的(6-5)式汇总,有

$$\int_a^b 1\mathrm{d}x = b - a, \quad \int_a^b x\mathrm{d}x = \frac{b^2}{2} - \frac{a^2}{2}, \quad \int_a^b x^2\mathrm{d}x = \frac{b^3}{3} - \frac{a^3}{3}.$$

这些公式有一个惊人的相似之处:每个公式都存在一个函数,使得定积分的值等于该函数在上限的函数值减去在下限的函数值.

例如,对于 $\int_a^b 1\mathrm{d}x = b - a$,此函数为 $F_1(x) = x$;对于 $\int_a^b x\mathrm{d}x = \frac{b^2}{2} - \frac{a^2}{2}$,此函数为 $F_2(x) = \frac{x^2}{2}$;对于 $\int_a^b x^2\mathrm{d}x = \frac{b^3}{3} - \frac{a^3}{3}$,此函数为 $F_3(x) = \frac{x^3}{3}$.

对于一般函数的定积分,可以猜测也有这样的结论,即

$$\int_a^b f(x)\mathrm{d}x = F(b) - F(a) = [F(x)]_a^b.$$

下面给出原函数的定义.

定义 6-1　设 $f(x)$ 在 $[a, b]$ 上连续,若对任意的 $c, d \in [a, b]$,存在 $F(x)$ 使得 $\int_c^d f(x)\mathrm{d}x = F(d) - F(c) = [F(x)]_c^d$,则称 $F(x)$ 为 $f(x)$ 的原函数.

从前面的例子可以看出,函数 $F_1(x) = x$ 是函数 $f(x) = 1$ 的原函数;函数 $F_2(x) = \frac{x^2}{2}$ 是函数 $f(x) = x$ 的原函数;函数 $F_3(x) = \frac{x^3}{3}$ 是函数 $f(x) = x^2$ 的原函数.

按照定义,如果 $y = f(x)$ 的原函数为 $y = F(x)$,则定积分 $\int_a^b f(x)\mathrm{d}x$ 的值可以通过计算 $y = F(x)$ 在 $[a, b]$ 上的函数值之差得到,如图 6 – 10 所示. 因此,计算定积分 $\int_a^b f(x)\mathrm{d}x$ 最重要的是寻找原函数.

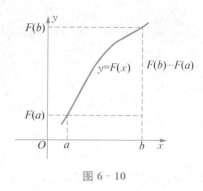

图 6 – 10

对于比较简单的函数,可以通过前面讲过的方法求出其原函数;但对于比较复杂的函数,再用前面的方法来求就非常麻烦,因此需要探讨原函数与要积分的函数(称为被积函数)之间的关系.

从前面的叙述可以看出,$f(x) = 1$ 的原函数为 $F(x) = x$,此时 $F(x) = x$ 的导数 $F'(x) = 1$,即 $F'(x) = f(x)$;$f(x) = x$ 的原函数为 $F(x) = \dfrac{x^2}{2}$,此时 $F(x) = \dfrac{x^2}{2}$ 的导数 $F'(x) = x$,即 $F'(x) = f(x)$;$f(x) = x^2$ 的原函数为 $F(x) = \dfrac{x^3}{3}$,此时 $F(x) = \dfrac{x^3}{3}$ 的导数 $F'(x) = x^2$,即 $F'(x) = f(x)$.

一般地,有下面的定理:

定理 6 – 1　　如果 $f(x)$ 的原函数为 $F(x)$,则有 $F'(x) = f(x)$.

因为要证明上述结论需要更多的数学知识,这里略去证明.

6.2.2　不定积分的概念

利用原函数的定义,如果函数 $f(x)$ 的原函数为 $F(x)$,则 $F(x) + C$ 也是函数 $f(x)$ 的原函数.

例如,$F_1(x) = \dfrac{x^2}{2}$ 是函数 $f(x) = x$ 的原函数,$F_2(x) = \dfrac{x^2}{2} + 1$ 和 $F_3(x) = \dfrac{x^2}{2} - 5$ 等都是函数 $f(x) = x$ 的原函数. 所有具有形式 $F(x) = \dfrac{x^2}{2} + C(C \in \mathbf{R})$ 的函数都是 $f(x) = x$ 的原函数,这是因为

$$F(b) - F(a) = \frac{b^2}{2} + C - \left(\frac{a^2}{2} + C\right) = \frac{b^2}{2} - \frac{a^2}{2}.$$

从前面的讨论可知,如果 $f(x)$ 的原函数为 $F(x)$,则有 $F'(x) = f(x)$. 反之也成立,即满足 $F'(x) = f(x)$ 的函数 $F(x)$ 一定也是 $f(x)$ 的原函数. 下面给出证明.

证明　　设 $G(x)$ 满足 $G'(x) = f(x)$,下面证明 $G(x)$ 一定是函数 $f(x)$ 的原函数. 根据前面的定理,如果 $F(x)$ 为 $f(x)$ 的原函数,则 $F'(x) = f(x)$,所以

$$[G(x) - F(x)]' = G'(x) - F'(x) = f(x) - f(x) = 0,$$

因此 $G(x) - F(x) = C$,即 $G(x) = F(x) + C$. 由前面的结论,当 $F(x)$ 为 $f(x)$ 的原函数,则 $F(x) + C$ 也是函数 $f(x)$ 的原函数,可知 $G(x)$ 是函数 $f(x)$ 的原函数.

这样,$F(x)$ 为 $f(x)$ 的原函数,与 $F(x)$ 满足 $F'(x) = f(x)$ 就是等价的. 可以得到下面

的等价定义.

定义 6-2   如果 $f(x)$ 存在函数 $F(x)$,使得 $F'(x) = f(x)$,则称 $F(x)$ 为 $f(x)$ 的一个原函数.

原函数不唯一且具有一般形式,即如果 $f(x)$ 存在原函数 $F(x)$,则所有的原函数为 $F(x)+C$.

将 $f(x)$ 的所有原函数称为 $f(x)$ 的不定积分,记作 $\int f(x)\mathrm{d}x$.

例如,

$$\int \mathrm{d}x = \int 1\mathrm{d}x = x + C, \int x\mathrm{d}x = \frac{x^2}{2} + C, \int x^2\mathrm{d}x = \frac{x^3}{3} + C.$$

例 6-6   计算 $\int x^a \mathrm{d}x$,其中 $\alpha \neq -1$.

解   因为 $(x^{\alpha+1})' = (\alpha+1)x^a$,$\left(\dfrac{x^{\alpha+1}}{\alpha+1}\right)' = x^a$,所以

$$\int x^a \mathrm{d}x = \frac{1}{\alpha+1}x^{\alpha+1} + C.$$

提示   因为分数 $\dfrac{1}{\alpha+1}$ 当 $\alpha = -1$ 时没有被定义,所以上面的公式除 $\alpha = -1$ 以外的所有情况都适用.

下面针对 α 的不同情况,给出一些例题说明如何利用上面的公式.

例 6-7   计算下列不定积分:

(1) $\int x^3 \mathrm{d}x$;　　(2) $\int x^{\frac{5}{2}} \mathrm{d}x$;　　(3) $\int x^{-\frac{5}{2}} \mathrm{d}x$;　　(4) $\int \sqrt{x} \mathrm{d}x$;

(5) $\int \dfrac{1}{\sqrt{x}} \mathrm{d}x$;　　(6) $\int \sqrt[3]{x^5} \mathrm{d}x$;　　(7) $\int x^2 \cdot \sqrt[3]{x^5} \mathrm{d}x$;　　(8) $\int \dfrac{x^2}{\sqrt[3]{x^5}} \mathrm{d}x$.

解   (1) $\int x^3 \mathrm{d}x = \dfrac{x^{3+1}}{3+1} + C = \dfrac{x^4}{4} + C.$

(2) $\int x^{\frac{5}{2}} \mathrm{d}x = \dfrac{x^{\frac{5}{2}+1}}{\frac{5}{2}+1} + C = \dfrac{2}{7}x^{\frac{7}{2}} + C.$

(3) $\int x^{-\frac{5}{2}} \mathrm{d}x = \dfrac{x^{-\frac{5}{2}+1}}{-\frac{5}{2}+1} + C = -\dfrac{2}{3}x^{-\frac{3}{2}} + C.$

(4) $\int \sqrt{x} \mathrm{d}x = \int x^{\frac{1}{2}} \mathrm{d}x = \dfrac{x^{\frac{1}{2}+1}}{\frac{1}{2}+1} + C = \dfrac{2}{3}x^{\frac{3}{2}} + C.$

(5) $\int \dfrac{1}{\sqrt{x}} \mathrm{d}x = \int x^{-\frac{1}{2}} \mathrm{d}x = \dfrac{x^{-\frac{1}{2}+1}}{-\frac{1}{2}+1} + C = 2x^{\frac{1}{2}} + C = 2\sqrt{x} + C.$

(6) $\int \sqrt[3]{x^5} \mathrm{d}x = \int x^{\frac{5}{3}} \mathrm{d}x = \dfrac{x^{\frac{5}{3}+1}}{\frac{5}{3}+1} + C = \dfrac{3}{8}x^{\frac{8}{3}} + C.$

(7) $\int x^2 \cdot \sqrt[3]{x^5}\,dx = \int x^2 \cdot x^{\frac{5}{3}}\,dx = \int x^{2+\frac{5}{3}}\,dx = \int x^{\frac{11}{3}}\,dx = \dfrac{x^{\frac{11}{3}+1}}{\frac{11}{3}+1} + C = \dfrac{3}{14}x^{\frac{14}{3}} + C.$

(8) $\int \dfrac{x^2}{\sqrt[3]{x^5}}\,dx = \int \dfrac{x^2}{x^{\frac{5}{3}}}\,dx = \int x^{2-\frac{5}{3}}\,dx = \int x^{\frac{1}{3}}\,dx = \dfrac{x^{\frac{1}{3}+1}}{\frac{1}{3}+1} + C = \dfrac{3}{4}x^{\frac{4}{3}} + C.$

6.2.3 不定积分的运算法则

(1) $\int kf(x)\,dx = k\int f(x)\,dx$,其中 $k \neq 0$.

如果一个非零常数因子在被积函数里,则可提到积分号外.

例 6-8 计算 $\int 5x^3\,dx$.

解
$$\int 5x^3\,dx = 5\int x^3\,dx = 5 \cdot \dfrac{x^4}{4} + C.$$

(2) $\int [f(x) \pm g(x)]\,dx = \int f(x)\,dx \pm \int g(x)\,dx.$

函数和或差的不定积分等于各个函数不定积分的和或差.

例 6-9 计算 $\int (x+1)\,dx$.

解
$$\int (x+1)\,dx = \int x\,dx + \int 1\,dx = \dfrac{x^2}{2} + x + C.$$

此法则适用于多个函数.

例 6-10 计算 $\int \left(5x^3 - 6\sqrt{x} + \dfrac{3}{\sqrt{x}} + 4\right)dx$.

解
$$\int \left(5x^3 - 6\sqrt{x} + \dfrac{3}{\sqrt{x}} + 4\right)dx = \int 5x^3\,dx - \int 6\sqrt{x}\,dx + \int \dfrac{3}{\sqrt{x}}\,dx + \int 4\,dx$$
$$= 5\int x^3\,dx - 6\int \sqrt{x}\,dx + 3\int \dfrac{1}{\sqrt{x}}\,dx + 4\int dx$$
$$= 5\,\dfrac{x^{3+1}}{3+1} - 6\int x^{\frac{1}{2}}\,dx + 3\int x^{-\frac{1}{2}}\,dx + 4x$$
$$= \dfrac{5}{4}x^4 - 6\,\dfrac{x^{\frac{1}{2}+1}}{\frac{1}{2}+1} + 3\,\dfrac{x^{-\frac{1}{2}+1}}{-\frac{1}{2}+1} + 4x + C$$
$$= \dfrac{5}{4}x^4 - 4x^{\frac{3}{2}} + 6x^{\frac{1}{2}} + 4x + C.$$

习题 6-2

1. 计算下列不定积分:

(1) $\int x^4\,dx$;

(2) $\int x^{-\frac{5}{4}}\,dx$;

(3) $\int \sqrt[3]{x^7}\,dx$;

(4) $\int x^3 \cdot \sqrt[3]{x^2} \, \mathrm{d}x$; $\qquad\qquad$ (5) $\int \dfrac{x^3}{\sqrt[3]{x^2}} \, \mathrm{d}x$.

2. 计算下列不定积分:

(1) $\int 8x^6 \, \mathrm{d}x$; $\qquad\qquad$ (2) $\int (\sqrt{x} - x) \, \mathrm{d}x$;

(3) $\int (2x^2 - 3x^3) \, \mathrm{d}x$; $\qquad\qquad$ (4) $\int (3x + 4) \, \mathrm{d}x$.

3. 计算下列不定积分:

(1) $\int (6x^5 - 3x^3 \sqrt{x} + 4x + 1) \, \mathrm{d}x$; $\qquad$ (2) $\int \left(7x^7 - \dfrac{4x}{\sqrt[5]{x}} + 7x^2 - 1 \right) \mathrm{d}x$;

(3) $\int (5x^2 \sqrt{x^3} - 7x^2 - 2x + 3) \, \mathrm{d}x$; $\qquad$ (4) $\int \left(\dfrac{4}{x\sqrt{x}} - 2x^2 - 3x + 2 \right) \mathrm{d}x$;

(5) $\int (3x^4 - 5 \sqrt[3]{x^2} + 7x + 1) \, \mathrm{d}x$.

§6.3 定积分的计算与平面图形的面积

6.3.1 定积分的计算

由前面的分析可知,下面的定理成立.

定理 6 - 2

$$\int_a^b f(x) \, \mathrm{d}x = F(b) - F(a), \tag{6.6}$$

其中 $F(x)$ 为 $f(x)$ 的原函数. 此公式称为微积分基本定理或牛顿-莱布尼兹公式.

例 6 - 11 计算 $\int_1^2 x^3 \, \mathrm{d}x$.

解 因为 $\int x^3 \, \mathrm{d}x = \dfrac{x^4}{4} + C$, 所以 $\int_1^2 x^3 \, \mathrm{d}x = \left[\dfrac{x^4}{4} \right]_1^2 = \dfrac{2^4}{4} - \dfrac{1^4}{4} = \dfrac{15}{4}$.

注意 在计算 $[kf(x)]_a^b$ 的值时,可利用 $[kf(x)]_a^b = k[f(x)]_a^b$ 进行简化. 例 6 - 11 也可以这样计算:

$$\int_1^2 x^3 \, \mathrm{d}x = \left[\dfrac{x^4}{4} \right]_1^2 = \dfrac{1}{4} [x^4]_1^2 = \dfrac{1}{4} (2^4 - 1^4) = \dfrac{15}{4}.$$

例 6 - 12 计算 $\int_{-2}^{-1} x^3 \, \mathrm{d}x$.

解 $\int_{-2}^{-1} x^3 \, \mathrm{d}x = \left[\dfrac{x^4}{4} \right]_{-2}^{-1} = \dfrac{1}{4} [x^4]_{-2}^{-1} = \dfrac{1}{4} [(-1)^4 - (-2)^4] = -\dfrac{15}{4}$.

在前面定义定积分时,曾假设函数 $y = f(x)$ 在 $[a, b]$ 上连续,且在 (a, b) 内 $f(x) > 0$.

在这种条件下,只有可能在端点处的函数值为0. 对于在(a,b)内$f(x) \geqslant 0$的情况,可以在等于零处断开,将定积分$\int_a^b f(x)\mathrm{d}x$转化为n个积分区间内函数$f(x) > 0$的定积分之和.

为了理论的完整,对$f(x) < 0$的情况也给出定义.

当$f(x) < 0$时,定义$\int_a^b f(x)\mathrm{d}x = -\int_a^b [-f(x)]\mathrm{d}x$. 从几何上来说,$\int_a^b f(x)\mathrm{d}x$表示由$x$轴和曲线$y = f(x)$以及$x = a$,$x = b$围成图形的面积值的相反数.

对于$a > b$的情况,规定$\int_a^b f(x)\mathrm{d}x = -\int_b^a f(x)\mathrm{d}x$.

容易证明,对于定积分的所有情况,公式$\int_a^b f(x)\mathrm{d}x = F(b) - F(a)$都成立.

例 6 - 13　计算$\int_{-1}^0 x\mathrm{d}x$.

解　$$\int_{-1}^0 x\mathrm{d}x = \left[\frac{x^2}{2}\right]_{-1}^0 = \frac{1}{2}[x^2]_{-1}^0 = \frac{1}{2}(0^2 - (-1)^2) = -\frac{1}{2}.$$

例 6 - 14　计算$\int_3^1 x\mathrm{d}x$.

解　$$\int_3^1 x\mathrm{d}x = \left[\frac{x^2}{2}\right]_3^1 = \frac{1}{2}[x^2]_3^1 = \frac{1}{2}(1^2 - 3^2) = -4.$$

例 6 - 15　计算$\int_1^2 x^{-\frac{5}{2}}\mathrm{d}x$.

解　$$\int_1^2 x^{-\frac{5}{2}}\mathrm{d}x = \left[\frac{x^{-\frac{5}{2}+1}}{-\frac{5}{2}+1}\right]_1^2 = -\frac{2}{3}[x^{-\frac{3}{2}}]_1^2 = -\frac{2}{3}(2^{-\frac{3}{2}} - 1^{-\frac{3}{2}}) = -\frac{2}{3}\left(\frac{\sqrt{2}}{4} - 1\right) = \frac{2}{3} - \frac{\sqrt{2}}{6}.$$

例 6 - 16　计算$\int_1^2 \frac{1}{\sqrt{x}}\mathrm{d}x$.

解　$$\int_1^2 \frac{1}{\sqrt{x}}\mathrm{d}x = \int_1^2 x^{-\frac{1}{2}}\mathrm{d}x = \left[\frac{x^{-\frac{1}{2}+1}}{-\frac{1}{2}+1}\right]_1^2 = 2[x^{\frac{1}{2}}]_1^2 = 2(\sqrt{2} - 1).$$

当被积函数为一些函数的线性组合时,可先求对应的不定积分后,再选取一个原函数来计算定积分.

例 6 - 17　计算$\int_1^2 (5x^3 - 6\sqrt{x} + \frac{3}{\sqrt{x}} + 4)\mathrm{d}x$.

解　因为
$$\int \left(5x^3 - 6\sqrt{x} + \frac{3}{\sqrt{x}} + 4\right)\mathrm{d}x = 5\int x^3\mathrm{d}x - 6\int x^{\frac{1}{2}}\mathrm{d}x + 3\int x^{-\frac{1}{2}}\mathrm{d}x + 4\int \mathrm{d}x$$
$$= \frac{5}{4}x^4 - 4x^{\frac{3}{2}} + 6x^{\frac{1}{2}} + 4x + C,$$

所以,
$$\int_1^2 \left(5x^3 - 6\sqrt{x} + \frac{3}{\sqrt{x}} + 4\right)\mathrm{d}x = \left[\frac{5}{4}x^4 - 4x^{\frac{3}{2}} + 6x^{\frac{1}{2}} + 4x\right]_1^2$$

$$= \left(\frac{5}{4} \cdot 2^4 - 4 \cdot 2^{\frac{3}{2}} + 6 \cdot 2^{\frac{1}{2}} + 4 \cdot 2 \right) -$$

$$\left(\frac{5}{4} \cdot 1^4 - 4 \cdot 1^{\frac{3}{2}} + 6 \cdot 1^{\frac{1}{2}} + 4 \cdot 1 \right)$$

$$= \left(20 - 8 \cdot 2^{\frac{1}{2}} + 6 \cdot 2^{\frac{1}{2}} + 4 \cdot 2 \right) - \left(\frac{5}{4} - 4 + 6 + 4 \right)$$

$$= \frac{83}{4} - 2\sqrt{2}.$$

例 6 - 15 也可以利用定积分的运算性质来求. 定积分的运算性质如下:

性质 1　常数因子 k 可提到定积分符号前面,即

$$\int_a^b k f(x)\mathrm{d}x = k \int_a^b f(x)\mathrm{d}x.$$

例 6 - 18　计算 $\int_1^2 5x^3 \mathrm{d}x$.

解　$\int_1^2 5x^3 \mathrm{d}x = 5 \int_1^2 x^3 \mathrm{d}x = 5 \left[\frac{x^4}{4} \right]_1^2 = \frac{5}{4} [x^4]_1^2 = \frac{5}{4}(2^4 - 1^4) = \frac{75}{4}.$

性质 2　代数和的定积分等于定积分的代数和,即

$$\int_a^b [f(x) \pm g(x)]\mathrm{d}x = \int_a^b f(x)\mathrm{d}x \pm \int_a^b g(x)\mathrm{d}x.$$

例 6 - 19　计算 $\int_0^1 (x^2 - x)\mathrm{d}x$.

解　$\int_0^1 (x^2 - x)\mathrm{d}x = \int_0^1 x^2 \mathrm{d}x - \int_0^1 x \mathrm{d}x = \left[\frac{x^3}{3} \right]_0^1 - \left[\frac{x^2}{2} \right]_0^1$

$$= \frac{1}{3} [x^3]_0^1 - \frac{1}{2} [x^2]_0^1 = \frac{1}{3}(1^3 - 0^3) - \frac{1}{2}(1^2 - 0^2) = -\frac{1}{6}.$$

利用上述性质,例 6 - 15 可以计算如下:

解　$\int_1^2 \left(5x^3 - 6\sqrt{x} + \frac{3}{\sqrt{x}} + 4 \right)\mathrm{d}x$

$$= \int_1^2 5x^3 \mathrm{d}x - \int_1^2 6\sqrt{x}\,\mathrm{d}x + \int_1^2 \frac{3}{\sqrt{x}}\mathrm{d}x + \int_1^2 4\mathrm{d}x$$

$$= 5 \int_1^2 x^3 \mathrm{d}x - 6 \int_1^2 x^{\frac{1}{2}}\mathrm{d}x + 3 \int_1^2 x^{-\frac{1}{2}}\mathrm{d}x + 4 \int_1^2 \mathrm{d}x$$

$$= 5 \times \left[\frac{x^4}{4} \right]_1^2 - 6 \times \left[\frac{x^{\frac{3}{2}}}{\frac{1}{2}+1} \right]_1^2 + 3 \times \left[\frac{x^{\frac{1}{2}}}{-\frac{1}{2}+1} \right]_1^2 + 4 \times [x]_1^2$$

$$= \frac{5}{4} \times [x^4]_1^2 - 4 \times [x^{\frac{3}{2}}]_1^2 + 6 \times [x^{\frac{1}{2}}]_1^2 + 4 \times [x]_1^2$$

$$= \frac{5}{4}(2^4 - 1) - 4(2^{\frac{3}{2}} - 1) + 6(2^{\frac{1}{2}} - 1) + 4(2 - 1)$$

$$= \frac{75}{4} - 8\sqrt{2} + 4 + 6\sqrt{2} - 6 + 4 = \frac{83}{4} - 2\sqrt{2}.$$

至于采用哪一种方法来计算此类定积分,可以根据自己的熟练情况来决定.

6.3.2　平面图形面积的计算

根据定积分与平面图形面积之间的关系,可以将平面图形用定积分来表示,通过计算定积分来达到计算平面图形面积的目的.一般地,有下面的计算公式:

定理 6-3　由连续曲线 $y = \varphi_2(x)$,$y = \varphi_1(x)$(其中 $\varphi_2(x) \geqslant \varphi_1(x)$)和直线 $x = a$,$x = b$(见图 6-11)所围成的曲边梯形的面积为

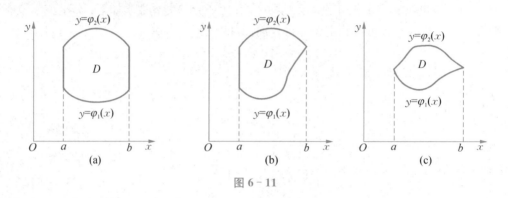

图 6-11

$$S = \int_a^b [\varphi_2(x) - \varphi_1(x)] \mathrm{d}x.$$

此定理很容易从定积分的定义得到证明.

注意　图 6-11 只画出了所围图形在第一象限的情况,对于在其他象限或横跨象限的情况,定理同样适用.

下面举例说明定理的应用.

例 6-20　计算由曲线 $y = x^2$,$y = x^3$,$x = 1.5$,$x = 2$ 所围成图形的面积.

分析　此类问题的求解需要先画出图形,判断属于哪种情况.如果需要求交点的坐标,则求出交点.最后,利用定积分来表示面积.

解　如图 6-12 所示.

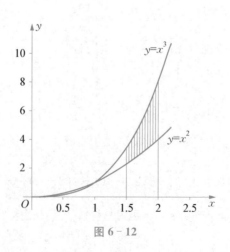

图 6-12

所求的面积为

$$S = \int_{1.5}^{2} (x^3 - x^2) \mathrm{d}x = \int_{1.5}^{2} x^3 \mathrm{d}x - \int_{1.5}^{2} x^2 \mathrm{d}x = \left[\frac{x^4}{4}\right]_{1.5}^{2} - \left[\frac{x^3}{3}\right]_{1.5}^{2}$$

$$= \frac{1}{4}\left[x^4\right]_{1.5}^{2} - \frac{1}{3}\left[x^3\right]_{1.5}^{2} = \frac{1}{4}\left[2^4 - \left(\frac{3}{2}\right)^4\right] - \frac{1}{3}\left[2^3 - \left(\frac{3}{2}\right)^3\right]$$

$$= \frac{1}{4}\left[16 - \frac{81}{16}\right] - \frac{1}{3}\left[8 - \frac{27}{8}\right] = \frac{175}{64} - \frac{37}{24} = \frac{525}{192} - \frac{296}{192} = \frac{229}{192}.$$

也可以按照下面的方法来计算定积分.

$$S = \int_{1.5}^{2} (x^3 - x^2) \mathrm{d}x = \left[\frac{x^4}{4} - \frac{x^3}{3}\right]_{\frac{3}{2}}^{2} = \left(\frac{16}{4} - \frac{8}{3}\right) - \left(\frac{81}{64} - \frac{9}{8}\right)$$

$$= \frac{16 \times 16 - 81}{64} - \frac{64 - 27}{24} = \frac{175}{64} - \frac{37}{24} = \frac{525}{192} - \frac{296}{192} = \frac{229}{192}.$$

例 6 - 21 计算由 $y = 4 - x^2$ 与 x 轴围成的图形的面积.

解 如图 6 - 13 所示,为了求围成的图形面积,需要求出两条曲线的交点的横坐标. 为此求解联立方程
$\begin{cases} y = 4 - x^2, \\ y = 0, \end{cases}$ 得 $4 - x^2 = 0$,可解出 $x = \pm 2$.

于是,所求的面积为

$$S = \int_{-2}^{2} (4 - x^2) \mathrm{d}x = \left[4x - \frac{x^3}{3}\right]_{-2}^{2}$$

$$= 4 \cdot 2 - \frac{2^3}{3} - \left(4 \cdot (-2) - \frac{(-2)^3}{3}\right)$$

$$= 8 - \frac{8}{3} + 8 - \frac{8}{3} = \frac{32}{3}.$$

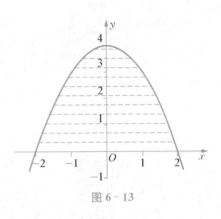

图 6 - 13

例 6 - 22 计算夹在 $y = x^2$ 与 $y = x$ 之间的图形的面积.

解 如图 6 - 14 所示,为了求围成的图形面积,需要求出两条曲线交点的横坐标. 为此求解联立方程 $\begin{cases} y = x^2, \\ y = x, \end{cases}$ 得 $x^2 = x$,有 $x^2 - x = 0$ 和 $x(x - 1) = 0$,可解出 $x = 0$,$x = 1$.

于是,所求的面积为

$$S = \int_{0}^{1} (x - x^2) \mathrm{d}x = \left[\frac{x^2}{2} - \frac{x^3}{3}\right]_{0}^{1} = \frac{1}{2} - \frac{1}{3} = \frac{1}{6}.$$

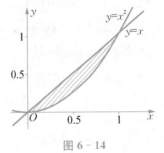

图 6 - 14

例 6 - 23 计算夹在 $y = 4 - x^2$ 与 $y = x + 2$ 之间的图形面积.

解 如图 6 - 15 所示,为了求围成的图形面积,需要求出两条曲线交点的横坐标. 为此求解联立方程 $\begin{cases} y = 4 - x^2, \\ y = x + 2, \end{cases}$ 得

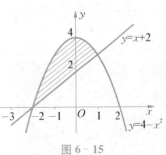

图 6 - 15

$4-x^2=x+2$, 即 $x^2+x-2=0$, 可解出 $x=1$, $x=-2$.

于是, 所求的面积为

$$S=\int_{-2}^{1}\left[(4-x^2)-(x+2)\right]\mathrm{d}x=\int_{-2}^{1}(2-x-x^2)\mathrm{d}x$$

$$=\left[2x-\frac{x^2}{2}-\frac{x^3}{3}\right]_{-2}^{1}=2-\frac{1}{2}-\frac{1}{3}-(-4-\frac{4}{2}+\frac{8}{3})=\frac{9}{2}.$$

习题 6-3

1. 计算下列定积分:

(1) $\displaystyle\int_{2}^{4}x^3\mathrm{d}x$;

(2) $\displaystyle\int_{3}^{2}x^4\mathrm{d}x$;

(3) $\displaystyle\int_{-3}^{2}x^4\mathrm{d}x$;

(4) $\displaystyle\int_{3}^{-1}x^3\mathrm{d}x$.

2. 计算下列定积分:

(1) $\displaystyle\int_{0}^{1}(x^3+2x^2-x)\mathrm{d}x$;

(2) $\displaystyle\int_{1}^{2}(x^4-2x^3+\frac{1}{x^2})\mathrm{d}x$;

(3) $\displaystyle\int_{0}^{2}\left(\frac{1}{3}x^3-2x^2+8\right)\mathrm{d}x$;

(4) $\displaystyle\int_{1}^{2}(x^{\frac{1}{3}}-\sqrt{x}+4)\mathrm{d}x$;

(5) $\displaystyle\int_{1}^{3}x(2x^2+x^{\frac{1}{2}})\mathrm{d}x$;

(6) $\displaystyle\int_{0}^{1}(x^2+1)(\sqrt{x}-1)\mathrm{d}x$.

3. 计算由曲线 $y=x^2-3x$ 与 x 轴所围成图形的面积.

4. 计算由曲线 $y=\sqrt{x}$, $x=6$, 以及 x 轴所围成图形的面积.

5. 计算由曲线 $y=\dfrac{4}{x^2}$, $x=1$, $x=a(a>1)$, 以及 x 轴所围成图形的面积.

6. 计算函数曲线 $y=f(x)=0.5x^2+2x+2.5$ 与 $y=g(x)=0.5x+2.5$ 所围成图形的面积.

中级篇

　　中级篇介绍指数函数的微积分、三角函数的微积分、对数函数的微积分等内容，主要是将基础篇讲述的基本理论和方法运用到指数函数、三角函数和对数函数之中。通过本篇的学习，可以进一步加深对一元微积分基本概念和基本方法的理解，达到融会贯通的目的。

第7章

指数函数的微积分

指数函数是一类基本初等函数,在实际问题中经常遇到.本章运用基础篇的基本概念和理论,对指数函数的微积分进行介绍.

§7.1 实数指数幂及其运算性质

本章的讨论均假设 $a > 0$ 且 $a \neq 1$.

7.1.1 整数指数幂

在第 1 章介绍代数式的性质时,曾对于正实数 a 和正整数 n,定义了

$$a^n = \overbrace{a \cdot a \cdot a \cdots\cdots a}^{n}.$$

利用此定义,可以求出具有整数指数幂的结果.例如,

$$3^4 = 3 \cdot 3 \cdot 3 \cdot 3 = 81, \quad \left(\frac{1}{2}\right)^3 = \frac{1}{2} \cdot \frac{1}{2} \cdot \frac{1}{2} = \frac{1}{8}.$$

对于零指数幂,规定 $a^0 = 1$.

对于负整数幂,规定 $a^{-n} = \dfrac{1}{a^n}$.例如,$2^{-3} = \dfrac{1}{2^3} = \dfrac{1}{8}$.

7.1.2 分数指数幂

1. $a^{\frac{1}{n}} = \sqrt[n]{a}$

$a^{\frac{1}{n}} = \sqrt[n]{a}$ 表示 a 的 n 次方根,即满足 $x^n = a$ 的 x 值.

当 n 为奇数时,正数 a 的 n 次方根是一个正数. 例如,$8^{\frac{1}{3}} = \sqrt[3]{8} = 2$.

当 n 为偶数时,正数 a 的 n 次方根有两个,这两个数互为相反数,分别表示为 $\sqrt[n]{a}$ 和 $-\sqrt[n]{a}$. 例如,$4^{\frac{1}{2}} = \sqrt{4} = 2$.

但是需要注意,$a^{\frac{1}{n}} = \sqrt[n]{a}$ 表示只有一个结果,即满足 $x^n = a$ 的正的 x 值.

正逆运算的性质如下:

(1) $(\sqrt[n]{a})^n = a$;

(2) 当 n 为奇数时,$\sqrt[n]{a^n} = a$;当 n 为偶数时,$\sqrt[n]{a^n} = |a|$. 顺便指出,此公式对于 $a < 0$ 也成立.

2. $a^{\frac{m}{n}} = \sqrt[n]{a^m}$.

例如,$2^{\frac{4}{3}} = \sqrt[3]{2^4} = \sqrt[3]{16}$.

3. $a^{-\frac{m}{n}} = \dfrac{1}{a^{\frac{m}{n}}}$

例如,$3^{-\frac{4}{3}} = \dfrac{1}{3^{\frac{4}{3}}} = \dfrac{1}{\sqrt[3]{81}}$.

7.1.3 无理数指数幂

先以 $2^{\sqrt{3}}$ 为例,讨论无理数指数幂的情况.

因为 $1.7 < \sqrt{3} < 1.8$,$2^{1.7} < 2^{1.8}$,所以 $2^{1.7} < 2^{\sqrt{3}} < 2^{1.8}$;

因为 $1.73 < \sqrt{3} < 1.74$,$2^{1.73} < 2^{1.74}$,所以 $2^{1.73} < 2^{\sqrt{3}} < 2^{1.74}$;

因为 $1.732 < \sqrt{3} < 1.733$,$2^{1.732} < 2^{1.733}$,所以 $2^{1.732} < 2^{\sqrt{3}} < 2^{1.733}$;

……

将上面的讨论列表(见表 7-1)可以看得更加清楚. 通过这种方式,可以得到 $2^{\sqrt{3}}$ 的确定值.

表 7-1

$\sqrt{3}$ 的不足近似值	$2^{\sqrt{3}}$ 的不足近似值	$2^{\sqrt{3}}$ 的过剩近似值	$\sqrt{3}$ 的过剩近似值
1.7	3.249 009 58	3.482 202 25	1.8
1.73	3.317 278 18	3.340 351 67	1.74
1.732	3.321 880 09	3.324 183 44	1.733
1.732 0	3.321 880 09	3.322 110 35	1.732 1
1.732 05	3.321 995 22	3.322 018 25	1.732 06
1.732 050	3.321 995 22	3.321 997 52	1.732 051
1.732 050 8	3.321 997 06	3.321 997 29	1.732 050 9
1.732 050 80	3.321 997 06	3.321 997 09	1.732 050 81
……	……	……	……

对于其他的无理数指数幂,采用同样的方法可以得到相应的值.

综上所述,当 $a > 0$ 且 $a \neq 1$ 时,对于所有的实数作为指数都定义了幂.这些同底指数幂之间的运算满足一些性质,归纳如下.

对于任何实数 c, d,满足下面的运算性质:

(1) $a^c a^d = a^{c+d} (a > 0)$;

(2) $\dfrac{a^c}{a^d} = a^{c-d} (a > 0)$;

(3) $(a^c)^d = a^{cd} (a > 0)$;

(4) $(ab)^c = a^c b^c (a > 0, b > 0)$.

§7.2 指 数 函 数

7.2.1 指数函数的定义

从 7.1 节可以看到,对于非 1 的正数 a 和任何实数 x,a^x 都有意义.于是可以构建函数

$$f(x) = a^x,$$

其定义域为 $(-\infty, +\infty)$,称此函数为底为 a 的指数函数.

很明显,对于任意的实数 x,都有 $f(x) = a^x > 0$,$f(0) = a^0 = 1$.

7.2.2 指数函数的图形和性质

下面研究函数 $f(x) = a^x$ 的图形和性质.

先来研究 $f(x) = 2^x$ 的图形.利用 Excel 软件(见图 7-1)做出其图形,如图 7-2 所示.

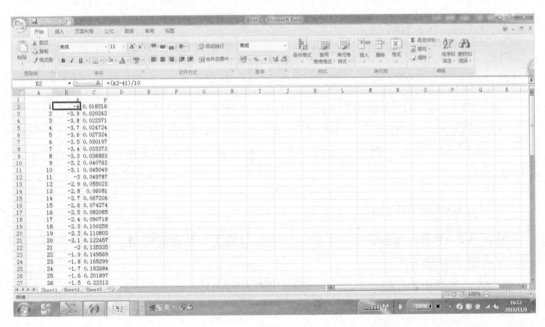

图 7-1

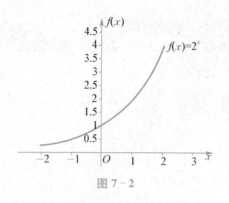

图 7-2

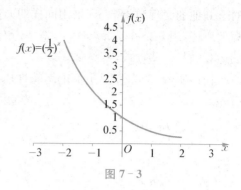

图 7-3

从图 7-2 中可以看出,函数在其定义域内单调递增.

再来研究 $f(x) = \left(\dfrac{1}{2}\right)^x$ 的图形.

利用 Excel 软件可以做出其图形,如图 7-3 所示.

从图 7-3 中可以看出,函数在其定义域内单调递减.

不难证明,函数 $f(x) = 2^x$ 的图形与函数 $f(x) = \left(\dfrac{1}{2}\right)^x$ 的图形关于 y 轴对称.

最后讨论常见的指数函数,即以 e 为底的指数函数 $f(x) = \mathrm{e}^x$ 的图形(其中 e 为无理数 2.718 28…).

利用 Excel 软件可以做出其图形,如图 7-4 所示.

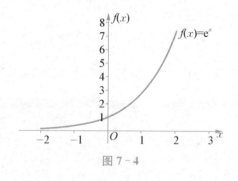

图 7-4

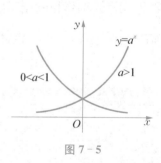

图 7-5

上面给出 3 个具体的指数函数的图形和性质. 不难发现,对于一般的指数函数 $y = a^x$,当 $a > 1$ 时,函数 $y = a^x$ 在定义域内单调递增且无界,曲线向左无限接近 x 轴负半轴;当 $0 < a < 1$ 时,函数 $y = a^x$ 在定义域内单调递减且无界,曲线向右无限接近 x 轴正半轴,如图 7-5 所示.

7.2.3 指数函数的应用

例 7-1 某工厂现在的年利润是 1 000 万元,该工厂年利润的增长率为 20%,则 x 年后该工厂的年利润是多少?

解 设 x 年后该工厂的年利润为 y,则有下面的关系:

$$y = 1\,000(1 + 20\%)^x.$$

例 7-2 生物体死亡后,机体内原有的碳 14 会按确定的规律衰减,大约每经过 5 730 年衰减为原来的一半,这个时间称为半衰期.

(1) 设生物体死亡时体内每克组织中碳 14 的含量为 1,根据上述规律,写出生物体内碳 14 的含量 p 与死亡年数 t 之间的函数关系式;

(2) 湖南长沙马王堆汉墓女尸出土时碳 14 的残余量约占原始含量的 76.7 %,试推算马王堆汉墓的年代.(精确到个位;$\log_2 0.767 \approx -0.382\,7$.)

解 (1) 假设每年碳 14 的衰减率相同(均为 r),根据题意,生物体内碳 14 每经过 5 730 年衰减为原来的一半,则有 $1 \cdot (1-r)^{5\,730} = \dfrac{1}{2}$,从而 $1-r = \left(\dfrac{1}{2}\right)^{\frac{1}{5\,730}}$. 于是,死亡 t 年时的含量

$$p = 1 \cdot (1-r)^t = \left(\frac{1}{2}\right)^{\frac{t}{5\,730}}.$$

(2) 由题意可知 $\left(\dfrac{1}{2}\right)^{\frac{t}{5\,730}} = 0.767$,于是,

$$\frac{t}{5\,730}\ln\left(\frac{1}{2}\right) = \ln 0.767, \quad \frac{t}{5\,730} = -\frac{\ln 0.767}{\ln 2} = -\log_2 0.767 \approx -0.382\,7,$$

因此 $t \approx 2\,193$(年).

有关对数的内容详见第 9 章 §9.1.

§7.3 指数函数的极限

在 7.2 节已经给出指数函数的图形,从图形可以看出,指数函数的极限可以分为两种情况:一是考虑在固定点处的极限,二是考虑在无穷远处的极限.下面分别进行讨论.

7.3.1 考虑在固定点处的极限

例 7-3 求 $\lim\limits_{x \to 3} 2^x$.

解 函数 $y = 2^x$ 的图形如图 7-2 所示,从图中可以看出 $\lim\limits_{x \to 3} 2^x = 2^3 = 8$.

对于一般情况,有 $\lim\limits_{x \to b} a^x = a^b$,且有 $\lim\limits_{x \to b^+} a^x = a^b$,$\lim\limits_{x \to b^-} a^x = a^b$. 例如,

$$\lim\limits_{x \to 0}\left(\frac{1}{2}\right)^x = \left(\frac{1}{2}\right)^0 = 1, \quad \lim\limits_{x \to 1}\left(\frac{1}{2}\right)^x = \left(\frac{1}{2}\right)^1 = \frac{1}{2}.$$

7.3.2 在无穷远处的极限

例 7-4 求下列极限:

(1) $\lim\limits_{x \to -\infty} 2^x$;   (2) $\lim\limits_{x \to +\infty} 2^x$.

解 从函数 $y = 2^x$ 的图形(见图 7-2)可以看出,$\lim\limits_{x \to -\infty} 2^x = 0$,$\lim\limits_{x \to +\infty} 2^x = +\infty$.

例 7-5 求下列极限:

$$(1) \lim_{x \to -\infty} \left(\frac{1}{2}\right)^x; \qquad\qquad (2) \lim_{x \to +\infty} \left(\frac{1}{2}\right)^x.$$

解 从函数 $y = \left(\frac{1}{2}\right)^x$ 的图形(见图 7-3)可以看出,$\lim_{x \to -\infty} \left(\frac{1}{2}\right)^x = +\infty$,$\lim_{x \to +\infty} \left(\frac{1}{2}\right)^x = 0$.

对于一般情况,当 $a > 1$ 时,$\lim_{x \to -\infty} a^x = 0$,$\lim_{x \to +\infty} a^x = +\infty$;当 $0 < a < 1$ 时,$\lim_{x \to -\infty} a^x = +\infty$, $\lim_{x \to +\infty} a^x = 0$.

利用上面给出的结论和极限的四则运算法则,可以求出更为复杂的函数的极限.

例 7-6 求 $\lim_{x \to 3} \left(3^x + \frac{4}{x} - 5\right)$.

解 原式 $= \lim_{x \to 3} 3^x + \lim_{x \to 3} \frac{4}{x} - \lim_{x \to 3} 5 = 3^3 + \frac{4}{3} - 5 = 23\frac{1}{3}$.

例 7-7 求 $\lim_{x \to -\infty} \left(2^x + \frac{1}{x} - 3\right)$.

解 原式 $= \lim_{x \to -\infty} \left(2^x + \frac{1}{x} - 3\right) = \lim_{x \to -\infty} 2^x + \lim_{x \to -\infty} \frac{1}{x} - \lim_{x \to -\infty} 3 = 0 + 0 - 3 = -3$.

§7.4 指数函数的导数及其应用

可以根据导数的定义,求出指数函数的导数,但因为要用到第二个重要极限、对数换底公式和变量替换,所以这里只给出公式而不作证明:

$$(a^x)' = a^x \ln a.$$

特殊情况有

$$(e^x)' = e^x \ln e = e^x.$$

有关对数的内容详见第 9 章 §9.1.

下面给出指数函数导数公式的一些应用实例.

例 7-8 求曲线 $y = 2^x$ 在点 $(1, 2)$ 处的切线方程和法线(即与切线垂直且过同一点的直线)方程.

解 因为 $y' = 2^x \ln 2$,$y'|_{x=1} = 2^1 \ln 2 = 2\ln 2$.根据导数的几何意义可知,所求切线的斜率为 $k_1 = y'|_{x=1} = 2\ln 2$,于是,所求切线的方程为

$$y - 2 = 2\ln 2(x - 1).$$

因为法线与切线垂直,于是所求法线的斜率为 $k_2 = -\frac{1}{2\ln 2}$,因此,所求法线方程为

$$y - 2 = -\frac{1}{2\ln 2}(x - 1).$$

例 7-9 求 $y = 5e^x$ 的导数.

解

$$y' = 5(e^x)' = 5e^x.$$

例 7-10 求 $y = 3^x - e^x + \pi^4 + e^2$ 的导数.

解 $$y' = (3^x)' - (e^x)' + (\pi^4)' + (e^2)' = 3^x \ln 3 - e^x.$$

例 7 - 11 求 $y = (4^x + 7^x)(x^2 + e^x)$ 的导数.

解
$$y' = (4^x + 7^x)'(x^2 + e^x) + (4^x + 7^x)(x^2 + e^x)'$$
$$= (4^x \ln 4 + 7^x \ln 7)(x^2 + e^x) + (4^x + 7^x)(2x + e^x).$$

例 7 - 12 求 $y = \dfrac{2^x + 5^x}{x^2 + 1}$ 的导数.

解
$$y' = \frac{(2^x + 5^x)'(x^2 + 1) - (2^x + 5^x)(x^2 + 1)'}{(x^2 + 1)^2}$$
$$= \frac{(2^x \ln 2 + 5^x \ln 5)(x^2 + 1) - (2^x + 5^x)2x}{(x^2 + 1)^2}$$
$$= \frac{(2^x \ln 2 + 5^x \ln 5)(x^2 + 1) - 2x(2^x + 5^x)}{(x^2 + 1)^2}.$$

例 7 - 13 求函数 $f(x) = \dfrac{x}{e^x}$ 的极值和单调区间.

解 函数 $f(x)$ 的定义域为 $(-\infty, +\infty)$.

$$f'(x) = \left(\frac{x}{e^x}\right)' = \frac{(x)'e^x - x(e^x)'}{(e^x)^2} = \frac{e^x - xe^x}{(e^x)^2} = \frac{1-x}{e^x},$$

从 $f'(x)$ 的表达式可以看出,函数 $f(x)$ 在 $(-\infty, +\infty)$ 内没有导数不存在的点.

令 $f'(x) = 0$,可得 $x = 1$. 列表讨论如表 7 - 2 所示.

表 7 - 2

x	$(-\infty, 1)$	1	$(1, +\infty)$
测试点 c	0		2
$f'(c)$	1		$-\dfrac{1}{e^2}$
$f'(x)$ 的符号	+	0	—
$f(x)$ 的特征	单调递增	极大值	单调递减

从表 7 - 2 中可以看出,函数 $f(x)$ 在区间 $(-\infty, 1)$ 内单调递增,在区间 $(1, +\infty)$ 内单调递减. 函数 $f(x)$ 的极大值为 $f(1) = \dfrac{1}{e}$.

例 7 - 14 求函数 $f(x) = xe^x$ 在 $[-2, 1]$ 上的最值.

解 $$f'(x) = (xe^x)' = (x)'e^x + x(e^x)' = e^x(1+x),$$

从 $f'(x)$ 的表达式可以看出,没有使 $f'(x)$ 表达式无意义的点,所以 $f(x)$ 在 $(-2, 1)$ 内没有导数不存在的点.

令 $f'(x) = 0$,可得 $x = -1$,且 $f(-1) = (-1)e^{-1} = -\dfrac{1}{e}$. 又

$$f(-2) = (-2)e^{-2} = -\frac{2}{e^2}, f(1) = e.$$

故函数 $f(x)$ 在区间 $[-2, 1]$ 上的最大值为 $f(1) = e$，最小值为 $f(-1) = -\frac{1}{e}$.

§7.5 指数函数的积分

本节先通过一个平面图形面积的计算问题引入指数函数的定积分，介绍指数函数定积分的计算方法，并给出指数函数的不定积分公式.

例 7-15 计算由 $y = 3^x$，$x = 1$，$x = 2$ 以及 x 轴所围成的图形面积.

解 如图 7-6 所示，所求的图形面积为 $S = \int_1^2 3^x \mathrm{d}x$.

根据微积分基本定理，要计算此定积分，需要求出函数 $y = 3^x$ 的原函数，因为 $(3^x)' = 3^x \ln 3$，所以 $\left(\frac{3^x}{\ln 3}\right)' = 3^x$，因此

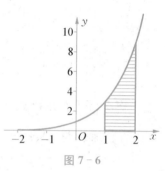

图 7-6

3^x 的原函数为 $\frac{3^x}{\ln 3}$，进而 $\int 3^x \mathrm{d}x = \frac{3^x}{\ln 3} + C$.

所以，

$$S = \int_1^2 3^x \mathrm{d}x = \left[\frac{3^x}{\ln 3}\right]_1^2 = \frac{1}{\ln 3}[3^x]_1^2 = \frac{1}{\ln 3}(3^2 - 3^1) = \frac{6}{\ln 3}.$$

从例 7-15 可以得到指数函数的不定积分公式：

$$\int a^x \mathrm{d}x = \frac{a^x}{\ln a} + C.$$

特殊情况有

$$\int e^x \mathrm{d}x = e^x + C.$$

利用上述指数函数的不定积分公式，可以求出一些含有指数函数的不定积分和定积分.

例 7-16 求不定积分 $\int (3e^x + 2^x - 3x + 1) \mathrm{d}x$.

解
$$\int (3e^x + 2^x - 3x + 1) \mathrm{d}x = 3\int e^x \mathrm{d}x + \int 2^x \mathrm{d}x - 3\int x \mathrm{d}x + \int \mathrm{d}x$$
$$= 3e^x + \frac{2^x}{\ln 2} - \frac{3}{2}x^2 + x + C.$$

例 7-17 求定积分 $\int_0^1 (3 \cdot 2^x + e^x - 1) \mathrm{d}x$.

解
$$\int_0^1 (3 \cdot 2^x + e^x - 1) \mathrm{d}x = 3\int_0^1 2^x \mathrm{d}x + \int_0^1 e^x \mathrm{d}x - \int_0^1 \mathrm{d}x = 3\left[\frac{2^x}{\ln 2}\right]_0^1 + [e^x]_0^1 - [x]_0^1$$
$$= \frac{3}{\ln 2}[2^x]_0^1 + (e^1 - e^0) - (1 - 0)$$

$$= \frac{3}{\ln 2}(2^1 - 2^0) + e - 2 = \frac{3}{\ln 2} + e - 2.$$

习题 7-5

班级中每个同学都有学号. 将自己的学号除以 5 的余数作为 a,且令 $b = a + 2$,这样每个同学都有与自己学号相对应的 a 和 b 值. 将下列题目中的 1~10 题的 a 和 b 换成与自己学号相对应的 a 和 b 值然后求解.

1. 求下列极限:

(1) $\lim\limits_{x \to a^+} b^x$;   (2) $\lim\limits_{x \to a^-} b^x$;   (3) $\lim\limits_{x \to a} b^x$;   (4) $\lim\limits_{x \to -\infty} b^x$;

(5) $\lim\limits_{x \to +\infty} b^x$;   (6) $\lim\limits_{x \to +\infty}\left(\frac{1}{b}\right)^x$;   (7) $\lim\limits_{x \to -\infty}\left(\frac{1}{b}\right)^x$.

2. 求下列极限:

(1) $\lim\limits_{x \to 0}(b^x + 5x - 3)$;   (2) $\lim\limits_{x \to -\infty}\left(b^x + \frac{4}{x^2} - 5\right)$;

(3) $\lim\limits_{x \to +\infty}\left[\left(\frac{1}{b}\right)^x + \frac{2}{x} - 4\right]$;   (4) $\lim\limits_{x \to -\infty}\left(e^x + \frac{1}{x - b} - 1\right)$.

3. 求曲线 $y = b^x$ 在点 $(0,1)$ 处的切线方程和法线方程.

4. 求下列函数的导数:

(1) $y = xb^x - 3e^x + \pi + e^2$;   (2) $y = \frac{x^2 - 3}{b^x}$.

5. 求函数 $f(x) = \frac{x}{b^x}$ 的极值和单调区间.

6. 求函数 $f(x) = xe^x$ 在 $[-b, b]$ 上的最值.

7. 求下列不定积分:

(1) $\int (2x^a - 3b^x + 2)\,dx$;   (2) $\int (ax^3 - be^x + 4)\,dx$;

(3) $\int (5x^2 + 3e^x - b)\,dx$;   (4) $\int (b\sqrt[3]{x^2} - ab^x + ab)\,dx$.

8. 求下列定积分:

(1) $\int_1^3 (2b^x + x - 1)\,dx$;   (2) $\int_0^1 (e^x - 3x^b)\,dx$;

(3) $\int_{-2}^1 (e^x b^x - ax^b)\,dx$;   (4) $\int_1^2 (b\sqrt[3]{x^2} - ab^x + ab)\,dx$.

9. 计算由 $y = b^x$,$x = 0$,$x = 3$ 以及 x 轴所围成的图形面积.

10. 某种储蓄按复利计算利息,若本金为 a 元,每期利率为 r,设存期是 x,本利和(本金加上利息)为 y 元.

(1) 写出本利和 y 随存期 x 变化的函数关系式;

（2）如果存入本金 1 000 元，每期利率为 2.25%，试计算 5 期后的本利和.

11. 某放射性物质不断变化为其他物质，每经过 1 年剩余的这种物质是原来的 84%，画出这种物质的剩余量随时间变化的图像，并求出经过多少年剩余量是原来的一半？（结果保留 1 位小数.）

第8章

三角函数的微积分

三角函数也是一类基本初等函数,在实际问题中经常会遇到.本章运用基础篇的基本概念和理论,对三角函数的微积分进行介绍.

§8.1 角的三角函数

下面介绍与角的三角函数有关的内容.

8.1.1 角的三角函数

一、角与角的度量

从一点引两条射线所组成的图形叫做**角**.

角度的度量用**量角器**.角度的计量单位是度,记作"°".将半圆分成 180 等份,每一份所对的角的大小是 1 度,记作 1°.

二、三角形的角

三角形的内角和等于 180°.

直角三角形是指有一个角为直角的三角形.

三、角的三角函数

如果直角三角形的一个锐角为 A,角 A 的对边长度为 a,角 A 的邻边长度为 b,斜边为 c,如图 8-1 所示,这样可以得到 3 个比值 $\dfrac{a}{c}$,$\dfrac{b}{c}$,$\dfrac{a}{b}$,分别称为角 A 的正弦、余弦和正切,记作

$$\sin A = \frac{a}{c}, \ \cos A = \frac{b}{c}, \ \tan A = \frac{a}{b}.$$

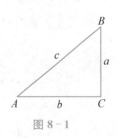

图 8-1

角 A 的正弦、余弦和正切,统称为角 A 的三角函数.

当 A 角为 30° 时,如图 8 - 2(a) 所示. 利用几何知识,不难求得

$$\sin 30° = \frac{1}{2}, \cos 30° = \frac{\sqrt{3}}{2}.$$

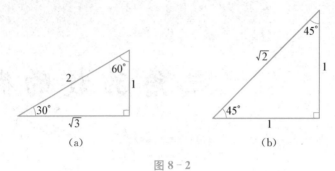

图 8 - 2

当 A 角为 45° 时,如图 8 - 2(b) 所示. 利用几何知识,不难求得

$$\sin 45° = \frac{\sqrt{2}}{2}, \cos 45° = \frac{\sqrt{2}}{2}.$$

上面给出的角的正弦、余弦和正切定义,只适用于锐角. 下面使用单位圆将其推广到任意角度.

在直角坐标系 xOy 中,以原点为圆心,以 1 个单位长度为半径画圆,称此圆为单位圆. 起始点在原点且沿着 x 轴正向画出一个单位矢量,即长度为 1 的指针,如图 8 - 3 所示. 所有的角都可以表示成这个指针从初始位置的旋转,正角表示为逆时针旋转,负角表示为顺时针旋转.

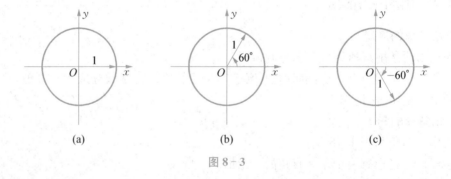

图 8 - 3

取任意角度 A(可以是正、负和 0),让单位半径矢量和 x 轴正向重合并旋转角度 A,矢量的顶端落在某点 P 处,则定义角度 A 的正弦和余弦如下:

$$\sin A = P \text{ 点的纵坐标}, \cos A = P \text{ 点的横坐标}.$$

依照此定义,不难发现

$$\sin 0° = 0, \cos 0° = 1, \sin 90° = 1, \cos 90° = 0.$$

为了方便,将 0°,30°,45°,60°,90° 的正弦和余弦值列成表格,如表 8 - 1 所示.

表 8 - 1

A	$\sin A$	$\cos A$
$0°$	0	1
$30°$	$\dfrac{1}{2}$	$\dfrac{1}{2}\sqrt{3}$
$45°$	$\dfrac{1}{2}\sqrt{2}$	$\dfrac{1}{2}\sqrt{2}$
$60°$	$\dfrac{1}{2}\sqrt{3}$	$\dfrac{1}{2}$
$90°$	1	0

当角 A 的度数不是在 $0°\sim 90°$ 范围内时,下面的性质可以帮助我们将任意角度的正弦和余弦值转化为计算在 $0°\sim 90°$ 的情形:

$$\cos(-A) = \cos A,\ \sin(-A) = -\sin A;$$
$$\cos(360° + A) = \cos A,\ \sin(360° + A) = \sin A;$$
$$\cos(180° + A) = -\cos A,\ \sin(180° + A) = -\sin A;$$
$$\cos(180° - A) = -\cos A,\ \sin(180° - A) = \sin A.$$

对于任意角度 A,有下列恒等式成立:

$$(\sin A)^2 + (\cos A)^2 = 1,\ 即\ \sin^2 A + \cos^2 A = 1.$$

上面这些性质,很容易从任意角的正弦和余弦定义得到.

8.1.2 弧度制

为了测量角度,作半径为 1 的圆,使得圆心在角的顶点,则这个角的弧度就是所夹弧的长度. 长度为 1 的弧长对应的角度称为 1 个弧度,记作 1 rad.

因为单位圆周的总长度为 2π,所以一个周角包括 2π 弧度,半个旋转包括 π 弧度,四分之一圆周包括 $\dfrac{\pi}{2}$ 弧度. 这样可以得到弧度与度之间的转化公式:

$$1\ 弧度 = \frac{360°}{2\pi} = \frac{180°}{\pi},\ 1° = \frac{\pi}{180}(弧度).$$

§8.2 正弦函数和余弦函数

8.2.1 正弦函数

一、定义

对于任意一个实数 x,从前面的分析可以看到,$\sin x$ 都有意义,这样就构成了函数 $f(x) = \sin x$,定义域为 $(-\infty, +\infty)$,称此函数为正弦函数.

二、正弦函数的图形

函数 $f(x) = \sin x$ 的图形，如图 8 − 4 所示.

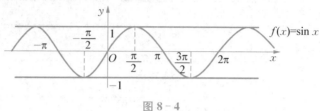

图 8 − 4

8.2.2 余弦函数

一、定义

对于任意一个实数 x，从前面的分析可以看到，$\cos x$ 都有意义，这样就构成了函数 $f(x) = \cos x$，定义域为 $(-\infty, +\infty)$，称此函数为余弦函数.

二、余弦函数的图形

函数 $f(x) = \cos x$ 的图形，如图 8 − 5 所示.

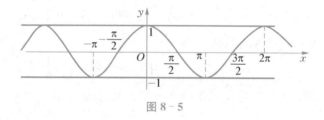

图 8 − 5

8.2.3 应用举例

例 8 − 1 试计算从可到达的点 A 到由点 A 可望而不可及的点 B 之间的距离(见图 8 − 6).

为了求解此题，首先介绍正弦定理.

定理 8 − 1 在任意三角形中，有 $\dfrac{a}{\sin A} = \dfrac{b}{\sin B} = \dfrac{c}{\sin C}$

成立.

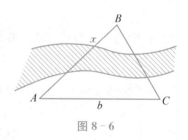

图 8 − 6

证明 对于一个三角形，至少应该有两个锐角. 假设角 A 和 B 为锐角，在 c 边上做垂线，如图 8 − 7(a)所示. 则有

$$\sin A = \frac{h}{b}, \ \sin B = \frac{h}{a},$$

由于 $a\sin B = h = b\sin A$，于是

$$\frac{a}{\sin A} = \frac{b}{\sin B}.$$

当角 C 为锐角时，在 a 边上作垂线. 利用同样的方法可以证明

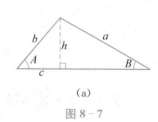

（a）

图 8 − 7

$$\frac{b}{\sin B} = \frac{c}{\sin C}.$$

于是

$$\frac{a}{\sin A} = \frac{b}{\sin B} = \frac{c}{\sin C}.$$

当角 C 为钝角时,在 b 边的延长线上作垂线,如图 8-7(b) 所示.

从图 8-7(b) 中可以看出,$\sin C = \sin(180 - C) = \dfrac{k}{a}$,$\sin A = \dfrac{k}{c}$,所以 $a\sin C = k = c\sin A$,于是

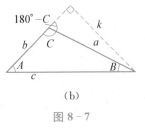

图 8-7

$$\frac{a}{\sin A} = \frac{c}{\sin C},$$

所以有

$$\frac{a}{\sin A} = \frac{b}{\sin B} = \frac{c}{\sin C}.$$

有了正弦定理,可以很方便地求解例 8-1.

解 首先,在可到达的地方选择 C 点,并且使得由 C 点可以看到 B 点. 其次,测量出线段 $AC = b$ 的长度和角 BAC 与角 BCA 的度数. 这样就将求 AB 长度的问题归结为已知一边和两邻角求解三角形的问题. 根据正弦定理,有

$$\frac{x}{\sin C} = \frac{b}{\sin B},$$

可解得

$$x = \frac{b\sin C}{\sin(A + C)}.$$

§8.3 三角函数的极限

8.2 节给出了三角函数的图形. 从图形可以看出,三角函数的极限可以分为两种情况: 一是考虑在固定点处的极限,二是考虑在无穷远处的极限. 下面分别进行讨论.

8.3.1 考虑在固定点处的极限

例 8-2 求 $\lim\limits_{x \to 3} \sin x$.

解 从函数 $y = \sin x$ 的图形(见图 8-4)可以看出,$\lim\limits_{x \to 3} \sin x = \sin 3$.

例 8-3 求 $\lim\limits_{x \to 0} \cos x$.

解 从函数 $y = \cos x$ 的图形(见图 8-5)可以看出,$\lim\limits_{x \to 0} \cos x = \cos 0 = 1$.

例 8－4 求 $\lim\limits_{x \to 0} \sin x$.

解 从函数 $y = \sin x$ 的图形(见图 8－4)可以看出，$\lim\limits_{x \to 0} \sin x = 0$.

对于一般情况,有

$$\lim\limits_{x \to a} \sin x = \sin a, \ \lim\limits_{x \to a} \cos x = \cos a,$$

且有

$$\lim\limits_{x \to a^+} \sin x = \sin a, \ \lim\limits_{x \to a^-} \sin x = \sin a,$$
$$\lim\limits_{x \to a^+} \cos x = \cos a, \ \lim\limits_{x \to a^-} \cos x = \cos a.$$

8.3.2 在无穷远处的极限

例 8－5 求下列极限:

(1) $\lim\limits_{x \to -\infty} \sin x$; (2) $\lim\limits_{x \to +\infty} \sin x$.

解 从函数 $y = \sin x$ 的图形(见图 8－4)可以看出，$\lim\limits_{x \to -\infty} \sin x$ 和 $\lim\limits_{x \to +\infty} \sin x$ 都不存在.

例 8－6 求下列极限:

(1) $\lim\limits_{x \to -\infty} \cos x$; (2) $\lim\limits_{x \to +\infty} \cos x$.

解 从函数 $y = \cos x$ 的图形(见图 8－5)可以看出，$\lim\limits_{x \to -\infty} \cos x$ 和 $\lim\limits_{x \to +\infty} \cos x$ 都不存在.

8.3.3 三角函数和幂函数进行四则运算所得到的函数的极限

例 8－7 $\lim\limits_{x \to 0} \dfrac{\sin x}{x}$.

解 画出函数 $y = \dfrac{\sin x}{x}$ 靠近原点的图形,如图 8－8(a)所示.

从图 8－8(a)可以发现，$\lim\limits_{x \to 0} \dfrac{\sin x}{x} = 1$. 此极限称为第一重要极限.

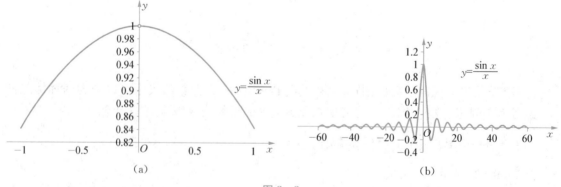

图 8－8

例 8－8 求 $\lim\limits_{x \to \infty} \dfrac{\sin x}{x}$.

解 画出函数 $y = \dfrac{\sin x}{x}$ 的图形,如图 8－8(b)所示.

从图 8-8(b)中可以看出，$\lim\limits_{x \to +\infty} \dfrac{\sin x}{x} = 0$，$\lim\limits_{x \to -\infty} \dfrac{\sin x}{x} = 0$．

例 8-9 求 $\lim\limits_{x \to \infty} \dfrac{\cos x}{x}$．

解 画出函数 $y = \dfrac{\cos x}{x}$ 的图形，如图 8-9 所示．可以看出 $\lim\limits_{x \to \infty} \dfrac{\cos x}{x} = 0$．

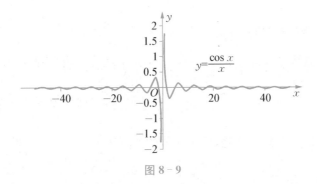

图 8-9

一般地，如果存在常数 $M > 0$，使得 $|g(x)| \leqslant M$，则 $\lim\limits_{x \to \infty} \dfrac{g(x)}{x} = 0$．

例 8-8 和例 8-9 明显满足这个条件，因为对于任意实数 x，$|\sin x| \leqslant 1$，$|\cos x| \leqslant 1$．
更一般地，如果 $\lim\limits_{x \to a} f(x) = 0$，在包含 a 的某个开区间内 $|g(x)| \leqslant M$ 内，则有

$$\lim_{x \to a} f(x)g(x) = 0.$$

§8.4　三角函数的导数

根据导数定义，可以求出正弦函数和余弦函数的导数公式为

$$(\sin x)' = \cos x, \quad (\cos x)' = -\sin x.$$

初学者请略过下面的推导过程．要想利用导数定义推导上述公式，还需用到三角函数的和差化积公式：

$$\sin a - \sin b = 2\cos \frac{a+b}{2} \sin \frac{a-b}{2},$$

$$\cos a - \cos b = -2\sin \frac{a+b}{2} \sin \frac{a-b}{2}.$$

下面给出推导过程：

$$(\sin x)' = \lim_{\Delta x \to 0} \frac{\sin(x + \Delta x) - \sin x}{\Delta x} = \lim_{\Delta x \to 0} \frac{2\cos\left(x + \frac{\Delta x}{2}\right)\sin\frac{\Delta x}{2}}{\Delta x}$$

$$= \lim_{\Delta x \to 0} \frac{\sin\frac{\Delta x}{2}}{\frac{\Delta x}{2}} \cos\left(x + \frac{\Delta x}{2}\right) = \cos x.$$

$$(\cos x)' = \lim_{\Delta x \to 0} \frac{\cos(x + \Delta x) - \cos x}{\Delta x} = \lim_{\Delta x \to 0} \frac{-2\sin\left(x + \frac{\Delta x}{2}\right)\sin\frac{\Delta x}{2}}{\Delta x}$$

$$= \lim_{\Delta x \to 0} -\frac{\sin\frac{\Delta x}{2}}{\frac{\Delta x}{2}}\sin\left(x + \frac{\Delta x}{2}\right) = -\sin x.$$

下面给出上述导数公式的一些应用实例.

例 8 - 10 求曲线 $f(x) = \sin x$ 在点 $\left(\frac{\pi}{6}, \frac{1}{2}\right)$ 处的切线方程和法线方程.

解 因为 $f'(x) = \cos x$，$f'\left(\frac{\pi}{6}\right) = \cos\frac{\pi}{6} = \frac{\sqrt{3}}{2}$，根据导数的几何意义可知，所求切线的斜率为 $k_1 = f'\left(\frac{\pi}{6}\right) = \frac{\sqrt{3}}{2}$，于是，所求切线的方程为

$$y - \frac{1}{2} = \frac{\sqrt{3}}{2}\left(x - \frac{\pi}{6}\right).$$

因为法线与切线垂直，故所求法线的斜率为 $k_2 = -\frac{2\sqrt{3}}{3}$，因此，所求法线方程为

$$y - \frac{1}{2} = -\frac{2\sqrt{3}}{3}\left(x - \frac{\pi}{6}\right).$$

例 8 - 11 求函数 $y = 3\sin x - 4\cos x$ 的导数.

解 $y' = (3\sin x)' - (4\cos x)' = 3(\sin x)' - 4(\cos x)' = 3\cos x - 4(-\sin x) = 3\cos x + 4\sin x.$

例 8 - 12 求函数 $y = \frac{\sin x}{\cos x}$ 的导数.

解 $y' = \left(\frac{\sin x}{\cos x}\right)' = \frac{(\sin x)'\cos x - \sin x \cdot (\cos x)'}{(\cos x)^2}$

$$= \frac{\cos x \cdot \cos x - \sin x \cdot (-\sin x)}{\cos^2 x} = \frac{\cos^2 x + \sin^2 x}{\cos^2 x} = \frac{1}{\cos^2 x}.$$

注意 函数 $y = \frac{\sin x}{\cos x}$ 也称为正切函数，记作 $y = \tan x$，定义域为 $x \neq k\pi + \frac{\pi}{2}$，$k = 0$，$\pm 1$，$\pm 2$，….

例 8 - 13 求函数 $y = \frac{\cos x}{\sin x}$ 的导数.

解 $y' = \left(\frac{\cos x}{\sin x}\right)' = \frac{(\cos x)'\sin x - \cos x \cdot (\sin x)'}{(\sin x)^2} = \frac{(-\sin x)\sin x - \cos x \cdot \cos x}{\sin^2 x}$

$$= -\frac{\cos^2 x + \sin^2 x}{\sin^2 x} = -\frac{1}{\sin^2 x}.$$

注意 函数 $y = \frac{\cos x}{\sin x}$ 也称为余切函数，记作 $y = \cot x$，定义域为 $x \neq k\pi + \pi$，$k = 0$，

$\pm 1, \pm 2, \cdots$.

例 8 - 14 求函数 $y = \dfrac{1}{\cos x}$ 的导数.

解 $y' = \left(\dfrac{1}{\cos x}\right)' = \dfrac{(1)' \cos x - 1 \cdot (\cos x)'}{(\cos x)^2} = \dfrac{0 \cdot \cos x - 1 \cdot (-\sin x)}{\cos^2 x} = \dfrac{\sin x}{\cos^2 x}.$

注意 函数 $y = \dfrac{1}{\cos x}$ 也称为正割函数,记作 $y = \sec x$,定义域为 $x \neq k\pi + \dfrac{\pi}{2}$,$k = 0$, $\pm 1, \pm 2, \cdots$.

例 8 - 15 求函数 $y = \dfrac{1}{\sin x}$ 的导数.

解 $y' = \left(\dfrac{1}{\sin x}\right)' = \dfrac{(1)' \sin x - 1 \cdot (\sin x)'}{(\sin x)^2} = \dfrac{0 \cdot \sin x - 1 \cdot \cos x}{\sin^2 x} = -\dfrac{\cos x}{\sin^2 x}.$

注意 函数 $y = \dfrac{1}{\sin x}$ 也称为余割函数,记作 $y = \csc x$,定义域为 $x \neq k\pi + \pi$,$k = 0$, $\pm 1, \pm 2, \cdots$.

有了这些新的三角函数,可以将它们的导数表示如下:

$$(\tan x)' = \sec^2 x, \ (\cot x)' = -\csc^2 x, \ (\sec x)' = \tan x \cdot \sec x, \ (\csc x)' = -\cot x \cdot \csc x.$$

§8.5 三角函数的积分

本节先通过一个平面图形面积的计算问题引入三角函数的定积分,介绍三角函数定积分的计算方法,并给出三角函数的不定积分公式.

例 8 - 16 计算由 $y = \sin x$,$x = 0$,$x = \pi$ 和 x 轴所围成的图形面积.

解 如图 8 - 10 所示,所求的图形面积为 $S = \displaystyle\int_0^\pi \sin x \mathrm{d}x$.

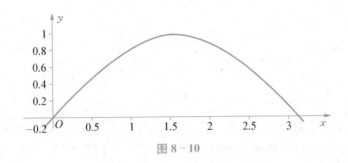

图 8 - 10

根据微积分基本定理,要计算此定积分,需要求出函数 $y = \sin x$ 的原函数. 因为 $(\cos x)' = -\sin x$,所以 $(-\cos x)' = \sin x$,因此 $\sin x$ 的原函数为 $-\cos x$. 于是

$$\int \sin x \mathrm{d}x = -\cos x + C.$$

所以

$$S = \int_0^\pi \sin x \, dx = \left[-\cos x \right]_0^\pi = (-\cos \pi) - (-\cos 0) = 1 - (-1) = 2.$$

从例 8 - 16 可以得到正弦函数的不定积分公式:

$$\int \sin x \, dx = -\cos x + C.$$

类似地,对于余弦函数有

$$\int \cos x \, dx = \sin x + C.$$

利用上述正弦函数和余弦函数的不定积分公式,可以求出一些含有正弦函数和余弦函数的不定积分和定积分.

例 8 - 17 求不定积分 $\int (2\sin x - 3\cos x + 5x - 2) \, dx$.

解 $\int (2\sin x - 3\cos x + 5x - 2) \, dx = 2\int \sin x \, dx - 3\int \cos x \, dx + 5\int x \, dx - 2\int dx$

$$= -2\cos x - 3\sin x + \frac{5}{2}x^2 - 2x + C.$$

例 8 - 18 求定积分 $\int_0^\pi (5\sin x - 4\cos x + x) \, dx$.

解 $\int_0^\pi (5\sin x - 4\cos x + x) \, dx = 5\int_0^\pi \sin x \, dx - 4\int_0^\pi \cos x \, dx + \int_0^\pi x \, dx$

$$= 5\left[-\cos x \right]_0^\pi - 4\left[\sin x \right]_0^\pi + \left[\frac{x^2}{2} \right]_0^\pi$$

$$= -5\left[\cos x \right]_0^\pi - 4(\sin \pi - \sin 0) + \frac{1}{2}\left[x^2 \right]_0^\pi$$

$$= -5\left[-1 - 1 \right] + \frac{1}{2}\pi^2 = 10 + \frac{1}{2}\pi^2.$$

习题 8 - 5

班级中每个同学都有学号. 将自己的学号除以 6 的余数作为 a,且令 $b = a + 2$,这样每个同学都有与自己学号相对应的 a 和 b 值. 将下列题目中的 2~10 题的 a 和 b 换成与自己学号相对应的 a 和 b 值然后求解.

1. 求下列极限:

(1) $\lim\limits_{x \to a^+} \sin x$;   (2) $\lim\limits_{x \to a^-} \sin x$;   (3) $\lim\limits_{x \to a} \sin x$;   (4) $\lim\limits_{x \to -\infty} \sin x$;

(5) $\lim\limits_{x \to +\infty} \sin x$;   (6) $\lim\limits_{x \to a^+} \cos x$;   (7) $\lim\limits_{x \to a^-} \cos x$;   (8) $\lim\limits_{x \to a} \cos x$;

(9) $\lim\limits_{x \to -\infty} \cos x$;   (10) $\lim\limits_{x \to +\infty} \cos x$.

2. 求下列极限：

(1) $\lim\limits_{x\to 0}(b^x + a\sin x - b)$；

(2) $\lim\limits_{x\to 0}(b^x + 3x^2 - 5\cos x)$；

(3) $\lim\limits_{x\to 2}\left[\left(\dfrac{1}{b}\right)^x + \dfrac{\cos x}{x} - a\right]$；

(4) $\lim\limits_{x\to 1}\left(ae^x + \dfrac{\sin x}{x-b} - b\right)$．

3. 求下列极限：

(1) $\lim\limits_{x\to 0}\left(ax^2 + \dfrac{b\sin x}{x} + e^x\right)$；

(2) $\lim\limits_{x\to -\infty}\left(\dfrac{a}{x^2} + \dfrac{b\sin x}{x} + e^x\right)$；

(3) $\lim\limits_{x\to -\infty}\left(\dfrac{b}{x} - \dfrac{\cos x}{x} - ae^x\right)$；

(4) $\lim\limits_{x\to +\infty}\left(\dfrac{a}{x} + \dfrac{b\sin x}{x} + ab\right)$．

4. 求曲线 $y = b\sin x$ 在点 $(\pi, 0)$ 处的切线方程和法线方程.

5. 求下列函数的导数：

(1) $y = \dfrac{\sin x + a}{\cos x}$；

(2) $y = \dfrac{\sin x - a\cos x}{e^x}$；

(3) $y = e^x\sin x - bx^2$．

6. 求下列不定积分：

(1) $\displaystyle\int (ab\cos x - b\sin x)\,\mathrm{d}x$；

(2) $\displaystyle\int (ax^b - be^x + \sin x)\,\mathrm{d}x$；

(3) $\displaystyle\int (5x^2 + be^x - \cos x)\,\mathrm{d}x$；

(4) $\displaystyle\int (ab^x + a\cos x - b)\,\mathrm{d}x$．

7. 求下列定积分：

(1) $\displaystyle\int_0^\pi (a\sin x - b\cos x)\,\mathrm{d}x$；

(2) $\displaystyle\int_0^{\frac{\pi}{2}} (b\sin x + e^x - ax^2)\,\mathrm{d}x$；

(3) $\displaystyle\int_{-2}^1 (a\cos x - bx^2 - 3)\,\mathrm{d}x$；

(4) $\displaystyle\int_1^2 (3\cos x + 2^x - b)\,\mathrm{d}x$．

8. 计算由 $y = \sin x$，$x = 0$，$x = \dfrac{\pi}{b}$ 以及 x 轴所围成的图形面积.

9. 计算由 $y = \cos x$，$x = 0$，$x = \dfrac{\pi}{b}$ 以及 x 轴所围成的图形面积.

第 9 章

对数函数的微积分

> 对数函数是另一类基本初等函数,在实际问题中经常遇到. 本章运用基础篇的基本概念和理论,介绍对数函数的微积分.

§9.1　对数与对数函数

9.1.1　对数的定义

假设 $a > 0$ 且 $a \neq 1$. 对于 $x > 0$,若存在 y,使得 $x = a^y$,称 y 为以 a 为底 x 的对数,记作 $y = \log_a x$. 显然有 $a^{\log_a x} = x$ 成立.

例 9-1　计算 $\log_{10} 1\,000$.

解　因为 $10^3 = 1\,000$,所以 $\log_{10} 1\,000 = 3$.

例 9-2　计算 $\log_2 64$.

解　因为 $2^6 = 64$,所以 $\log_2 64 = 6$.

例 9-3　计算 $\log_3 \dfrac{1}{81}$.

解　因为 $3^{-4} = \dfrac{1}{81}$,所以 $\log_3 \dfrac{1}{81} = -4$.

9.1.2　对数的性质与运算

一、对数的性质

利用对数的定义,不难得到下面的性质:

(1) $\log_a 1 = 0$;

(2) $\log_a a = 1$;

(3) 如果 t 为实数，$\log_a a^t = t$;

(4) $\log_a x^t = t\log_a x$.

二、积和商的对数

(1) 对于 $x_1 > 0$，$x_2 > 0$，则有 $\log_a x_1 x_2 = \log_a x_1 + \log_a x_2$;

(2) $\log_a \dfrac{x_1}{x_2} = \log_a x_1 - \log_a x_2$.

三、换底公式

假设 a，B 是两个不同于 1 的正数，如果 $x > 0$，可以得到两个对数 $\log_B x$ 和 $\log_a x$，它们之间的关系为

$$\log_B x = \frac{\log_a x}{\log_a B}.$$

9.1.3 对数函数的概念与图形

一、对数函数的概念

可以证明，当 $a > 0$ 且 $a \neq 1$ 时，对于所有 $x > 0$，都存在一个对数 $\log_a x$. 可以定义函数

$$f(x) = \log_a x,$$

为以 a 为底的对数函数，其定义域为 $(0, +\infty)$.

当 $a = 10$ 时，对应的对数函数称为常用对数，简记作 $f(x) = \lg x$.

当 $a = e$ 时，对应的对数函数称为自然对数，简记作 $f(x) = \ln x$.

二、函数 $f(x) = \log_a x$ 的图形

先来研究 $f(x) = \log_2 x$ 的图形.

利用 Excel 软件作出其图形，如图 9-1 所示.

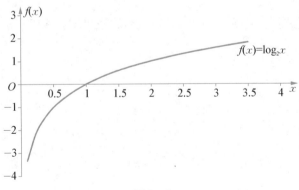

图 9-1

从图 9-1 中可以看出，函数在其定义域内单调递增.

再来研究 $f(x) = \log_{\frac{1}{2}} x$ 的图形.

利用 Excel 软件作出其图形，如图 9-2 所示.

从图 9-2 中可以看出，函数在其定义域内单调递减.

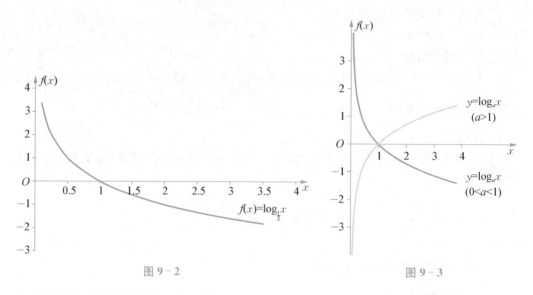

图 9 – 2　　　　　　　　　　　　　　　　图 9 – 3

上面给出了两个具体的对数函数的图形和性质.不难发现,对于一般的对数函数 $f(x)$ $= \log_a x$,当 $a > 1$ 时,函数 $f(x) = \log_a x$ 在定义域内单调递增且无界;当 $0 < a < 1$ 时,函数 $f(x) = \log_a x$ 在定义域内单调递减且无界,如图 9 – 3 所示.

9.1.4　对数函数的应用

例 9 – 4　一片森林面积为 a,计划每年砍伐一批木材,假设每年砍伐的百分比相等,则砍伐到面积一半时,所用时间是 T 年.为了保护生态环境,森林面积至少要保留原面积的 1/4.已知到今年为止,森林剩余面积为原来面积的 $\frac{\sqrt{2}}{2}$.求到今年为止该森林已砍伐了多少年?

解　设每年砍伐的百分比为 $x(0 < x < 1)$,由题意可知,$a \cdot (1-x)^T = \frac{1}{2}a$,即 $(1-x)^T = \frac{1}{2}$.两边取常用对数得

$$T \lg (1-x) = \lg \frac{1}{2}.$$

又设经过 M 年剩余面积为原来的 $\frac{\sqrt{2}}{2}$,则 $a \cdot (1-x)^M = \frac{\sqrt{2}}{2}a$,即 $(1-x)^M = \frac{\sqrt{2}}{2}$.两边取常用对数得

$$M \lg(1-x) = \lg \frac{\sqrt{2}}{2}.$$

于是,$\dfrac{T}{M} = \log_{\frac{\sqrt{2}}{2}} \dfrac{1}{2} = 2$,$M = \dfrac{T}{2}$,即到今年为止已砍伐了 $\dfrac{T}{2}$ 年.

9.1节已经给出对数函数的图形,从图形可以看出,对数函数的极限可以分为两种情况:一是考虑在固定点处的极限,二是考虑在无穷远处的极限.下面分别进行讨论.

9.2.1 考虑在固定点处的极限

一、在 0 点的极限

例 9-5 求 $\lim\limits_{x \to 0^+} \log_5 x$.

解 从函数 $y = \log_5 x$ 的图形(见图 9-3)可以看出, $\lim\limits_{x \to 0^+} \log_5 x = -\infty$.

例 9-6 求 $\lim\limits_{x \to 0^+} \log_{\frac{1}{5}} x$.

解 从函数 $y = \log_{\frac{1}{5}} x$ 的图形(见图 9-3)可以看出, $\lim\limits_{x \to 0^+} \log_{\frac{1}{5}} x = +\infty$.

对于一般情况,当 $a > 1$ 时,有 $\lim\limits_{x \to 0^+} \log_a x = -\infty$;当 $0 < a < 1$ 时,有 $\lim\limits_{x \to 0^+} \log_a x = +\infty$.

二、在非 0 点的极限

例 9-7 求 $\lim\limits_{x \to 3} \log_5 x$.

解 从函数 $y = \log_5 x$ 的图形(见图 9-3)可以看出, $\lim\limits_{x \to 3} \log_5 x = \log_5 3$.

例 9-8 求 $\lim\limits_{x \to 1} \ln x$.

解 从函数 $y = \ln x$ 的图形(见图 9-3)可以看出, $\lim\limits_{x \to 1} \ln x = 0$.

例 9-9 求 $\lim\limits_{x \to 4} \lg x$.

解 从函数 $y = \lg x$ 的图形(见图 9-3)可以看出, $\lim\limits_{x \to 4} \lg x = \lg 4$.

对于一般情况,有 $\lim\limits_{x \to b} \log_a x = \log_a b$,且有 $\lim\limits_{x \to b^-} \log_a x = \log_a b$, $\lim\limits_{x \to b^+} \log_a x = \log_a b$.

9.2.2 在无穷远处的极限

例 9-10 求 $\lim\limits_{x \to +\infty} \log_3 x$.

解 从前面给出的函数 $y = \log_3 x$ 的图形(见图 9-3)可以看出, $\lim\limits_{x \to +\infty} \log_3 x = +\infty$.

例 9-11 求 $\lim\limits_{x \to +\infty} \log_{\frac{1}{2}} x$.

解 从前面给出的函数 $y = \log_{\frac{1}{2}} x$ 的图形(见图 9-3)可以看出, $\lim\limits_{x \to +\infty} \log_{\frac{1}{2}} x = -\infty$.

对于一般情况,当 $a > 1$ 时,有 $\lim\limits_{x \to +\infty} \log_a x = +\infty$;当 $0 < a < 1$ 时,有 $\lim\limits_{x \to +\infty} \log_a x = -\infty$.

9.2.3 由对数函数和幂函数进行四则运算所得到的函数的极限

例 9-12 求 $\lim\limits_{x \to +\infty} \dfrac{\ln x}{x}$.

解 画出函数 $y = \dfrac{\ln x}{x}$ 的图形,如图 9-4 所示.

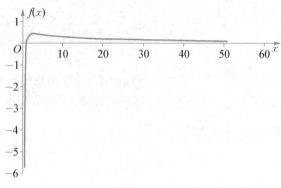

图 9 - 4

从图 9 - 4 中可以看出，$\lim\limits_{x \to +\infty} \dfrac{\ln x}{x} = 0$.

对数函数的导数

9.3.1 导数公式及其推导

根据导数定义，不难求出对数函数的导数公式为

$$(\log_a x)' = \frac{1}{x \ln a}.$$

特殊情况有

$$(\ln x)' = \frac{1}{x}, \ (\lg x)' = \frac{1}{x \ln 10}.$$

导数公式的推导过程如下（初学者请略过下面的推导过程）：

$$(\ln x)' = \lim_{\Delta x \to 0} \frac{\ln(x + \Delta x) - \ln x}{\Delta x} = \lim_{\Delta x \to 0} \frac{\ln \dfrac{x + \Delta x}{x}}{\Delta x} = \lim_{\Delta x \to 0} \frac{1}{\Delta x} \ln \left(1 + \frac{\Delta x}{x}\right)$$

$$= \lim_{\Delta x \to 0} \ln \left(1 + \frac{\Delta x}{x}\right)^{\frac{1}{\Delta x}} = \lim_{\Delta x \to 0} \ln \left(1 + \frac{\Delta x}{x}\right)^{\frac{x}{\Delta x} \cdot \frac{1}{x}} = \lim_{\Delta x \to 0} \ln \left[\left(1 + \frac{\Delta x}{x}\right)^{\frac{x}{\Delta x}}\right]^{\frac{1}{x}}$$

$$= \ln \lim_{\Delta x \to 0} \left[\left(1 + \frac{\Delta x}{x}\right)^{\frac{x}{\Delta x}}\right]^{\frac{1}{x}} = \ln \mathrm{e}^{\frac{1}{x}} = \frac{1}{x} \ln \mathrm{e} = \frac{1}{x}.$$

注意 上式用到了 $\lim\limits_{\Delta x \to 0} \left(1 + \dfrac{\Delta x}{x}\right)^{\frac{x}{\Delta x}} = \mathrm{e}$，详见第 11 章 § 11.1，另外还用到第 13 章定理 13 - 7.

9.3.2 导数公式的应用

下面给出上述导数公式的一些应用.

例 9 - 13 求曲线 $y = \ln x$ 在点$(1,0)$处的切线方程和法线方程.

解 $y' = \dfrac{1}{x}$, $y'|_{x=1} = \dfrac{1}{x}|_{x=1} = 1$. 根据导数的几何意义,可知所求切线的斜率为

$k_1 = y'|_{x=1} = 1$, 于是,所求切线的方程为

$$y - 0 = 1(x - 1), \text{即 } y = x - 1.$$

因法线与切线垂直,故所求法线的斜率为 $k_2 = -1$,因此所求法线方程为

$$y - 0 = -1(x - 1), \text{即 } y = -(x - 1).$$

例 9 - 14 求 $y = 3\ln x - 2\log_3 x + x^2 + 4$ 的导数.

解 $y' = 3(\ln x)' - 2(\log_3 x)' + (x^2)' + (4)' = 3\dfrac{1}{x} - 2\dfrac{1}{x\ln 3} + 2x = \dfrac{3}{x} - \dfrac{2}{x\ln 3} + 2x.$

例 9 - 15 求 $y = \dfrac{x\ln x + x}{\log_5 x - \sin x}$ 的导数.

解
$$y' = \frac{(x\ln x + x)'(\log_5 x - \sin x) - (x\ln x + x)(\log_5 x - \sin x)'}{(\log_5 x - \sin x)^2}$$

$$= \frac{\left(\ln x + x \cdot \dfrac{1}{x} + 1\right)(\log_5 x - \sin x) - (x\ln x + x)\left(\dfrac{1}{x\ln 5} - \cos x\right)}{(\log_5 x - \sin x)^2}$$

$$= \frac{(\ln x + 2)(\log_5 x - \sin x) - (x\ln x + x)\left(\dfrac{1}{x\ln 5} - \cos x\right)}{(\log_5 x - \sin x)^2}.$$

9.3.3 洛必达法则

在 9.2 节例 9 - 12 中曾给出 $\lim\limits_{x \to +\infty} \dfrac{\ln x}{x} = 0$,此结果也可以按下面的方式得到:因为 $\lim\limits_{x \to +\infty} \ln x = \infty$, $\lim\limits_{x \to +\infty} x = \infty$,所以

$$\lim_{x \to +\infty} \frac{\ln x}{x} \xlongequal{\text{``}\frac{0}{0}\text{''}} \lim_{x \to +\infty} \frac{(\ln x)'}{(x)'} = \lim_{x \to +\infty} \frac{\dfrac{1}{x}}{1} = \lim_{x \to +\infty} \frac{1}{x} = 0.$$

上面求极限用到的方法称为洛必达法则. 洛必达(L'Hospital,1661—1704)是法国数学家,他在 1696 年出版的《无限小分析》一书中提出了求未定式极限的方法,后人将这一方法命名为洛必达法则.

未定式有两种基本情况:一种是"$\dfrac{0}{0}$"型未定式,一种是"$\dfrac{\infty}{\infty}$"型未定式. 所谓"$\dfrac{0}{0}$"型未定式,是指 $\lim\limits_{x \to x_0} \dfrac{f(x)}{g(x)}$(其中 $\lim\limits_{x \to x_0} f(x) = 0$, $\lim\limits_{x \to x_0} g(x) = 0$);所谓"$\dfrac{\infty}{\infty}$"型未定式,是指 $\lim\limits_{x \to x_0} \dfrac{f(x)}{g(x)}$(其中 $\lim\limits_{x \to x_0} f(x) = \infty$, $\lim\limits_{x \to x_0} g(x) = \infty$). 这两类极限都可以尝试用下列方法求解:

$$\lim_{x \to x_0} \frac{f(x)}{g(x)} = \lim_{x \to x_0} \frac{f'(x)}{g'(x)} = A,$$

其中 A 须存在或为 ∞.

注意　上面的 $x \to x_0$ 改为 $x \to x_0^+$，$x \to x_0^-$，$x \to +\infty$，$x \to -\infty$，$x \to \infty$ 仍适用.

例 9 - 16　求 $\lim\limits_{x \to +\infty} \dfrac{\ln x}{x^2}$.

解　因为 $\lim\limits_{x \to +\infty} \ln x = \infty$，$\lim\limits_{x \to +\infty} x^2 = \infty$，所以可用洛必达法则来求解.

$$\lim_{x \to +\infty} \frac{\ln x}{x^2} \overset{\text{``}\frac{0}{0}\text{''}}{=\!=\!=} \lim_{x \to +\infty} \frac{(\ln x)'}{(x^2)'} = \lim_{x \to +\infty} \frac{\frac{1}{x}}{2x} = \lim_{x \to +\infty} \frac{1}{2x^2} = 0.$$

由于结果 0 是一个常数，故此方法对本题使用正确.

§9.4　对数函数的积分

本节先通过一个平面图形面积的计算问题引入对数函数的定积分计算，介绍对数函数定积分的计算方法，随后介绍对数函数的不定积分公式，并引出不定积分的分部积分方法，最后给出定积分的分部积分公式.

9.4.1　对数函数的定积分

例 9 - 17　计算由 $y = \ln x$，$x = 3$ 和 x 轴所围成的图形面积.

解　如图 9 - 5 所示，所求的图形面积为 $S = \displaystyle\int_1^3 \ln x \mathrm{d}x = \int_1^3 \ln x \mathrm{d}x$.

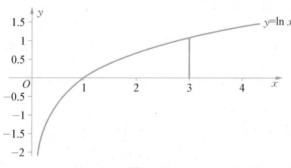

图 9 - 5

根据微积分基本定理，要计算此定积分，需要求出函数 $y = \ln x$ 的原函数，即求出 $F(x)$，使得 $F'(x) = \ln x$.

哪个函数的求导后会等于 $\ln x$ 呢？从已知的基本初等函数中进行筛选，发现没有哪个基本初等函数能够满足，因此需要考虑是否有经过运算后的函数求导能满足此条件. 可以很自然地想到构造 $x \ln x$，因为 $(x \ln x)' = \ln x + 1$，这样求导后才能出现 $\ln x$，但还不完全等于 $\ln x$，因此需要矫正. 很明显有 $(x \ln x)' - 1 = \ln x$，$(x \ln x)' - x' = \ln x$，$(x \ln x - x)' = \ln x$，所以 $F(x) = x \ln x - x$.

于是，所求面积就可以计算如下：

$$S = \int_1^3 \ln x \, \mathrm{d}x = \left[x\ln x - x \right]_1^3 = 3\ln 3 - 3 - (-1) = 3\ln 3 - 2.$$

9.4.2 对数函数的不定积分与分部积分公式

从例 9 - 17 可以得到对数函数的不定积分公式,即

$$\int \ln x \, \mathrm{d}x = x\ln x - x + C.$$

此结果也可以通过下列方式描述:

$$\int \ln x \, \mathrm{d}x = x\ln x - \int x \mathrm{d}(\ln x),$$

其中,$\mathrm{d}(\ln x) = (\ln x)' \mathrm{d}x = \dfrac{1}{x} \mathrm{d}x$(顺便说明,对于一般函数 $f(x)$,有定义 $\mathrm{d}f(x) = f'(x)\mathrm{d}x$.
例如,$\mathrm{d}(x^2) = 2x\mathrm{d}x$. 更精确的定义详见第 3 章 §13.5). 于是,

$$\int \ln x \, \mathrm{d}x = x\ln x - \int x \mathrm{d}(\ln x) = x\ln x - \int x \, \frac{1}{x} \mathrm{d}x$$
$$= x\ln x - \int \mathrm{d}x = x\ln x - x + C.$$

上面的计算过程中利用了公式

$$\int u \mathrm{d}v = uv - \int v \mathrm{d}u,$$

此公式称为不定积分的分部积分公式. 它实际上是求导法则 $[uv]' = u'v + uv'$ 的不定积分形式.
因为

$$\int [uv]' \mathrm{d}x = \int (u'v + uv') \mathrm{d}x = \int u'v \, \mathrm{d}x + \int uv' \, \mathrm{d}x = \int v \mathrm{d}u + \int u \mathrm{d}v,$$

所以

$$\int u \mathrm{d}v = \int [uv]' \mathrm{d}x - \int v \mathrm{d}u = uv - \int v \mathrm{d}u.$$

应用不定积分的分部积分公式的关键是将要求的不定积分写成合适的 $\int u \mathrm{d}v$ 形式,并使得 $\int v \mathrm{d}u$ 容易计算.

例 9 - 18 求 $\int x\ln x \mathrm{d}x$.

解
$$\int x\ln x \mathrm{d}x = \int \ln x \cdot x \mathrm{d}x = \int \ln x \mathrm{d}\left(\frac{x^2}{2}\right) = \frac{x^2}{2}\ln x - \int \frac{x^2}{2} \mathrm{d}(\ln x)$$
$$= \frac{x^2}{2}\ln x - \int \frac{x^2}{2} \cdot \frac{1}{x} \mathrm{d}x = \frac{x^2}{2}\ln x - \frac{1}{2}\int x \mathrm{d}x$$
$$= \frac{x^2}{2}\ln x - \frac{1}{2} \cdot \frac{x^2}{2} + C = \frac{x^2}{2}\ln x - \frac{x^2}{4} + C.$$

也可以按照下面的方式来求解：

$$\int x\ln x\,\mathrm{d}x = \int \frac{1}{2}\ln x \cdot 2x\,\mathrm{d}x = \frac{1}{2}\int \ln x\,\mathrm{d}(x^2) = \frac{1}{2}\left[x^2\ln x - \int x^2\,\mathrm{d}(\ln x)\right]$$

$$= \frac{1}{2}x^2\ln x - \frac{1}{2}\int x^2 \cdot \frac{1}{x}\,\mathrm{d}x = \frac{1}{2}x^2\ln x - \frac{1}{2}\int x\,\mathrm{d}x = \frac{1}{2}x^2\ln x - \frac{1}{2}\int x\,\mathrm{d}x$$

$$= \frac{1}{2}x^2\ln x - \frac{1}{2}\cdot\frac{x^2}{2} + C = \frac{1}{2}x^2\ln x - \frac{x^2}{4} + C.$$

9.4.3 定积分的分部积分公式

例 9 - 17 中面积也可以采用下面的方法来计算：

$$S = \int_1^3 \ln x\,\mathrm{d}x = \left[x\ln x\right]_1^3 - \int_1^3 x\,\mathrm{d}(\ln x) = (3\ln 3 - 1\ln 1) - \int_1^3 x \cdot \frac{1}{x}\,\mathrm{d}x$$

$$= 3\ln 3 - \int_1^3 \mathrm{d}x = 3\ln 3 - \left[x\right]_1^3 = 3\ln 3 - \left[3 - 1\right] = 3\ln 3 - 2.$$

这里用到下面的公式：

$$\int_a^b u\,\mathrm{d}v = \left[uv\right]_a^b - \int_a^b v\,\mathrm{d}u,$$

该公式称为定积分的分部积分公式.

下面再给出定积分的分部积分公式应用的例子.

例 9 - 19 计算 $\int_1^2 x^2\ln x\,\mathrm{d}x$.

解　$\int_1^2 x^2\ln x\,\mathrm{d}x = \int_1^2 \frac{1}{3}\ln x \cdot 3x^2\,\mathrm{d}x = \frac{1}{3}\int_1^2 \ln x\,\mathrm{d}(x^3)$

$$= \frac{1}{3}\left(\left[x^3\ln x\right]_1^2 - \int_1^2 x^3\,\mathrm{d}(\ln x)\right) = \frac{1}{3}\left(\left[2^3\ln 2 - 1^3\ln 1\right] - \int_1^2 x^3 \cdot \frac{1}{x}\,\mathrm{d}x\right)$$

$$= \frac{8}{3}\ln 2 - \frac{1}{3}\int_1^2 x^2\,\mathrm{d}x = \frac{8}{3}\ln 2 - \frac{1}{3}\left[\frac{x^3}{3}\right]_1^2$$

$$= \frac{8}{3}\ln 2 - \frac{1}{9}\left[x^3\right]_1^2 = \frac{8}{3}\ln 2 - \frac{1}{9}(2^3 - 1^3) = \frac{8}{3}\ln 2 - \frac{7}{9}.$$

习题 9 - 4

班级中每个同学都有自己的学号. 将自己的学号除以 5 的余数作为 a，且令 $b = a + 2$，这样每个同学都有与学号相对应的 a 和 b 值. 将下列题目中的 1～10 题的 a 和 b 换成与学号相对应的 a 和 b 值然后求解.

1. 求下列极限：

(1) $\lim\limits_{x\to 0^+} \log_b x$；

(2) $\lim\limits_{x\to 0^+} \log_{\frac{1}{b}} x$；

(3) $\lim\limits_{x \to b} \ln x$;

(4) $\lim\limits_{x \to +\infty} \log_b x$;

(5) $\lim\limits_{x \to +\infty} \log_{\frac{1}{b}} x$.

2. 求下列极限：

(1) $\lim\limits_{x \to +\infty} \dfrac{\ln x}{x^b}$;

(2) $\lim\limits_{x \to +\infty} \dfrac{\ln x}{x+b}$;

(3) $\lim\limits_{x \to 0^+} \dfrac{\ln x}{\dfrac{1}{x^b}}$;

(4) $\lim\limits_{x \to 0^+} x^{b-1} \ln x$;

(5) $\lim\limits_{x \to 1} \dfrac{\log_b x}{x-1}$.

3. 求下列函数的导数：

(1) $y = x\log_b x - \ln b$;

(2) $y = \dfrac{e^x}{\log_b x}$;

(3) $y = \dfrac{x^b \ln x}{\sin x}$;

(4) $y = \dfrac{2^x \log_b x}{\cos x}$.

4. 求曲线 $y = \log_b x$ 在点 $(1, 0)$ 处的切线方程和法线方程.

5. 求下列不定积分：

(1) $\displaystyle\int (x^a - 3\ln x + 4) \mathrm{d}x$;

(2) $\displaystyle\int (ax^3 - b^x + \log_b x) \mathrm{d}x$;

(3) $\displaystyle\int (5\sin x + 2e^x - \log_2 x) \mathrm{d}x$;

(4) $\displaystyle\int (b\cos x - \log_3 x + a) \mathrm{d}x$.

6. 求下列不定积分：

(1) $\displaystyle\int x^b \ln x \mathrm{d}x$;

(2) $\displaystyle\int x(\ln x + b) \mathrm{d}x$;

(3) $\displaystyle\int x\log_b x \mathrm{d}x$;

(4) $\displaystyle\int x^b (\log_b x + a) \mathrm{d}x$.

7. 求下列定积分：

(1) $\displaystyle\int_1^3 (2b^x + \ln x - a) \mathrm{d}x$;

(2) $\displaystyle\int_1^2 (e^x - 3\log_b x) \mathrm{d}x$;

(3) $\displaystyle\int_2^4 [e^x b^x - (a+1)\log_b x] \mathrm{d}x$;

(4) $\displaystyle\int_1^2 (b\sqrt[3]{x^2} - \ln x + \cos x) \mathrm{d}x$.

8. 求下列定积分：

(1) $\displaystyle\int_1^b x\log_b x \mathrm{d}x$;

(2) $\displaystyle\int_1^2 x^b \ln x \mathrm{d}x$;

(3) $\displaystyle\int_1^3 x^2 (\ln x + b) \mathrm{d}x$;

(4) $\displaystyle\int_1^2 x^{a+1} (\log_b x + b) \mathrm{d}x$.

9. 计算由 $y = \log_b x$，$x = 1$，$x = 3$ 以及 x 轴所围成的图形面积.

高 级 篇

高级篇主要介绍反三角函数的微积分、复合函数的微积分与变量替换、初等函数的微积分，以及一元微积分理论拓展等内容，是一元微积分中相对比较难的内容. 主要是为对数学学习兴趣高、想继续提高以及本科院校的学生设置的，通过这部分的学习可以使他们在数学方面有更大的提升.

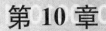

第10章

反三角函数的微积分

反三角函数是又一类基本初等函数.本章将介绍反函数的概念,并对三角函数给出反函数(即反三角函数),进而对反三角函数的极限、导数和积分进行研究.

§ 10.1　反函数的概念

第2章曾经给出了函数的定义,那时函数的定义如下:

定义 10 - 1　设 D 为非空的实数范围内的一个集合,定义在 D 上的函数,意味着这样一个对应规则 f:对于 D 上的每一个值都对应一个唯一的实数.

从上述定义可以看出,对于在函数值域内的每一个 y 的取值,并没有要求在 D 上只有唯一确定的 x 与之对应.换句话说,函数在定义域中不同的点可以有相同的对应值.例如,常数函数就是在定义域的所有点都对应同一个值,平方函数在正数和其相反数的函数值都是相同的.

也有一种函数,定义域中不同的点对应不同的函数值,这种函数被称为一一对应函数.

定义 10 - 2　当且仅当没有两个不同点的函数值相同时,称该函数为一一对应函数,即

$$f(x_1) = f(x_2) \Rightarrow x_1 = x_2.$$

例如,函数 $f(x) = x^3$ 是一一对应函数.因为 $x_1^3 = x_2^3 \Rightarrow x_1 = x_2$.可以考虑一个具体的实数,假设它的立方为8,很明显这个数为2.但函数 $f(x) = x^2$ 不是一一对应函数.因为如果考虑平方为9,很明显这个数为 -3 或 3.

以前学过的函数中,$f(x) = a^x$, $f(x) = \log_a x$, $f(x) = x^3$, $f(x) = x$, $f(x) = \dfrac{1}{x}$ 等都是在其定义域上的一一对应函数.从定义可以看出,如果函数在定义域内单调递增或单调递减,则均为一一对应函数.

当函数 $f(x)$ 为一一对应函数时,可以定义新的函数,该函数定义在 $f(x)$ 值域这个新的

实数范围,对应规则为对于 $f(x)$ 值域中的每一个 y,对应于使得 $f(x) = y$ 的 x 值,把这个新函数称为原来函数 $f(x)$ 的反函数,记作 $x = f^{-1}(y)$. 相对地,称 $f(x)$ 为直接函数.

因为习惯上常用 x 表示自变量,用 y 表示因变量,于是 $y = f(x)$ 的反函数 $x = f^{-1}(y)$ 也记为 $y = f^{-1}(x)$. 为了区分,本书将 $x = f^{-1}(y)$ 称为直接反函数,将 $y = f^{-1}(x)$ 称为矫形反函数.

在同一坐标系中,$y = f(x)$ 与其直接反函数 $x = f^{-1}(y)$ 的图形是相同的,而 $y = f(x)$ 与矫形反函数 $y = f^{-1}(x)$ 的图形关于直线 $y = x$ 对称.

例如,函数 $y = x^3$ 的直接反函数为 $x = \sqrt[3]{y}$,它的矫形反函数为 $y = \sqrt[3]{x}$,其反函数的定义域为 $D = (-\infty, +\infty)$,值域为 $(-\infty, +\infty)$.

反函数具有下面的性质:

(1) $f(f^{-1}(x)) = x$;

(2) $f^{-1}(f(x)) = x$.

一个函数在定义域内不一定有反函数,但在其每一个单调区间上一定有反函数. 例如,函数 $y = x^2$ 在定义域内没有反函数,但在单调区间 $(-\infty, 0)$ 和 $(0, +\infty)$ 内分别有反函数 $y = -\sqrt{x}$ 和 $y = \sqrt{x}$.

§ 10.2　反三角函数的概念

前面学习过的三角函数中,正弦函数、余弦函数、正切函数和余切函数都是周期函数,因此在它们的定义域内都不是单调的,三角函数在其定义域内没有反函数. 但总可以找到一个区间,使得函数在该区间上是单调递增或单调递减. 一般地,对正弦函数选取 $\left[-\dfrac{\pi}{2}, \dfrac{\pi}{2}\right]$,对余弦函数选取 $[0, \pi]$,对正切函数选取 $\left(-\dfrac{\pi}{2}, \dfrac{\pi}{2}\right)$,对余切函数选取 $(0, \pi)$,这样就可以得到相应的反三角函数.

10.2.1　反三角函数的定义与图形

一、反正弦函数 $y = \arcsin x$

定义域为 $[-1, 1]$,值域为 $\left[-\dfrac{\pi}{2}, \dfrac{\pi}{2}\right]$. 反正弦函数是奇函数,在定义域内单调递增并且有界,如图 10-1 所示.

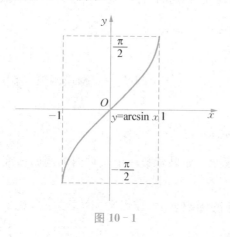

图 10-1

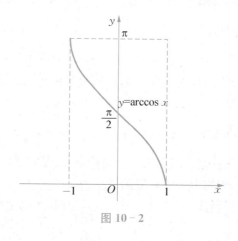

图 10-2

二、反余弦函数 $y = \arccos x$

定义域为$[-1, 1]$,值域为$[0, \pi]$.在定义域内单调递减并且有界,如图 10 - 2 所示.

三、反正切函数 $y = \arctan x$

定义域为$(-\infty, +\infty)$,值域为$\left(-\dfrac{\pi}{2}, \dfrac{\pi}{2}\right)$.它是奇函数,在定义域内单调递增并且有界,有两条水平渐近线 $y = \pm\dfrac{\pi}{2}$,如图 10 - 3 所示.

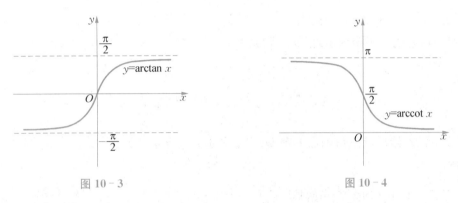

图 10 - 3　　　　　　　　　　　图 10 - 4

四、反余切函数 $y = \text{arccot } x$

定义域为$(-\infty, +\infty)$,值域为$(0, \pi)$.它在定义域内单调递减并且有界,有两条水平渐近线 $y = \pi$ 和 x 轴,如图 10 - 4 所示.

10.2.2 反三角函数的性质

反三角函数具有下面的性质:

(1) $\sin(\arcsin x) = x$, $x \in [-1, 1]$;

(2) $\arcsin(\sin x) = x$, $x \in \left[-\dfrac{\pi}{2}, \dfrac{\pi}{2}\right]$;

(3) $\arcsin(-x) = -\arcsin x$, $x \in [-1, 1]$;

(4) $\cos(\arccos x) = x$, $x \in [-1, 1]$;

(5) $\arccos(\cos x) = x$, $x \in [0, \pi]$;

(6) $\arcsin x + \arccos x = \dfrac{\pi}{2}$, $x \in [-1, 1]$.

10.2.3 反三角函数的应用

下面通过一个实际问题来说明反三角函数的应用.

引例　一架飞机原计划从空中 A 处直飞相距 680 千米的空中 B 处,为避开直飞途中的雷雨云层,飞机在 A 处沿与原飞行方向成 35°角的方向飞行,飞行了 500 千米后在 C 处脱离云层,开始转向 B 处飞行,如图 10 - 5 所示,求角 C 的度数和 BC 的距离.

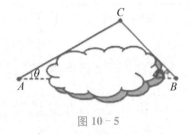

图 10 - 5

利用余弦定理可知，BC 满足

$$BC^2 = 680^2 + 500^2 - 2 \times 680 \times 500 \times \cos 35° = 155\ 376.6.$$

于是，$BC = \sqrt{155\ 376.6} = 394.2$. 再利用正弦定理，有 $\dfrac{\sin C}{AB} = \dfrac{\sin A}{BC}$. 所以，

$$\sin C = \frac{AB \cdot \sin A}{BC} = \frac{680\sin 35°}{394.2} = 0.989\ 4.$$

于是，$C = \arcsin 0.989\ 4 = 81.7°$.

    注意　本题用到了余弦定理(详见附录2).

§ 10.3　反三角函数的极限

    10.2 节已经给出反三角函数的图形，本节分别介绍反正弦函数、反余弦函数和反正切函数的极限.

10.3.1　反正弦函数的极限

    反正弦函数的极限可以分为两种情况：一是在其定义域 $[-1, 1]$ 的端点，二是在 $(-1, 1)$ 内.

    (1) $\lim\limits_{x \to -1^+} \arcsin x$ 和 $\lim\limits_{x \to 1^-} \arcsin x$：从图 $10-6$ 可以看出，

$$\lim_{x \to -1^+} \arcsin x = -\frac{\pi}{2},\ \lim_{x \to 1^-} \arcsin x = \frac{\pi}{2}.$$

    (2) 当 $a \in (-1, 1)$ 时，$\lim\limits_{x \to a} \arcsin x = \arcsin a$.

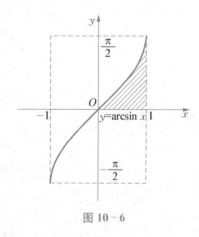

图 10-6

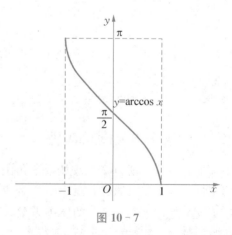

图 10-7

10.3.2　反余弦函数的极限

    反余弦函数的极限与反正弦函数的极限相类似，也可以分为两种情况：一是在其定义域

$[-1,1]$的端点，二是在定义域$(-1,1)$内.

(1) $\lim\limits_{x \to -1^{+}} \arccos x$ 和 $\lim\limits_{x \to 1^{-}} \arccos x$：从图 10 - 7 可以看出，

$$\lim\limits_{x \to -1^{+}} \arccos x = \pi, \ \lim\limits_{x \to 1^{-}} \arccos x = 0.$$

(2) 当 $b \in (-1,1)$ 时，$\lim\limits_{x \to b} \arccos x = \arccos b.$

10.3.3　反正切函数的极限

因为反正切函数的定义域为$(-\infty, +\infty)$，所以反正切函数的极限可以分为两种情况：一是考虑在固定点处的极限，二是考虑在无穷远处的极限. 下面分别来讨论.

(1) 考虑在固定点处的极限：从图 10 - 8 可以看出，当 $a \in (-\infty, +\infty)$ 时，$\lim\limits_{x \to a} \arctan x = \arctan a.$

(2) 在无穷远处的极限：从图 10 - 8 可以看出，

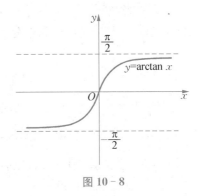

图 10 - 8

$$\lim\limits_{x \to +\infty} \arctan x = \frac{\pi}{2}, \ \lim\limits_{x \to -\infty} \arctan x = -\frac{\pi}{2}.$$

我们称 $y = \dfrac{\pi}{2}$ 和 $y = -\dfrac{\pi}{2}$ 为反正切函数的水平渐近线.

10.3.4　反余切函数的极限

因为反余切函数的定义域为$(-\infty, +\infty)$，所以，反余切函数的极限可以分为两种情况：一是考虑在固定点处的极限，二是考虑在无穷远处的极限. 下面分别来讨论.

(1) 考虑在固定点处的极限.

从图 10 - 9 可以看出，当 $a \in (-\infty, +\infty)$ 时，

$$\lim\limits_{x \to a} \text{arccot } x = \text{arccot } a.$$

(2) 在无穷远处的极限.

从图 10 - 9 可以看出，

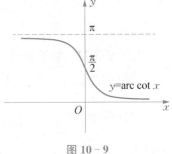

图 10 - 9

$$\lim\limits_{x \to +\infty} \text{arccot } x = 0, \ \lim\limits_{x \to -\infty} \text{arccot } x = \pi.$$

称 $y = 0$ 和 $y = \pi$ 为反余切函数的水平渐近线.

§10.4　反三角函数的导数

10.4.1　反函数的导数

我们知道，对数函数与指数函数互为反函数，二者之间的导数是什么关系呢? 下面加以

说明.

设 $y = a^x = f(x)$,其直接反函数为 $x = \log_a y = \varphi(y)$.因为 $f'(x) = a^x \ln a$,$\dfrac{1}{f'(x)} = \dfrac{1}{a^x \ln a}$,$\dfrac{1}{f'(\varphi(y))} = \dfrac{1}{a \log_a y \ln a} = \dfrac{1}{y \ln a}$,而 $\varphi'(y) = \dfrac{1}{y \ln a}$,所以,对于指数函数及其反函数,它们的导数之间存在着下列关系:$\varphi'(y) = \dfrac{1}{f'(\varphi(y))}$.

一般地,有下面的定理:

定理 10 - 1 设函数 $y = f(x)$ 在某区间 (a, b) 内可导且 $f'(x) \neq 0$,则其反函数 $x = \varphi(y)$ 在 (a, b) 的对应区间内也可导,且有

$$\varphi'(y) = \frac{1}{f'(\varphi(y))}.$$

证明略.

10.4.2 反三角函数的导数

利用上面的定理,可以得到反正弦函数、反余弦函数和反正切函数的导数公式.

一、反正弦函数的导数

函数 $y = f(x) = \sin x$ 的反函数为反正弦函数 $x = \varphi(y) = \arcsin y$,有

$$(\arcsin y)' = \frac{1}{(\sin x)'} = \frac{1}{\cos x} = \frac{1}{\sqrt{1 - \sin^2(\arcsin y)}} = \frac{1}{\sqrt{1 - y^2}}.$$

因此,

$$(\arcsin x)' = \frac{1}{\sqrt{1 - x^2}}.$$

二、反余弦函数的导数

函数 $y = f(x) = \cos x$ 的反函数为反正弦函数 $x = \varphi(y) = \arccos y$,有

$$(\arccos y)' = \frac{1}{(\cos x)'} = \frac{1}{-\sin x} = -\frac{1}{\sqrt{1 - \cos^2(\arccos y)}} = -\frac{1}{\sqrt{1 - y^2}}.$$

因此,

$$(\arccos x)' = -\frac{1}{\sqrt{1 - x^2}}.$$

三、反正切函数的导数

函数 $y = f(x) = \tan x$ 的反函数为反正切函数 $x = \varphi(y) = \arctan y$,有

$$(\arctan y)' = \frac{1}{(\tan x)'} = \cos^2 x = \frac{1}{\dfrac{1}{\cos^2 x}} = \frac{1}{1 + \dfrac{\sin^2 x}{\cos^2 x}}$$

$$= \frac{1}{1 + \tan^2 x} = \frac{1}{1 + \tan^2(\arctan y)} = \frac{1}{1 + y^2}.$$

因此，

$$(\arctan x)' = \frac{1}{1+x^2}.$$

四、反余切函数的导数

函数 $y = f(x) = \cot x$ 的反函数为反余切函数 $x = \varphi(y) = \operatorname{arccot} y$，有

$$(\operatorname{arccot} y)' = \frac{1}{(\cot x)'} = -\sin^2 x = -\frac{1}{\dfrac{1}{\sin^2 x}} = -\frac{1}{1 + \dfrac{\cos^2 x}{\sin^2 x}}$$

$$= -\frac{1}{1 + \cot^2 x} = -\frac{1}{1 + \cot^2(\operatorname{arccot} y)} = -\frac{1}{1 + y^2}.$$

因此，

$$(\operatorname{arccot} x)' = -\frac{1}{1+x^2}.$$

下面给出上述公式的一些应用实例.

例 10 - 1 求函数 $y = 4\arcsin x - 3\arccos x + 5\arctan x + 4$ 的导数.

解 $y' = 4(\arcsin x)' - 3(\arccos x)' + 5(\arctan x)' + (4)'$

$$= 4\,\frac{1}{\sqrt{1-x^2}} + 3\,\frac{1}{\sqrt{1-x^2}} + 5\,\frac{1}{1+x^2} = \frac{7}{\sqrt{1-x^2}} + \frac{5}{1+x^2}.$$

例 10 - 2 求函数 $y = \dfrac{x\arctan x + x}{\arcsin x - \arccos x}$ 的导数.

解

$$y' = \frac{(x\arctan x + x)'(\arcsin x - \arccos x) - (x\arctan x + x)(\arcsin x - \arccos x)'}{(\arcsin x - \arccos x)^2}$$

$$= \frac{\begin{array}{c}((x)'\arctan x + x(\arctan x)' + (x)')(\arcsin x - \arccos x) - \\ (x\arctan x + x)((\arcsin x)' - (\arccos x)')\end{array}}{(\arcsin x - \arccos x)^2}$$

$$= \frac{\left(\arctan x + \dfrac{x}{1+x^2} + 1\right)(\arcsin x - \arccos x) - (x\arctan x + x)\left(\dfrac{1}{\sqrt{1-x^2}} + \dfrac{1}{\sqrt{1-x^2}}\right)}{(\arcsin x - \arccos x)^2}$$

$$= \frac{\left(\arctan x + \dfrac{x^2+x+1}{1+x^2}\right)(\arcsin x - \arccos x) - \dfrac{2}{\sqrt{1-x^2}}(x\arctan x + x)}{(\arcsin x - \arccos x)^2}.$$

例 10 - 3 求曲线 $y = \arcsin x$ 在点 $(0, 0)$ 处的切线方程和法线方程.

解 $$y' = \frac{1}{\sqrt{1-x^2}}, \; y'\,|_{x=0} = \frac{1}{\sqrt{1-x^2}}\,|_{x=0} = 1.$$

根据导数的几何意义，可知所求切线的斜率为 $k_1 = y'\,|_{x=0} = 1$，故所求切线的方程为 $y - 0 = 1(x - 0)$，即 $y = x$.

因为法线与切线垂直,故所求法线的斜率为 $k_2 = -1$,因此所求法线方程为 $y - 0 = -1(x - 0)$,即 $y = -x$.

§10.5 反三角函数的积分

10.5.1 反正弦函数的定积分

下面以一个计算面积问题说明反正弦函数定积分的计算.

引例 计算由 $y = \arcsin x$,$x = 1$ 和 x 轴所围成的图形面积.

分析 为了求出该图形的面积,先画出图形,如图 $10 - 9$ 所示.

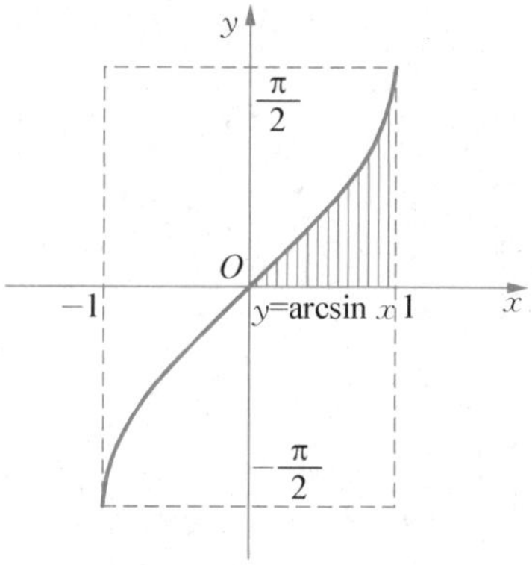

根据定积分的定义可知,所求的面积表示为

$$S = \int_0^1 \arcsin x \, \mathrm{d}x.$$

图 10-9

根据微积分基本定理,要计算此定积分,需要求出函数 $y = \arcsin x$ 的原函数,即求出 $F(x)$,使得 $F'(x) = \arcsin x$. 哪个函数在求导后会等于 $\arcsin x$ 呢?

从已知的基本初等函数中筛选后发现,没有哪个基本初等函数能满足. 因此,需要考虑是否有经过运算的函数求导后能满足此条件. 很自然想到构造 $x \arcsin x$,因为 $(x \arcsin x)' = \arcsin x + x \dfrac{1}{\sqrt{1 - x^2}}$,这样求导后才能出现 $\arcsin x$. 但是又出现了 $\dfrac{x}{\sqrt{1 - x^2}}$,因此需要求出 $\dfrac{x}{\sqrt{1 - x^2}}$ 的原函数,即求出 $\displaystyle\int \dfrac{x}{\sqrt{1 - x^2}} \, \mathrm{d}x$.

如何求 $\displaystyle\int \dfrac{x}{\sqrt{1 - x^2}} \, \mathrm{d}x$ 呢? 首先可以将 $\displaystyle\int \dfrac{x}{\sqrt{1 - x^2}} \, \mathrm{d}x$ 变形为 $\displaystyle\int \dfrac{-1}{2\sqrt{1 - x^2}} (-2x) \mathrm{d}x$,这样,根据函数微分的定义,可以将该式继续写成

$\displaystyle\int \dfrac{-1}{2\sqrt{1 - x^2}} \mathrm{d}(1 - x^2)$,剩下的 $\dfrac{-1}{2\sqrt{1 - x^2}}$ 恰好可以看作函数 $1 - x^2$ 的函数. 而且外层函数的不定积分 $\displaystyle\int \dfrac{-1}{2\sqrt{u}} \, \mathrm{d}u$ 很容易求出,因为

$$\int \dfrac{-1}{2\sqrt{u}} \, \mathrm{d}u = -\dfrac{1}{2} \int \dfrac{1}{\sqrt{u}} \mathrm{d}u = -\dfrac{1}{2} \int u^{-\frac{1}{2}} \, \mathrm{d}u = -\dfrac{1}{2} \dfrac{1}{-\dfrac{1}{2} + 1} u^{-\frac{1}{2} + 1} + C$$

$$= -u^{\frac{1}{2}} + C = -\sqrt{u} + C.$$

于是,很自然联想到 $\displaystyle\int \frac{-1}{2\sqrt{1-x^2}}\mathrm{d}(1-x^2)$ 的结果应该将上面关于 u 的结果进行回代,即

$$\int \frac{-1}{2\sqrt{1-x^2}}\mathrm{d}(1-x^2) = \int \frac{-1}{2\sqrt{u}}\,\mathrm{d}u = -\sqrt{u}+C = -\sqrt{1-x^2}+C.$$

可以验证此结果的正确性. 因为

$$(-\sqrt{1-x^2}+C)' = -(\sqrt{1-x^2})' = -\frac{1}{2\sqrt{1-x^2}}(1-x^2)'$$

$$= -\frac{1}{2\sqrt{1-x^2}}(-2x) = \frac{x}{\sqrt{1-x^2}},$$

于是,有

$$(x\arcsin x + \sqrt{1-x^2})' = \arcsin x,$$

即 $F(x) = x\arcsin x + \sqrt{1-x^2}$ 为 $\arcsin x$ 的一个原函数. 因此

$$S = \int_0^1 \arcsin x\,\mathrm{d}x = [x\arcsin x + \sqrt{1-x^2}]_0^1$$

$$= (1\arcsin 1 + 0) - (0+1) = \arcsin 1 - 1 = \frac{\pi}{2}-1.$$

10.5.2 反正弦函数的不定积分与不定积分的换元积分法

从上面的引例可以得到反正弦函数的不定积分公式,即

$$\int \arcsin x\,\mathrm{d}x = x\arcsin x + \sqrt{1-x^2}+C.$$

前面求 $\displaystyle\int \frac{x}{\sqrt{1-x^2}}\,\mathrm{d}x$ 所用到的方法称为凑微分法,也叫第一换元积分法. 概括成一般

形式如下:对于 $\displaystyle\int f(x)\,\mathrm{d}x$,如果不容易求解时,考虑将 $\displaystyle\int f(x)\,\mathrm{d}x$ 改写成

$$\int f(x)\,\mathrm{d}x = \int g(x)\,h(x)\mathrm{d}x = \int g(x)\,\mathrm{d}\varphi(x) = \int p(\varphi(x))\,\mathrm{d}\varphi(x) = \int p(u)\,\mathrm{d}u.$$

如果此时容易求解,则回代可以求出 $\displaystyle\int f(x)\,\mathrm{d}x$.

例 10-4 求不定积分 $\displaystyle\int x\sqrt{1-x^2}\,\mathrm{d}x$.

解 $\displaystyle\int x\sqrt{1-x^2}\,\mathrm{d}x = \int -\frac{1}{2}\sqrt{1-x^2}(-2x)\,\mathrm{d}x = -\frac{1}{2}\int \sqrt{1-x^2}\,\mathrm{d}(1-x^2)$

$$\xlongequal{u=1-x^2} -\frac{1}{2}\int \sqrt{u}\,\mathrm{d}u = -\frac{1}{2}\int u^{\frac{1}{2}}\,\mathrm{d}u = -\frac{1}{2}\cdot\frac{1}{\frac{1}{2}+1}u^{\frac{1}{2}+1}+C$$

$$= -\frac{1}{3}u^{\frac{3}{2}}+C = -\frac{1}{3}(1-x^2)^{\frac{3}{2}}+C.$$

10.5.3 反余弦函数的不定积分

求反余弦函数的不定积分既要用到换元积分法,又要用到分部积分法.

例 10 - 5 求 $\int \arccos x \, \mathrm{d}x$.

解

$$\int \arccos x \, \mathrm{d}x = x\arccos x - \int x \, \mathrm{d}(\arccos x)$$

$$= x\arccos x - \int x \left(-\frac{1}{\sqrt{1-x^2}} \right) \mathrm{d}x = x\arccos x + \int \frac{x}{\sqrt{1-x^2}} \, \mathrm{d}x$$

$$= x\arccos x + \int -\frac{1}{2} \frac{1}{\sqrt{1-x^2}} \, (-2x)\mathrm{d}x$$

$$= x\arccos x - \frac{1}{2}\int \frac{1}{\sqrt{1-x^2}} \, \mathrm{d}(1-x^2)$$

$$= x\arccos x - \frac{1}{2}\int (1-x^2)^{-\frac{1}{2}} \, \mathrm{d}(1-x^2)$$

$$= x\arccos x - \frac{1}{2}\int u^{-\frac{1}{2}} \, \mathrm{d}u = x\arccos x - \frac{1}{2} \frac{1}{-\frac{1}{2}+1}u^{-\frac{1}{2}+1} + C$$

$$= x\arccos x - u^{\frac{1}{2}} + C = x\arccos x - \sqrt{1-x^2} + C.$$

由此可以得到反余弦函数的不定积分公式:

$$\int \arccos x \, \mathrm{d}x = x\arccos x - \sqrt{1-x^2} + C.$$

10.5.4 反正切函数的不定积分

求反正切函数的不定积分与求反余弦函数的不定积分相类似,既要用到换元积分法,又要用到分部积分法.

例 10 - 6 求 $\int \arctan x \, \mathrm{d}x$.

解

$$\int \arctan x \, \mathrm{d}x = x\arctan x - \int x \, \mathrm{d}(\arctan x) = x\arctan x - \int x \frac{1}{1+x^2} \, \mathrm{d}x$$

$$= x\arctan x - \frac{1}{2}\int \frac{1}{1+x^2} \, (2x)\mathrm{d}x = x\arctan x - \frac{1}{2}\int \frac{1}{1+x^2} \, \mathrm{d}(1+x^2)$$

$$= x\arctan x - \frac{1}{2}\ln |\, 1+x^2 \,| + C.$$

由此可以得到反正切函数的不定积分公式:

$$\int \arctan x \, \mathrm{d}x = x\arctan x - \frac{1}{2}\ln |\, 1+x^2 \,| + C.$$

10.5.5 反余切函数的不定积分

求反余切函数的不定积分与求反余弦函数的不定积分类似,既要用到换元积分法,又要用到分部积分法.

例 10-7 求 $\int \mathrm{arccot}\, x \mathrm{d}x$.

解
$$\int \mathrm{arccot}\, x \mathrm{d}x = x\,\mathrm{arccot}\, x - \int x \mathrm{d}(\mathrm{arccot}\, x) = x\,\mathrm{arccot}\, x - \int x \cdot \left(-\frac{1}{1+x^2}\right)\mathrm{d}x$$

$$= x\,\mathrm{arccot}\, x + \frac{1}{2}\int \frac{1}{1+x^2}(2x)\mathrm{d}x = x\,\mathrm{arccot}\, x + \frac{1}{2}\int \frac{1}{1+x^2}\mathrm{d}(1+x^2)$$

$$= x\,\mathrm{arccot}\, x + \frac{1}{2}\ln |1+x^2| + C.$$

由此可以得到反余切函数的不定积分公式

$$\int \mathrm{arccot}\, x \mathrm{d}x = x\,\mathrm{arccot}\, x + \frac{1}{2}\ln |1+x^2| + C.$$

习题 10-5

1. 求下列极限:

(1) $\lim\limits_{x \to -1^+} \dfrac{\arcsin x}{x}$;

(2) $\lim\limits_{x \to -1^+} \dfrac{\arccos x}{x}$;

(3) $\lim\limits_{x \to 1^-} \dfrac{x}{\arcsin x}$;

(4) $\lim\limits_{x \to 1^-} \dfrac{x}{\arccos x}$.

2. 求下列极限:

(1) $\lim\limits_{x \to +\infty} \left(\arctan x + \dfrac{1}{x}\right)$;

(2) $\lim\limits_{x \to +\infty} \left[\arctan x + \left(\dfrac{1}{2}\right)^x\right]$;

(3) $\lim\limits_{x \to -\infty} (\arctan x + \mathrm{e}^x)$;

(4) $\lim\limits_{x \to -\infty} \left(\arctan x + \dfrac{1}{x}\right)$.

3. 求下列极限:

(1) $\lim\limits_{x \to 0} (\arcsin x - 2^x)$;

(2) $\lim\limits_{x \to 0} \left(3^x \arccos x - \dfrac{1}{x-1}\right)$;

(3) $\lim\limits_{x \to 0} \dfrac{\arctan x}{x}$;

(4) $\lim\limits_{x \to 0} [\arctan x - \log_2(1-x)]$.

4. 求下列函数的导数:

(1) $y = x\arcsin x + \mathrm{e}^x \sin x + 3$;

(2) $y = x^2 \arccos x - \mathrm{e}^x \ln x$;

(3) $y = \dfrac{x\arctan x}{\ln x}$;

(4) $y = \dfrac{\ln x \cdot \arctan x}{x}$.

5. 求曲线 $y = \arccos x$ 在点 $\left(0, \dfrac{\pi}{2}\right)$ 处的切线方程和法线方程.

6. 求曲线 $y = \arctan x$ 在点 $(0, 0)$ 处的切线方程和法线方程.

7. 求下列不定积分：

(1) $\displaystyle\int (2x^4 - 3\arcsin x + 4)\,\mathrm{d}x$;

(2) $\displaystyle\int (3\arccos x - 2^x + 5\ln x)\,\mathrm{d}x$;

(3) $\displaystyle\int (3\sin x + 2\arctan x - \log_2 x)\,\mathrm{d}x$;

(4) $\displaystyle\int (\arccos x - 2\cos x + 3)\,\mathrm{d}x$.

8. 求下列不定积分：

(1) $\displaystyle\int x\sqrt{1 - x^2}\,\mathrm{d}x$;

(2) $\displaystyle\int x\sqrt{1 + x^2}\,\mathrm{d}x$;

(3) $\displaystyle\int \sqrt{3x + 5}\,\mathrm{d}x$;

(4) $\displaystyle\int \sqrt{5 - 2x}\,\mathrm{d}x$.

9. 求下列定积分：

(1) $\displaystyle\int_0^1 (2x^3 + 3\arcsin x - 1)\,\mathrm{d}x$;

(2) $\displaystyle\int_0^{\frac{1}{2}} (\mathrm{e}^x - 3\arccos x)\,\mathrm{d}x$;

(3) $\displaystyle\int_0^1 (3\sin x - 2\arctan x)\,\mathrm{d}x$;

(4) $\displaystyle\int_1^2 (4\ln x - 5\arctan x)\,\mathrm{d}x$.

10. 计算由 $y = \arcsin x$，$x = 0$，$x = \dfrac{1}{2}$ 以及 x 轴所围成的图形面积.

11. 计算由 $y = \arccos x$，$x = 0$，$x = \dfrac{1}{2}$ 以及 x 轴所围成的图形面积.

12. 计算由 $y = \arctan x$，$x = 0$，$x = 1$ 以及 x 轴所围成的图形面积.

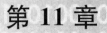

第 11 章

复合函数的微积分与变量替换

在实际问题中遇到的很多复杂函数都是经过复合而成的,此外,常用的变量替换方法本质上也是在进行复合函数的运算,因此复合函数在微积分中占有重要的地位. 本章首先介绍复合函数的微分学,随后介绍复合函数的积分学.

§11.1 复合函数的微分学

11.1.1 复合函数的概念

前面已经介绍了通过对已知函数进行四则运算构造新函数的方法,下面将介绍另外一种构造新函数的方法——复合.

通俗地讲,把一个函数作为另一个函数的自变量代入所得到的函数称为复合函数.

例如,$f(x) = \sqrt{x}$,$g(x) = x^2 - 1$,可以得到 $f(g(x)) = \sqrt{x^2 - 1}$,这就是一个复合函数,其中 $f(x) = \sqrt{x}$ 称为 $f(g(x))$ 的外层函数,$g(x) = x^2 - 1$ 称为 $f(g(x))$ 的内层函数. 如果将 $f(g(x))$ 的外层函数和内层函数分别表示为 $f(u) = \sqrt{u}$,$u = g(x) = x^2 - 1$,复合结构看得更加清楚,其中 u 被称为中间变量.

寻找复合函数的定义域,需要解不等式组. 这个不等式组的建立需要考虑两个方面:一是让内层函数的自变量在内层函数的定义域内,二是让整个内层函数在外层函数的定义域内. 上面例子的定义域可以通过求解不等式组

$$\begin{cases} -\infty < x < +\infty, \\ x^2 - 1 \geqslant 0 \end{cases}$$

来得出. 解上述不等式组,得 $x \geqslant 1$ 或 $x \leqslant -1$,所以函数 $f(g(x)) = \sqrt{x^2 - 1}$ 的定义域为

$(-\infty, -1] \bigcup [1, +\infty)$.

又如 $f(u) = \ln u$, $u = g(x) = 1 - \sqrt{x}$, 复合后得到 $f(g(x)) = \ln(1 - \sqrt{x})$. 因函数 $u = 1 - \sqrt{x}$ 要求 $x \geqslant 0$, 而函数 $f(u) = \ln u$ 要求 $1 - \sqrt{x} > 0$, 所以得不等式组

$$\begin{cases} x \geqslant 0, \\ 1 - \sqrt{x} > 0, \end{cases}$$

可解得 $0 \leqslant x < 1$, 所以复合函数 $f(g(x)) = \ln(1 - \sqrt{x})$ 的定义域为 $[0, 1)$.

11.1.2 复合函数的极限与变量替换

先看一个例子.

例 11 - 1 求 $\lim\limits_{x \to 1} \sin(3x - 1)$.

解 因为 $\lim\limits_{x \to 1}(3x - 1) = 2$, 令 $u = 3x - 1$, 所以 $\lim\limits_{x \to 1}\sin(3x - 1) = \lim\limits_{u \to 2}\sin u = \sin 2$.
本例题求解的理论依据是下面的定理.

定理 11 - 1 设 $u = \varphi(x)$, 若 $\lim\limits_{x \to x_0}\varphi(x) = a$, $\lim\limits_{u \to a}f(u) = A$, 则复合函数 $f(\varphi(x))$ 的极限 $\lim\limits_{x \to x_0}f(\varphi(x))$ 存在, 且 $\lim\limits_{x \to x_0}f(\varphi(x)) = \lim\limits_{u \to a}f(u) = A$.

根据此定理求复合函数的极限, 其本质是对于不容易求极限的复合函数, 做一个变量替换, 使得该复合函数用新变量表示后容易求极限.

例 11 - 2 求 $\lim\limits_{x \to \frac{\pi}{2}} e^{\sin x}$.

解
$$\lim_{x \to \frac{\pi}{2}} e^{\sin x} = \lim_{u \to 1} e^u = e^1 = e.$$

例 11 - 3 求 $\lim\limits_{x \to \infty} \dfrac{\sin \dfrac{1}{x}}{\dfrac{1}{x}}$.

解
$$\lim_{x \to \infty} \frac{\sin \dfrac{1}{x}}{\dfrac{1}{x}} = \lim_{u \to 0} \frac{\sin u}{u} = \lim_{x \to 0} \frac{\sin x}{x} = 1.$$

例 11 - 4 求 $\lim\limits_{x \to \infty} x \sin \dfrac{1}{x}$.

解
$$\lim_{x \to \infty} x \sin \frac{1}{x} = \lim_{x \to \infty} \frac{\sin \dfrac{1}{x}}{\dfrac{1}{x}} = \lim_{u \to 0} \frac{\sin u}{u} = \lim_{x \to 0} \frac{\sin x}{x} = 1.$$

11.1.3 复合函数的导数

先用一个简单例子说明.

对于函数 $h(x) = (x^2 + x + 1)^2$, 求导数 $h'(x)$.

利用学过的法则,先展开再求导,可得

$$h'(x) = (x^4 + 2x^3 + 3x^2 + 2x + 1)' = 4x^3 + 6x^2 + 6x + 2.$$

但是,当函数为 $H(x) = (x^2 + x + 1)^{100}$ 或 $G(x) = (x^2 + x + 1)^{\frac{2}{3}}$ 时,如何求导呢?
显然,利用前面的方法很难解决,因此需要探讨这种类型函数的求导法则.

函数 $h(x) = (x^2 + x + 1)^2$ 可以看成由 $f(u) = u^2, u = g(x) = (x^2 + x + 1)$ 复合而成.
因为 $f'(u) = 2u, g'(x) = 2x + 1, f'(u)g'(x) = 2u \cdot (2x + 1)$,所以

$$f'(g(x))g'(x) = 2(x^2 + x + 1)(2x + 1) = 4x^3 + 6x^2 + 6x + 2.$$

此结果与前面的结果一致. 从这个例子可以看出,$[f(g(x))]' = f'(g(x))g'(x)$,这就是复合函数的求导法则.

定理 11 - 2　若函数 $u = \varphi(x)$ 在点 x 处可导,函数 $f(u)$ 在相应的点 u 处可导,则复合函数 $f(\varphi(x))$ 在点 x 处也可导,且有

$$[f(\varphi(x))]' = f'(\varphi(x))\varphi'(x).$$

当函数表示为 $y = f(u), u = \varphi(x)$ 时,$y = f(\varphi(x))$,则有 $y'_x = y'_u \cdot u'_x$ 或 $\dfrac{\mathrm{d}y}{\mathrm{d}x} = \dfrac{\mathrm{d}y}{\mathrm{d}u} \cdot \dfrac{\mathrm{d}u}{\mathrm{d}x}$.

例 11 - 5　求函数 $f(x) = (1 + 2x)^{-30}$ 的导数.

解　设 $g(u) = u^{-30}, u = h(x) = 1 + 2x$,则 $f(x) = g(h(x))$,于是

$$f'(x) = g'(h(x))h'(x) = -30(1 + 2x)^{-30-1}(1 + 2x)' = -60(1 + 2x)^{-31}.$$

一般情况下,可不设中间变量 u,直接求导:

$$\begin{aligned} f'(x) &= [(1 + 2x)^{-30}]' = -30(1 + 2x)^{-31} \cdot (1 + 2x)' \\ &= -30(1 + 2x)^{-31} \cdot 2 = -60(1 + 2x)^{-31}. \end{aligned}$$

对于前面的 $H(x) = (x^2 + x + 1)^{100}$ 或 $G(x) = (x^2 + x + 1)^{\frac{2}{3}}$,可以求得导数如下:

$$H'(x) = 100(x^2 + x + 1)^{99}(x^2 + x + 1)' = 100(x^2 + x + 1)^{99}(2x + 1),$$

$$G'(x) = \frac{2}{3}(x^2 + x + 1)^{\frac{2}{3}-1}(x^2 + x + 1)' = \frac{2}{3}(x^2 + x + 1)^{-\frac{1}{3}}(2x + 1).$$

当函数经多次复合构成时,这种做法可以显示出优越性. 每次求导都将欲求导的函数分成一个容易求导的外层函数和另一个内层函数,这样求导下来总可以将欲求导的函数最后转化为两个容易求导的函数,最后求出导数.

例 11 - 6　设 $y = \sqrt[3]{1 + \ln \sin x}$,求 y'.

解　$y' = \dfrac{1}{3}(1 + \ln \sin x)^{\frac{1}{3}-1}(1 + \ln \sin x)' = \dfrac{1}{3}(1 + \ln \sin x)^{-\frac{2}{3}} \cdot [1' + (\ln \sin x)']$

$$= \frac{1}{3}(1 + \ln \sin x)^{-\frac{2}{3}} \cdot [(\ln \sin x)'] = \frac{1}{3}(1 + \ln \sin x)^{-\frac{2}{3}} \cdot \frac{1}{\sin x}(\sin x)'$$

$$= \frac{1}{3} \frac{\cos x}{\sin x}(1 + \ln \sin x)^{-\frac{2}{3}}.$$

11.1.4 第二个重要极限 $\lim\limits_{x \to \infty}\left(1 + \dfrac{1}{x}\right)^x = e$

例 11-7 求极限 $\lim\limits_{x \to \infty} x \ln\left(1 + \dfrac{1}{x}\right)$.

解 $\lim\limits_{x \to \infty} x \ln\left(1 + \dfrac{1}{x}\right) = \lim\limits_{x \to \infty} \dfrac{\ln\left(1 + \dfrac{1}{x}\right)}{\dfrac{1}{x}} = \lim\limits_{u \to 0} \dfrac{\ln(1 + u)}{u} = \lim\limits_{u \to 0} \dfrac{[\ln(1 + u)]'}{(u)'}$

$$= \lim\limits_{u \to 0} \frac{\dfrac{1}{1 + u}(1 + u)'}{1} = \lim\limits_{u \to 0} \frac{1}{1 + u} = 1.$$

例 11-8 求极限 $\lim\limits_{x \to \infty} e^{x \ln\left(1 + \frac{1}{x}\right)}$.

解 $\qquad\qquad \lim\limits_{x \to \infty} e^{x \ln\left(1 + \frac{1}{x}\right)} = \lim\limits_{u \to 1} e^u = e^1 = e.$

例 11-9 求极限 $\lim\limits_{x \to \infty}\left(1 + \dfrac{1}{x}\right)^x$.

解 $\qquad\qquad \lim\limits_{x \to \infty}\left(1 + \dfrac{1}{x}\right)^x = \lim\limits_{x \to \infty} e^{x \ln\left(1 + \frac{1}{x}\right)} = e.$

此结果也可以通过画图观察得到,如图 11-1 所示.

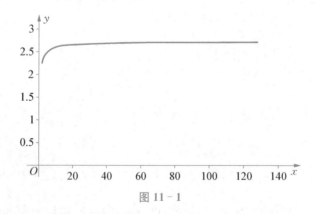

图 11-1

因为要经常用到此极限,所以有些书将其称为第二个重要极限. 把前面讲过的极限 $\lim\limits_{x \to 0} \dfrac{\sin x}{x} = 1$,称为第一个重要极限.

下面给出运用这两个重要极限来求其他函数极限的方法.

11.1.5 变量替换与两个重要极限的运用

一、第一个重要极限 $\lim\limits_{x \to 0} \dfrac{\sin x}{x} = 1$ 的运用

上面的极限可以写成 $\lim\limits_{u \to 0} \dfrac{\sin u}{u} = 1$，也可以写成 $\lim\limits_{\varphi(x) \to 0} \dfrac{\sin \varphi(x)}{\varphi(x)} = 1$. 一般情况下，将 $\lim\limits_{\varphi(x) \to 0} \dfrac{\sin \varphi(x)}{\varphi(x)} = 1$ 写成 $\lim\limits_{x \to a} \dfrac{\sin \varphi(x)}{\varphi(x)} = 1$，其中 $\lim\limits_{x \to a} \varphi(x) = 0$.

下面利用第一个重要极限的这两种变形来求一些函数的极限.

例 11 - 10 计算 $\lim\limits_{x \to 0} \dfrac{\sin 3x}{x}$.

解 **方法 1** 令 $u = 3x$，则 $x = \dfrac{u}{3}$. 因为 $\lim\limits_{x \to 0} u = \lim\limits_{x \to 0} 3x = 0$，所以当 $x \to 0$ 时，$u \to 0$. 于是

$$\lim_{x \to 0} \frac{\sin 3x}{x} = \lim_{u \to 0} \frac{\sin u}{\dfrac{u}{3}} = 3 \lim_{u \to 0} \frac{\sin u}{u} = 3 \cdot 1 = 3.$$

方法 2 $\lim\limits_{x \to 0} \dfrac{\sin 3x}{x} = \lim\limits_{x \to 0} 3 \cdot \dfrac{\sin 3x}{3x} = 3 \lim\limits_{x \to 0} \dfrac{\sin u}{u} = 3 \cdot 1 = 3.$

例 11 - 11 计算 $\lim\limits_{x \to 0} \dfrac{\sin 2x}{3x}$.

解 **方法 1** 令 $2x = u$，则 $x = \dfrac{u}{2}$. 因为 $\lim\limits_{x \to 0} u = \lim\limits_{x \to 0} 2x = 0$，所以当 $x \to 0$ 时，$u \to 0$. 于是

$$\lim_{x \to 0} \frac{\sin 2x}{3x} = \lim_{u \to 0} \frac{\sin u}{\dfrac{3}{2} u} = \frac{2}{3} \lim_{u \to 0} \frac{\sin u}{u} = \frac{2}{3}.$$

方法 2 $\lim\limits_{x \to 0} \dfrac{\sin 2x}{3x} = \lim\limits_{x \to 0} \dfrac{2}{3} \cdot \dfrac{\sin 2x}{2x} = \dfrac{2}{3} \lim\limits_{u \to 0} \dfrac{\sin u}{u} = \dfrac{2}{3} \cdot 1 = \dfrac{2}{3}.$

例 11 - 12 求 $\lim\limits_{x \to 2} \dfrac{\sin(x - 2)}{x^2 - 4}$.

解 **方法 1** 令 $u = x - 2$，则 $x = u + 2$. 因为 $\lim\limits_{x \to 2} u = \lim\limits_{x \to 2} (x - 2) = 0$，所以当 $x \to 2$ 时，$u \to 0$. 于是

$$\lim_{x \to 2} \frac{\sin(x - 2)}{x^2 - 4} = \lim_{u \to 0} \frac{\sin u}{(u + 2)^2 - 4} = \lim_{u \to 0} \frac{\sin u}{u^2 + 4u}$$

$$= \lim_{u \to 0} \frac{1}{u + 4} \lim_{u \to 0} \frac{\sin u}{u} = \frac{1}{4} \cdot 1 = \frac{1}{4}.$$

方法 2

原式 $= \lim\limits_{x \to 2} \dfrac{1}{x + 2} \cdot \dfrac{\sin(x - 2)}{x - 2} = \lim\limits_{x \to 2} \dfrac{1}{x + 2} \cdot \lim\limits_{x \to 2} \dfrac{\sin(x - 2)}{x - 2} = \dfrac{1}{4} \cdot \lim\limits_{u \to 0} \dfrac{\sin u}{u} = \dfrac{1}{4}.$

二、第二个重要极限 $\lim\limits_{x\to\infty}\left(1+\dfrac{1}{x}\right)^x=\mathrm{e}$ 的运用

可以把上面的极限写成 $\lim\limits_{u\to\infty}\left(1+\dfrac{1}{u}\right)^u=\mathrm{e}$,也可以写成 $\lim\limits_{\varphi(x)\to\infty}\left(1+\dfrac{1}{\varphi(x)}\right)^{\varphi(x)}=\mathrm{e}$.

一般情况下, $\lim\limits_{\varphi(x)\to\infty}\left(1+\dfrac{1}{\varphi(x)}\right)^{\varphi(x)}=\mathrm{e}$ 写成 $\lim\limits_{x\to a}\left(1+\dfrac{1}{\varphi(x)}\right)^{\varphi(x)}=\mathrm{e}$,其中 $\lim\limits_{x\to a}\varphi(x)=\infty$.

下面利用第二个重要极限的这两种变形来求一些函数的极限.

例 11 - 13 求 $\lim\limits_{x\to\infty}\left(1+\dfrac{5}{x}\right)^x$

解 **方法 1** 令 $1+\dfrac{5}{x}=1+\dfrac{1}{u}$,则 $x=5u,u=\dfrac{x}{5}$.当 $x\to\infty$ 时,$u\to\infty$.于是

$$\lim_{x\to\infty}\left(1+\frac{5}{x}\right)^x=\lim_{u\to\infty}\left(1+\frac{1}{u}\right)^{5u}=\lim_{u\to\infty}\left[\left(1+\frac{1}{u}\right)^u\right]^5=\left[\lim_{u\to\infty}\left(1+\frac{1}{u}\right)^u\right]^5=\mathrm{e}^5.$$

方法 2 $\lim\limits_{x\to\infty}\left(1+\dfrac{5}{x}\right)^x=\lim\limits_{x\to\infty}\left(1+\dfrac{1}{\frac{x}{5}}\right)^{\frac{x}{5}\cdot 5}=\lim\limits_{x\to\infty}\left[\left(1+\dfrac{1}{\frac{x}{5}}\right)^{\frac{x}{5}}\right]^5$

$$=\lim_{u\to\infty}\left[\left(1+\frac{1}{u}\right)^u\right]^5=\left[\lim_{u\to\infty}\left(1+\frac{1}{u}\right)^u\right]^5=\mathrm{e}^5.$$

对于第二个重要极限 $\lim\limits_{x\to\infty}\left(1+\dfrac{1}{x}\right)^x=\mathrm{e}$,如果令 $u=\dfrac{1}{x}$,则 $x=\dfrac{1}{u}$.当 $x\to\infty$ 时,$u\to 0$,

所以 $\lim\limits_{x\to\infty}\left(1+\dfrac{1}{x}\right)^x=\lim\limits_{u\to 0}\left(1+u\right)^{\frac{1}{u}}$,$\lim\limits_{u\to 0}\left(1+u\right)^{\frac{1}{u}}=\mathrm{e}$,也可以写成

$$\lim_{x\to 0}\left(1+x\right)^{\frac{1}{x}}=\mathrm{e}.$$

此为第二重要极限的另一形式.此种形式的两种变形分别为

$$\lim_{u\to 0}\left(1+u\right)^{\frac{1}{u}}=\mathrm{e} \text{ 和 } \lim_{\varphi(x)\to 0}\left(1+\varphi(x)\right)^{\frac{1}{\varphi(x)}}=\mathrm{e}.$$

一般情况下, $\lim\limits_{\varphi(x)\to 0}\left(1+\varphi(x)\right)^{\frac{1}{\varphi(x)}}=\mathrm{e}$ 写成 $\lim\limits_{x\to a}\left(1+\varphi(x)\right)^{\frac{1}{\varphi(x)}}=\mathrm{e}$,其中 $\lim\limits_{x\to a}\varphi(x)=0$. 可以利用此结果求极限.

例 11 - 14 求 $\lim\limits_{x\to 0}(1-3x)^{\frac{1}{x}}$

解 **方法 1** 令 $1-3x=1+u$,则 $u=-3x,x=-\dfrac{u}{3}$.当 $x\to 0$ 时,$u\to 0$.于是

$$\lim_{x\to 0}(1-3x)^{\frac{1}{x}}=\lim_{u\to 0}(1+u)^{\frac{-3}{u}}=\lim_{u\to 0}\left[(1+u)^{\frac{1}{u}}\right]^{-3}=\mathrm{e}^{-3}.$$

方法 2 $\lim\limits_{x\to 0}(1-3x)^{\frac{1}{x}}=\lim\limits_{x\to 0}[1+(-3x)]^{\left(\frac{1}{-3x}(-3)\right)}=\lim\limits_{x\to 0}\left[[1+(-3x)]^{\left(\frac{1}{-3x}\right)}\right]^{-3}=\mathrm{e}^{-3}.$

11.1.6　变量替换与导数概念的应用

函数的导数定义为

$$f'(x) = \lim_{h \to 0} \frac{f(x+h) - f(x)}{h}.$$

此定义可以改写成

$$f'(x) = \lim_{u \to 0} \frac{f(x+u) - f(x)}{u} \text{ 或 } f'(x) = \lim_{\varphi(h) \to 0} \frac{f(x+\varphi(h)) - f(x)}{\varphi(h)}.$$

一般情况下，$f'(x) = \lim\limits_{\varphi(h) \to 0} \dfrac{f(x+\varphi(h)) - f(x)}{\varphi(h)}$ 写成

$$f'(x) = \lim_{h \to a} \frac{f(x+\varphi(h)) - f(x)}{\varphi(h)},$$

其中 $\lim\limits_{h \to a} \varphi(h) = 0.$ 可以利用此结果求极限.

例 11 - 15　已知函数 $f(x)$ 在 x_0 处的导数为 $f'(x_0) = 3$，求极限 $\lim\limits_{h \to 0} \dfrac{f(x_0 - 2h) - f(x_0)}{h}$.

解　**方法 1**　
$$\begin{aligned}
\lim_{h \to 0} \frac{f(x_0 - 2h) - f(x_0)}{h} &= -2 \lim_{h \to 0} \frac{f(x_0 + (-2h)) - f(x_0)}{-2h} \\
&= -2 \lim_{u \to 0} \frac{f(x_0 + u) - f(x_0)}{u} \\
&= -2 f'(x_0) = -2 \cdot 3 = -6.
\end{aligned}$$

方法 2　令 $u = -2h$，则 $h = -\dfrac{1}{2} u.$ 当 $h \to 0$ 时，$u \to 0.$ 于是

$$\lim_{h \to 0} \frac{f(x_0 - 2h) - f(x_0)}{h} = \lim_{u \to 0} \frac{f(x_0 + u) - f(x_0)}{-\dfrac{1}{2} u} = -2 \lim_{u \to 0} \frac{f(x_0 + u) - f(x_0)}{u}$$

$$= -2 f'(x_0) = -2 \cdot 3 = -6.$$

例 11 - 16　设 $f(x)$ 在 x_0 处可导，且 $f'(x_0) = A$，求 $\lim\limits_{t \to 0} \dfrac{f(x_0 + 2t) - f(x_0)}{t}$.

解　**方法 1**　
$$\begin{aligned}
\lim_{t \to 0} \frac{f(x_0 + 2t) - f(x_0)}{t} &= \lim_{t \to 0} \frac{2 \left[f(x_0 + 2t) - f(x_0) \right]}{2t} \\
&= 2 \lim_{t \to 0} \frac{f(x_0 + 2t) - f(x_0)}{2t} \\
&= 2 \lim_{h \to 0} \frac{f(x_0 + h) - f(x_0)}{h} = 2 f'(x_0) = 2A.
\end{aligned}$$

方法 2　令 $u = 2t$，则 $t = \dfrac{u}{2}.$ 当 $t \to 0$ 时，$u \to 0.$ 于是

$$\lim_{t \to 0} \frac{f(x_0 + 2t) - f(x_0)}{t} = \lim_{u \to 0} \frac{f(x_0 + u) - f(x_0)}{\dfrac{u}{2}} = 2 \lim_{u \to 0} \frac{f(x_0 + u) - f(x_0)}{u}$$

$$= 2f'(x_0) = 2A.$$

11.1.7　复合函数求导与不定积分 $\int \dfrac{1}{x} \mathrm{d}x$ 的公式

根据不定积分的定义,欲求 $\int \dfrac{1}{x} \mathrm{d}x$,需要找 $F(x)$,使得 $F'(x) = \dfrac{1}{x}$. 因为 $\dfrac{1}{x}$ 的定义域为 $(-\infty, 0) \bigcup (0, +\infty)$,所以需要分情况讨论:

(1) 当 $x > 0$ 时,$(\ln x)' = \dfrac{1}{x}$;

(2) 当 $x < 0$ 时,$[\ln(-x)]' = \dfrac{1}{-x}(-x)' = \dfrac{1}{x}$.

于是

$$\int \frac{1}{x} \mathrm{d}x = \begin{cases} \ln(-x) + C & (x < 0) \\ \ln x + C & (x > 0) \end{cases} = \ln|x| + C.$$

到目前为止,已经得到下列基本初等函数的不定积分:

(1) $\int k \mathrm{d}x = kx + C$;　　　　　　　(2) $\int x^\alpha \mathrm{d}x = \begin{cases} \dfrac{1}{\alpha + 1} x^{\alpha+1} + C & (\alpha \neq -1), \\ \ln|x| + C & (\alpha = -1); \end{cases}$

(3) $\int a^x \mathrm{d}x = \dfrac{1}{\ln a} a^x + C (a > 0,\ a \neq 1)$;　　(4) $\int \mathrm{e}^x \mathrm{d}x = \mathrm{e}^x + C$;

(5) $\int \sin x \mathrm{d}x = -\cos x + C$;　　　　(6) $\int \cos x \mathrm{d}x = \sin x + C$;

(7) $\int \arcsin x \mathrm{d}x = x\arcsin x + \sqrt{1 - x^2} + C$;

(8) $\int \arccos x \mathrm{d}x = x\arccos x - \sqrt{1 - x^2} + C$;

(9) $\int \arctan x \mathrm{d}x = x\arctan x - \dfrac{1}{2}\ln|1 + x^2| + C$.

把上面这些公式中的 x 换成 u 依然成立,即:

(1) $\int k \mathrm{d}u = ku + C$;　　　　　　　(2) $\int u^\alpha \mathrm{d}u = \begin{cases} \dfrac{1}{\alpha + 1} u^{\alpha+1} + C & (\alpha \neq -1), \\ \ln|u| + C & (\alpha = -1); \end{cases}$

(3) $\int a^u \mathrm{d}u = \dfrac{1}{\ln a} a^u + C (a > 0,\ a \neq 1)$;　　(4) $\int \mathrm{e}^u \mathrm{d}u = \mathrm{e}^u + C$;

(5) $\int \sin u \mathrm{d}u = -\cos u + C$;　　　　(6) $\int \cos u \mathrm{d}u = \sin u + C$;

(7) $\int \arcsin u \mathrm{d}u = u\arcsin u + \sqrt{1 - u^2} + C$;

(8) $\int \arccos u \, du = u \arccos u - \sqrt{1-u^2} + C$;

(9) $\int \arctan u \, du = u \arctan u - \dfrac{1}{2}\ln|1+u^2| + C$.

习题 11 - 1

1. 求下列函数的定义域：

(1) $y = \sqrt{5 - \dfrac{1}{x}}$；

(2) $y = \ln\left(2 - \sqrt{\dfrac{1}{x}}\right)$；

(3) $y = \arcsin(2 - \sqrt{x})$；

(4) $y = \arccos\left(3 - \dfrac{1}{x}\right)$.

2. 求下列极限：

(1) $\lim\limits_{x \to \frac{\pi}{2}} e^{\cos x}$；

(2) $\lim\limits_{x \to 0} \ln \dfrac{\sin x}{x}$；

(3) $\lim\limits_{x \to 1} \dfrac{\sin(x-1)}{x-1}$；

(4) $\lim\limits_{x \to \infty}(x-1)\sin\dfrac{1}{x-1}$.

3. 求下列函数的一阶导数：

(1) $y = \sqrt{x^2 - a^2}$，其中 a 为常数；

(2) $y = e^{\cos x}$；

(3) $y = \ln(\sin x)$；

(4) $y = \sin(\ln x)$；

(5) $y = \arcsin(\ln x)$；

(6) $y = \ln(\arcsin x)$；

(7) $y = \sqrt{\ln(\arccos x)}$；

(8) $y = 3^{\arctan x}$.

4. 求下列极限：

(1) $\lim\limits_{x \to 0} \dfrac{\sin 5x}{x}$；

(2) $\lim\limits_{x \to 0} \dfrac{\sin 6x}{5x}$；

(3) $\lim\limits_{x \to 3} \dfrac{\sin(x^2 - 9)}{x - 3}$；

(4) $\lim\limits_{x \to \infty}\left(1 + \dfrac{3}{x}\right)^x$；

(5) $\lim\limits_{x \to \infty}\left(1 - \dfrac{2}{x}\right)^x$；

(6) $\lim\limits_{x \to \infty}\left(1 - \dfrac{4}{x}\right)^{\frac{x}{2}+1}$；

(7) $\lim\limits_{x \to 0}(1 + 2x)^{\frac{1}{x}}$；

(8) $\lim\limits_{x \to 0}(1 - 5x)^{\frac{1}{x}}$.

5. 已知函数 $f(x)$ 在 x_0 处的导数为 $f'(x_0) = 3$，求下列极限：

(1) $\lim\limits_{h \to 0} \dfrac{f(x_0 + 3h) - f(x_0)}{2h}$；

(2) $\lim\limits_{h \to 0} \dfrac{f(x_0 - 3h) - f(x_0)}{h}$；

(3) $\lim\limits_{t \to 0} \dfrac{f(x_0 + t) - f(x_0 - t)}{t}$；

(4) $\lim\limits_{t \to 0} \dfrac{f(x_0 + 2t) - f(x_0 - 3t)}{t}$.

§11.2 复合函数的积分学

利用基本积分公式及性质和分部积分法可以求出一些函数的不定积分,但对于复合函数则需要用另一种重要的方法,这种方法就是换元积分法.本节讨论复合函数的不定积分和定积分.

11.2.1 复合函数的不定积分与换元积分法

复合函数多种多样,有些可以求出不定积分,有些则不能求出用初等函数表示的不定积分.下面主要研究能够用初等函数表示不定积分的复合函数,可分为两种情况:一种情况是被积函数可以转化为一个复合函数与内层函数导数乘积形式的不定积分;另一种情况是通过做变量替换可以将被积函数转化为关于新变量可以积分的不定积分.它们分别对应于第一类换元积分法和第二类换元积分法两种方法.

一、复合函数的不定积分与第一类换元积分法

例 11 - 17 求 $\int \cos 2x \mathrm{d}x$.

解 $\int \cos 2x \mathrm{d}x = \int \frac{1}{2} \cos 2x \cdot 2 \mathrm{d}x = \int \frac{1}{2} \cos 2x \cdot \mathrm{d}(2x) = \frac{1}{2} \int \cos 2x \cdot \mathrm{d}(2x)$

$= \frac{1}{2} \int \cos u \cdot \mathrm{d}u = \frac{1}{2} \sin u + C = \frac{1}{2} \sin 2x + C.$

例 11 - 18 求 $\int \cos(3x+4) \mathrm{d}x$.

解 $\int \cos(3x+4) \mathrm{d}x = \int \frac{1}{3} \cos(3x+4) \cdot 3 \mathrm{d}x = \frac{1}{3} \int \cos(3x+4) \mathrm{d}(3x+4)$

$= \frac{1}{3} \int \cos u \mathrm{d}u = \frac{1}{3} \sin u + C = \frac{1}{3} \sin(3x+4) + C.$

一般地,有下面的定理.

定理 11 - 3 设 $\int f(u)\mathrm{d}u = F(u) + C$ 且 $u = \varphi(x)$ 可导,则

$$\int f[\varphi(x)]\varphi'(x)\mathrm{d}x = \int f[\varphi(x)]\mathrm{d}\varphi(x) = F[\varphi(x)] + C.$$

此种积分方法称为不定积分的第一类换元积分法,也称凑微分法.

第一类换元积分法的积分过程可以表示如下:

$$\int f[\varphi(x)]\varphi'(x)\mathrm{d}x = \int f[\varphi(x)]\mathrm{d}\varphi(x) \xrightarrow{\varphi(x)=u} \int f(u)\mathrm{d}u$$

$$= F(u) + C \xrightarrow{u = \varphi(x)} F[\varphi(x)] + C.$$

例 11 - 19 求 $\int (3x-1)^{10} \mathrm{d}x$.

解 $\int (3x-1)^{10} \mathrm{d}x = \int \frac{1}{3}(3x-1)^{10} \cdot 3 \mathrm{d}x = \int \frac{1}{3}(3x-1)^{10} \mathrm{d}(3x-1)$

$$= \frac{1}{3} \int (3x-1)^{10} \mathrm{d}(3x-1) = \frac{1}{3} \int u^{10} \mathrm{d}u = \frac{1}{3} \cdot \frac{1}{11} u^{11} + C$$

$$= \frac{1}{33} (3x-1)^{11} + C.$$

例 11－20 $\int \dfrac{\ln x}{x} \mathrm{d}x.$

解 $\int \dfrac{\ln x}{x} \mathrm{d}x = \int \ln x \dfrac{1}{x} \mathrm{d}x = \int \ln x \mathrm{d}(\ln x) = \int u \mathrm{d}u = \dfrac{1}{2} u^2 + C = \dfrac{1}{2} \ln^2 x + C.$

例 11－21 求 $\int x \sqrt{x^2+3} \mathrm{d}x.$

解 $\int x \sqrt{x^2+3} \mathrm{d}x = \dfrac{1}{2} \int \sqrt{x^2+3} \cdot (2x\mathrm{d}x) = \dfrac{1}{2} \int \sqrt{x^2+3} \cdot \mathrm{d}(x^2+3)$

$$= \frac{1}{2} \int u^{\frac{1}{2}} \mathrm{d}u = \frac{1}{2} \cdot \frac{2}{3} u^{\frac{3}{2}} + C = \frac{1}{3} (x^2+3)^{\frac{3}{2}} + C.$$

当熟悉上述换元方法后,可以不写出中间变量. 例如,

$$\int (3x-1)^{10} \mathrm{d}x = \frac{1}{3} \int (3x-1)^{10} \mathrm{d}(3x-1) = \frac{1}{33} (3x-1)^{11} + C;$$

$$\int \frac{\ln x}{x} \mathrm{d}x = \int \ln x \mathrm{d}(\ln x) = \frac{1}{2} \ln^2 x + C;$$

$$\int x \sqrt{x^2+3} \mathrm{d}x = \frac{1}{2} \int \sqrt{x^2+3} \mathrm{d}(x^2+3) = \frac{1}{3} (x^2+3)^{\frac{3}{2}} + C.$$

例 11－22 求 $\int \dfrac{1}{a^2+x^2} \mathrm{d}x.$

解 $\int \dfrac{1}{a^2+x^2} \mathrm{d}x = \dfrac{1}{a^2} \int \dfrac{1}{1+\left(\dfrac{x}{a}\right)^2} \mathrm{d}x = \dfrac{1}{a} \int \dfrac{1}{1+\left(\dfrac{x}{a}\right)^2} \mathrm{d}\left(\dfrac{x}{a}\right)$

$$= \frac{1}{a} \arctan \frac{x}{a} + C.$$

例 11－23 求 $\int \dfrac{1}{\sqrt{a^2-x^2}} \mathrm{d}x (a>0).$

解 $\int \dfrac{1}{\sqrt{a^2-x^2}} \mathrm{d}x = \int \dfrac{1}{\sqrt{1-\left(\dfrac{x}{a}\right)^2}} \mathrm{d}\left(\dfrac{x}{a}\right) = \arcsin \dfrac{x}{a} + C.$

例 11－24 求 $\int \tan x \mathrm{d}x$ 及 $\int \cot x \mathrm{d}x.$

解 $\int \tan x \mathrm{d}x = \int \dfrac{\sin x}{\cos x} \mathrm{d}x = -\int \dfrac{1}{\cos x} \mathrm{d}(\cos x) = -\ln \mid \cos x \mid + C.$

例 11－22 至例 11－24 的结果可以作为基本积分公式使用,整理如下:

(14) $\int \dfrac{1}{a^2+x^2} \mathrm{d}x = \dfrac{1}{a} \arctan \dfrac{x}{a} + C;$

(15) $\int \dfrac{1}{\sqrt{a^2-x^2}} \mathrm{d}x = \arcsin \dfrac{x}{a} + C (a>0);$

(16) $\int \tan x \mathrm{d}x = -\ln |\cos x| + C;$

(17) $\int \cot x \mathrm{d}x = \ln |\sin x| + C.$

二、不定积分的第二类换元积分法

当被积函数中带有根式时,先将其通过变量替换,转化为不带有根式的新变量积分.

例 11 - 25 求 $\int \dfrac{1}{1+\sqrt{x}} \mathrm{d}x.$

解 令 $\sqrt{x} = t(t > 0)$,则 $x = t^2$,$\mathrm{d}x = 2t\mathrm{d}t.$ 于是,

$$\int \frac{1}{1+\sqrt{x}} \mathrm{d}x = \int \frac{1}{1+t} 2t\mathrm{d}t = 2\int \frac{t+1-1}{1+t} \mathrm{d}t = 2\int (1 - \frac{1}{1+t}) \mathrm{d}t$$

$$= 2\int \mathrm{d}t - 2\int \frac{1}{1+t} \mathrm{d}t = 2t - 2\ln|1+t| + C$$

$$= 2\sqrt{x} - 2\ln|1+\sqrt{x}| + C.$$

可以验证结果是正确的. 一般地,有下面的定理.

定理 11 - 4 设函数 $x = \varphi(t)$ 单调可导,且 $\varphi'(t) \neq 0$,又 $\int f[\varphi(t)]\varphi'(t)\mathrm{d}t = G(t) + C$,则

$$\int f(x)\mathrm{d}x = \int f[\varphi(t)]\varphi'(t)\mathrm{d}t = G(t) + C = G[\varphi^{-1}(x)] + C,$$

其中 $t = \varphi^{-1}(x)$ 是 $x = \varphi(t)$ 的反函数.

此种积分方法称为**不定积分的第二类换元积分法**.

练习 求 $\int \dfrac{1}{3+\sqrt{2x}} \mathrm{d}x.$

例 11 - 26 求 $\int \dfrac{\mathrm{d}x}{\sqrt{x^2 - a^2}} (a > 0).$

解 令 $x = a\sec t (0 < x < \pi)$,则 $\sqrt{x^2 - a^2} = a\tan t$,$\mathrm{d}x = a\sec t\tan t\mathrm{d}t.$ 于是,

$$\int \frac{\mathrm{d}x}{\sqrt{x^2 - a^2}} = \int \frac{a\sec t\tan t}{a\tan t} \mathrm{d}t = \int \sec t\mathrm{d}t = \int \frac{\sec t(\sec t + \tan t)}{\sec t + \tan t} \mathrm{d}t$$

$$= \int \frac{\mathrm{d}(\sec t + \tan t)}{\sec t + \tan t} = \ln |\sec t + \tan t| + C_1.$$

由 $\sec t = \dfrac{x}{a}$,可作辅助三角形,如图 11 - 2 所示,易得 $\tan t = \dfrac{1}{a}\sqrt{x^2 - a^2}.$ 所以,

$$\int \frac{\mathrm{d}x}{\sqrt{x^2 - a^2}} = \ln \left| \frac{x}{a} + \frac{1}{a}\sqrt{x^2 - a^2} \right| + C_1$$

$$= \ln |x + \sqrt{x^2 - a^2}| + C,$$

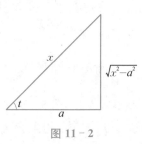

图 11 - 2

其中 $C = C_1 - \ln a$.

一般地,第二类换元积分法主要解决被积函数中带有根式的某些积分,如

(1) 含有 $\sqrt[n]{ax+b}$ 时,用 $\sqrt[n]{ax+b} = t$ 代换;

(2) 含有 $\sqrt{a^2 - x^2}$ 时,用 $x = a\sin t$ 代换;

(3) 含有 $\sqrt{a^2 + x^2}$ 时,用 $x = a\tan t$ 代换;

(4) 含有 $\sqrt{x^2 - a^2}$ 时,用 $x = a\sec t$ 代换.

(2),(3),(4)这 3 种代换统称为**三角代换**.

在使用第二类换元积分法的时候,应根据被积函数的情况,尽可能选取简捷的代换,并随时与被积函数的恒等变形、不定积分性质、第一类换元积分法等结合起来.

三、第一类换元积分法与第二类换元积分法之间的关系

凡是能用第一类换元积分法求解的都可以用第二类换元积分法求解.

例 11 - 27 求 $\int (3x-1)^{10}\,dx$.

解 令 $x = \dfrac{u+1}{3}$,$3x-1 = u$,则 $dx = \dfrac{1}{3}du$. 于是,

$$\int (3x-1)^{10}\,dx = \frac{1}{3}\int u^{10}\,du = \frac{1}{3}\cdot\frac{1}{11}u^{11} + C = \frac{1}{33}(3x-1)^{11} + C.$$

例 11 - 28 $\int \dfrac{\ln x}{x}\,dx$.

解 令 $x = e^u$,$u = \ln x$,则 $dx = e^u\,du$. 所以,

$$\int \frac{\ln x}{x}\,dx = \int u\,du = \frac{1}{2}u^2 + C = \frac{1}{2}\ln^2 x + C.$$

例 11 - 29 求 $\int x\sqrt{x^2+3}\,dx$.

解 令 $x = \sqrt{u-3}\,(x \geqslant 0)$,$u = x^2 + 3$,则 $dx = \dfrac{1}{2\sqrt{u-3}}du$. 故

$$\int x\sqrt{x^2+3}\,dx = \frac{1}{2}\int u^{\frac{1}{2}}\,du = \frac{1}{2}\cdot\frac{2}{3}u^{\frac{3}{2}} + C = \frac{1}{3}(x^2+3)^{\frac{3}{2}} + C.$$

11.2.2　定积分的换元积分法

计算定积分需要求出被积函数的原函数,如果求原函数时用到第二类换元积分法,此时可以直接将原定积分转化为新变量的定积分.

例 11 - 30 求 $\int_0^4 \dfrac{1}{1+\sqrt{x}}\,dx$.

在求 $\dfrac{1}{1+\sqrt{x}}$ 的原函数时用到换元积分法,如果先求不定积分再求定积分,有时会比较麻烦,因此考虑直接对原定积分进行运算.

解 设 $x = t^2 (t \geqslant 0)$，则 $\mathrm{d}x = 2t\mathrm{d}t$，被积表达式变为 $\dfrac{2t}{1+t}\mathrm{d}t$，此时的变量为 t，很明显积分的上下限也应该发生变化. 因为当 $x = 0$ 时 $t = 0$，当 $x = 4$ 时 $t = 2$，于是，

$$\int_0^4 \frac{1}{1+\sqrt{x}}\mathrm{d}x = \int_0^2 \frac{2t}{1+t}\mathrm{d}t = 2\int_0^2 \left(1 - \frac{1}{1+t}\right)\mathrm{d}t$$
$$= 2(t - \ln|1+t|)\Big|_0^2 = 2(2 - \ln 3).$$

此结果与先求出原函数再代入上下限的结果一致.

对于一般情况有下面的定理.

定理 11-5 设函数 $f(x)$ 在闭区间 $[a, b]$ 上连续，函数 $x = \varphi(t)$ 在闭区间 $[\alpha, \beta]$（或 $[\beta, \alpha]$）上，单调且有连续的导数，且 $\varphi(\alpha) = a, \varphi(\beta) = b$ 及 $a \leqslant \varphi(t) \leqslant b$，则

$$\int_a^b f(x)\mathrm{d}x = \int_\alpha^\beta f[\varphi(t)]\varphi'(t)\mathrm{d}t.$$

此定理所述的积分方法称为定积分的换元积分法.

例 11-31 求 $\displaystyle\int_1^9 \frac{1}{x+\sqrt{x}}\mathrm{d}x$.

解 设 $x = t^2 (t \geqslant 0)$，则 $\mathrm{d}x = 2t\mathrm{d}t$. 因为当 $x = 1$ 时，$t = 1$；当 $x = 9$ 时，$t = 3$，于是，

$$\int_1^9 \frac{1}{x+\sqrt{x}}\mathrm{d}x = \int_1^3 \frac{2t}{t^2+t}\mathrm{d}t = 2\int_1^3 \frac{1}{1+t}\mathrm{d}t = 2\int_1^3 \frac{1}{1+t}\mathrm{d}(1+t)$$
$$= 2\big[\ln|1+t|\big]_1^3 = 2(\ln 4 - \ln 2) = 2\ln 2.$$

注意 利用定积分的换元积分法时，原定积分的积分区间必须换成新变量的积分区间，并且将原积分下限代入变换中反解出的值作为新积分的下限，将原积分上限代入变换中反解出的值作为新积分的上限，而不需考虑新积分的上下限谁大谁小.

例 11-32 求 $\displaystyle\int_0^{\frac{\pi}{2}} \cos^3 x \sin x \mathrm{d}x$.

解 设 $u = \cos x$，则 $\mathrm{d}u = -\sin x \mathrm{d}x$. 当 $x = 0$ 时，$u = 1$；当 $x = \dfrac{\pi}{2}$ 时，$u = 0$，于是

$$\int_0^{\frac{\pi}{2}} \cos^3 x \sin x \mathrm{d}x = -\int_1^0 u^3 \mathrm{d}u = \int_0^1 u^3 \mathrm{d}u = \left[\frac{1}{4}u^4\right]_0^1 = \frac{1}{4}\big[u^4\big]_0^1 = \frac{1}{4}.$$

计算定积分时如果使用凑微分法，但不引入新变量，则积分区间不需要转换. 例 11-32 可以如下计算：

$$\int_0^{\frac{\pi}{2}} \cos^3 x \sin x \mathrm{d}x = -\int_0^{\frac{\pi}{2}} \cos^3 x \mathrm{d}(\cos x) = \left[-\frac{1}{4}\cos^4 x\right]_0^{\frac{\pi}{2}} = -\frac{1}{4}\big[\cos^4 x\big]_0^{\frac{\pi}{2}} = \frac{1}{4}.$$

例 11-33 设函数 $f(x)$ 在对称区间 $[-a, a]$ 上连续：

(1) 若 $f(x)$ 是偶函数，即 $f(-x) = f(x)$，则 $\displaystyle\int_{-a}^a f(x)\mathrm{d}x = 2\int_0^a f(x)\mathrm{d}x$；

(2) 若 $f(x)$ 是奇函数，即 $f(-x) = -f(x)$，则 $\int_{-a}^{a} f(x) \mathrm{d}x = 0$.

证　由定积分对积分区间的可加性，有

$$\int_{-a}^{a} f(x) \mathrm{d}x = \int_{-a}^{0} f(x) \mathrm{d}x + \int_{0}^{a} f(x) \mathrm{d}x.$$

为了把上式右端中第一个积分的下限 $(-a)$ 换为 a，需用变量替换. 为此设 $x = -t$，则 $\mathrm{d}x = -\mathrm{d}t$.

当 $x = -a$ 时，$t = a$；当 $x = 0$ 时，$t = 0$. 于是，

$$\int_{-a}^{0} f(x) \mathrm{d}x = -\int_{a}^{0} f(-t) \mathrm{d}t = \int_{0}^{a} f(-t) \mathrm{d}t.$$

因为定积分的值与积分变量用什么字母无关，故

$$\int_{0}^{a} f(-t) \mathrm{d}t = \int_{0}^{a} f(-x) \mathrm{d}x.$$

(1) 当 $f(x)$ 为偶函数时，

$$\int_{0}^{a} f(-x) \mathrm{d}x = \int_{0}^{a} f(x) \mathrm{d}x,$$

由此

$$\int_{-a}^{a} f(x) \mathrm{d}x = \int_{-a}^{0} f(x) \mathrm{d}x + \int_{0}^{a} f(x) \mathrm{d}x = \int_{0}^{a} f(x) \mathrm{d}x + \int_{0}^{a} f(x) \mathrm{d}x = 2\int_{0}^{a} f(x) \mathrm{d}x.$$

(2) 当 $f(x)$ 为奇函数时，

$$\int_{0}^{a} f(-x) \mathrm{d}x = -\int_{0}^{a} f(x) \mathrm{d}x,$$

由此

$$\int_{-a}^{a} f(x) \mathrm{d}x = \int_{-a}^{0} f(x) \mathrm{d}x + \int_{0}^{a} f(x) \mathrm{d}x = -\int_{0}^{a} f(x) \mathrm{d}x + \int_{0}^{a} f(x) \mathrm{d}x = 0.$$

上述结论可以用于计算定积分.

例 11-34　计算下列定积分：

(1) $\int_{-1}^{1} x^2 \ln(x + \sqrt{1+x^2}) \mathrm{d}x$；　(2) $\int_{-\frac{1}{2}}^{\frac{1}{2}} \frac{(\arcsin x)^2}{\sqrt{1-x^2}} \mathrm{d}x$.

解　(1) 由于积分区间 $[-1, 1]$ 关于坐标原点对称，且 $\ln(x + \sqrt{1+x^2})$ 是奇函数，x^2 为偶函数，故被积函数为奇函数，于是

$$\int_{-1}^{1} x^2 \ln(x + \sqrt{1+x^2}) \mathrm{d}x = 0.$$

(2) 由于积分区间 $\left[-\dfrac{1}{2}, \dfrac{1}{2}\right]$ 关于坐标原点对称，且被积函数 $\dfrac{(\arcsin x)^2}{\sqrt{1-x^2}}$ 为偶函数，故

$$I = 2\int_0^{\frac{1}{2}} (\arcsin x)^2 \mathrm{d}(\arcsin x) = 2\left[\frac{1}{3}(\arcsin x)^3\right]_0^{\frac{1}{2}} - \frac{2}{3}\left[(\arcsin x)^3\right]_0^{\frac{1}{2}}$$

$$= \frac{2}{3}\left[(\arcsin\frac{1}{2})^3 - (\arcsin 0)^3\right] = \frac{2}{3}(\frac{\pi}{6})^3 = \frac{\pi^3}{324}.$$

习题 11 - 2

1. 求下列不定积分：

(1) $\int (x+1)^{15}\mathrm{d}x$；

(2) $\int \dfrac{\mathrm{d}x}{(2x-3)^5}$；

(3) $\int \dfrac{x}{\sqrt{1-x^2}}\mathrm{d}x$；

(4) $\int x^2\sqrt{1+x^3}\,\mathrm{d}x$；

(5) $\int \dfrac{x\mathrm{d}x}{3-2x^2}$；

(6) $\int \dfrac{x}{(1+x^2)^2}\mathrm{d}x$；

(7) $\int \dfrac{\mathrm{d}x}{\sqrt{x}(1+x)}$；

(8) $\int xe^{-x^2}\mathrm{d}x$；

(9) $\int \dfrac{\mathrm{d}x}{e^x + e^{-x}}$；

(10) $\int e^{-3x+1}\mathrm{d}x$；

(11) $\int \dfrac{e^{3x}+1}{e^x+1}\mathrm{d}x$；

(12) $\int \dfrac{\ln^2 x}{x}\mathrm{d}x$；

(13) $\int \dfrac{\sqrt{1+\ln x}}{x}\mathrm{d}x$；

(14) $\int \sqrt{\dfrac{\ln(x+\sqrt{1+x^2})}{1+x^2}}\,\mathrm{d}x$；

(15) $\int \sin^5 x\cos x\mathrm{d}x$；

(16) $\int \dfrac{\sin x}{\sqrt{\cos^3 x}}\mathrm{d}x$；

(17) $\int \dfrac{\cos x}{\sqrt{2+\cos 2x}}\mathrm{d}x$；

(18) $\int \dfrac{\sin x\cdot\cos x}{\sin^4 x+\cos^4 x}\mathrm{d}x$；

(19) $\int \dfrac{\arctan x}{1+x^2}\mathrm{d}x$；

(20) $\int \dfrac{\mathrm{d}x}{(\arcsin x)^2\sqrt{1-x^2}}$.

2. 求下列不定积分：

(1) $\int x\sqrt[3]{1-x}\,\mathrm{d}x$；

(2) $\int \dfrac{x^2}{\sqrt{2-x}}\mathrm{d}x$；

(3) $\int \dfrac{x^5}{\sqrt{1-x^2}}\mathrm{d}x$；

(4) $\int \dfrac{x^2}{(1-x)^{100}}\mathrm{d}x$；

(5) $\int \dfrac{\sqrt{x}}{\sqrt{x}-\sqrt[3]{x}}\mathrm{d}x$；

(6) $\int \dfrac{\sqrt{x}}{\sqrt[4]{x^3}}\mathrm{d}x$；

(7) $\int \cos^5 x\sqrt{\sin x}\,\mathrm{d}x$；

(8) $\int \dfrac{\sin x\cdot\cos^3 x}{1+\cos^2 x}\mathrm{d}x$；

(9) $\int \dfrac{\sqrt{1+\cos x}}{\sin x}\mathrm{d}x$；

(10) $\int \dfrac{\mathrm{d}x}{x^2\sqrt{x^2+1}}$；

(11) $\int \dfrac{\mathrm{d}x}{x^2\sqrt{x^2-9}}$；

(12) $\int \dfrac{\ln x}{x\sqrt{1+\ln x}}\mathrm{d}x$；

(13) $\int \dfrac{e^{2x}}{\sqrt[4]{e^x+1}}\mathrm{d}x$；

(14) $\int \dfrac{\mathrm{d}x}{\sqrt{1+e^x}}$；

(15) $\int \dfrac{\arctan\sqrt{x}}{\sqrt{x}}\dfrac{\mathrm{d}x}{1+x}$；

(16) $\int \dfrac{x+1}{x(1+xe^x)}\mathrm{d}x$；

(17) $\int \dfrac{\ln(1+x)-\ln x}{x(x+1)}\mathrm{d}x$.

3. 求下列不定积分:

(1) $\displaystyle\int \frac{\mathrm{d}x}{\sqrt{x^2+5}}$；　　　　(2) $\displaystyle\int \frac{x^3}{\sqrt{x^8-1}}\mathrm{d}x$；　　　　(3) $\displaystyle\int \frac{x\mathrm{d}x}{\sqrt{3-x^4}}$；

(4) $\displaystyle\int \frac{\mathrm{d}x}{b^2x^2-a^2}$；　　　　(5) $\displaystyle\int \frac{\mathrm{d}x}{\sqrt{x^2+2x+3}}$；　　　　(6) $\displaystyle\int \frac{\mathrm{d}x}{\sqrt{1-2x-x^2}}$；

(7) $\displaystyle\int \frac{\mathrm{d}x}{x^2+3x+3}$；　　　　(8) $\displaystyle\int \frac{x+1}{x^2+x+1}\mathrm{d}x$；　　　　(9) $\displaystyle\int \frac{x^5}{x^6-x^3-2}\mathrm{d}x$；

(10) $\displaystyle\int \frac{\mathrm{d}x}{x\sqrt{x^2+x+1}}$.

4. 利用定积分的换元积分法求下列定积分:

(1) $\displaystyle\int_0^3 \frac{x}{\sqrt{1+x}}\mathrm{d}x$；　　　　(2) $\displaystyle\int_1^5 \frac{\sqrt{u-1}}{u}\mathrm{d}u$；　　　　(3) $\displaystyle\int_0^1 x^2\sqrt{1-x^2}\,\mathrm{d}x$.

5. 求下列定积分:

(1) $\displaystyle\int_{-1}^1 \frac{x}{1+x^2}\mathrm{d}x$；　　　　(2) $\displaystyle\int_{-1}^1 x^3\mathrm{e}^{x^2}\mathrm{d}x$；　　　　(3) $\displaystyle\int_{-1}^1 \frac{x|x|}{x^2+1}\mathrm{d}x$；

(4) $\displaystyle\int_{-1}^1 x^3\sin^2 x\,\mathrm{d}x$.

第 12 章

初等函数的微积分

初等函数是微积分研究的重要对象. 本章首先对基本初等函数的特性进行总结和扩充, 并对它们的极限、导数和不定积分进行总结. 其次介绍初等函数的微分学和积分学, 并对其中的一般方法进行归纳总结.

§12.1 基本初等函数特性

12.1.1 函数的 4 种基本特性的概念

对于一个函数, 需要首先清楚它的奇偶性、周期性、单调性和有界性, 这 4 种性质可以简称函数的 4 种基本特性. 下面分别给出定义.

一、函数的奇偶性

如果函数 $y = f(x)$ 的定义域 D 关于原点对称, 且对于任何 $x \in D$, 有 $f(-x) = f(x)$ (或 $f(-x) = -f(x)$), 则称 $y = f(x)$ 为 D 上的偶函数 (或奇函数).

偶函数的图形关于 y 轴对称, 奇函数的图形关于原点对称, 分别如图 12-1(a) 和 (b) 所示.

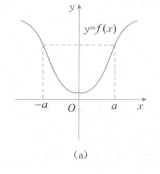

(a) (b)

图 12-1

二、函数的周期性

设函数 $y = f(x)$ 的定义域为 D,若存在常数 $T \neq 0$, 使得对于任意的 $x \in D$,均有 $x + T \in D$ 且满足

$$f(x + T) = f(x),$$

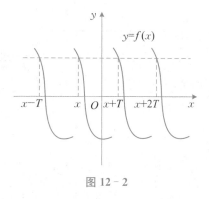

图 12 - 2

则称 $y = f(x)$ 为周期函数,T 称为函数 $y = f(x)$ 的周期, 如图 12-2 所示.满足 $f(x + T) = f(x)$ 的最小正数 T 如果存在,则称其为函数 $y = f(x)$ 的最小正周期.通常说函数 $y = f(x)$ 有周期 T,就是指的最小正周期.

$\sin \alpha x$, $\cos \beta x$ 等一些三角函数都是常见的周期函数,它们都有最小正周期.例如,$\sin x$ 的最小正周期为 2π.

三、函数的单调性

设函数 $y = f(x)$ 的定义域为 D,区间 $I \subset D$. 如果对于任意的 x_1, $x_2 \in I$,当 $x_1 < x_2$ 时, 总有 $f(x_1) < f(x_2)$(或 $f(x_1) > f(x_2)$),则称 $y = f(x)$ 在区间 I 上单调递增(或单调递减).

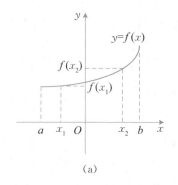

(a)

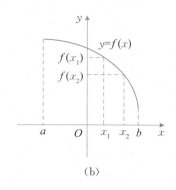

(b)

图 12 - 3

从几何上看,单调递增的函数曲线是沿 x 轴的正向逐渐上升的,而单调递减的函数曲线是沿 x 轴的正向逐渐下降的,分别如图 12 - 3(a) 和 (b) 所示.

四、函数的有界性

设函数 $y = f(x)$ 的定义域为 D,区间 $I \subset D$. 若存在一个正数 M,使得对于任意的 $x \in I$, 恒有 $|f(x)| \leqslant M$,则称 $y = f(x)$ 在 I 上有界;若不存在这样的正数 M,则称函数 $y = f(x)$ 在 I 上无界.

函数 $y = f(x)$ 在区间 I 上有界的几何意义是:曲线 $y = f(x)$ 在区间 I 上被界定在两条平行线 $y = M$ 和 $y = -M$ 之间.

函数 $y = f(x)$ 的有界性与区间 I 密切相关.

12.1.2　基本初等函数的基本特性

基本初等函数是常数函数、幂函数、指数函数、对数函数、三角函数、反三角函数的统称. 下面将已经学过的有关基本初等函数的基本特性和公式进行总结和归纳,其中表 12 - 1 给出基本初等函数的基本特性,表 12 - 2 给出基本初等函数的极限、导数和不定积分公式.

表 12 - 1

	函数	定义域	值域	奇偶性	单调性	周期性	有界性
常函数	$y = C$	$(-\infty, +\infty)$	C	偶函数	非增非减	周期	有界
幂函数	$y = x$	$(-\infty, +\infty)$	$(-\infty, +\infty)$	奇函数	增	非	无界
	$y = x^2$	$(-\infty, +\infty)$	$[0, +\infty)$	偶函数	$[0, +\infty)$增,$(-\infty, 0)$减	非	无界
	$y = x^3$	$(-\infty, +\infty)$	$(-\infty, +\infty)$	奇函数	增	非	无界
	$y = \dfrac{1}{x}$	$(-\infty, 0) \bigcup (0, +\infty)$	$(-\infty, 0) \bigcup (0, +\infty)$	奇函数	$(-\infty, 0)$减,$(0, +\infty)$减	非	无界
	$y = \sqrt{x}$	$[0, +\infty)$	$[0, +\infty)$	非奇非偶	增	非	无界
指数函数	$y = a^x (a > 1)$	$(-\infty, +\infty)$	$(0, +\infty)$	非奇非偶	增	非	无界
	$y = a^x$ $(0 < a < 1)$	$(-\infty, +\infty)$	$(0, +\infty)$	非奇非偶	减	非	无界
对数函数	$y = \log_a x$ $(a > 1)$	$(0, +\infty)$	$(-\infty, +\infty)$	非奇非偶	增	非	无界
	$y = \log_a x$ $(0 < a < 1)$	$(0, +\infty)$	$(-\infty, +\infty)$	非奇非偶	减	非	无界
三角函数	$y = \sin x$	$(-\infty, +\infty)$	$[-1, 1]$	奇函数	$\left[-\dfrac{\pi}{2} + 2k\pi, \dfrac{\pi}{2} + 2k\pi\right]$增,$\left[\dfrac{\pi}{2} + 2k\pi, \dfrac{3}{2}\pi + 2k\pi\right]$减,$k$ 为整数	是,2π	有界
	$y = \cos x$	$(-\infty, +\infty)$	$[-1, 1]$	偶函数	$[2k\pi, (2k+1)\pi]$减,$[(2k-1)\pi, 2k\pi]$增,k 为整数	是,2π	有界
	$y = \tan x$	$x \neq k\pi + \dfrac{\pi}{2}$	$(-\infty, +\infty)$	奇函数	$\left[-\dfrac{\pi}{2} + k\pi, \dfrac{\pi}{2} + k\pi\right]$增,$k$ 为整数	是,π	无界
	$y = \cot x$	$x \neq k\pi + \pi$ $k = 0, \pm 1, \pm 2, \cdots$	$(-\infty, +\infty)$	奇函数	$[2k\pi, (2k+1)\pi]$减,k 为整数	是,π	无界

	函数	定义域	值域	奇偶性	单调性	周期性	有界性
反三角函数	$y=\arcsin x$	$[-1,1]$	$\left[-\dfrac{\pi}{2},\dfrac{\pi}{2}\right]$	奇函数	增	非	有界
	$y=\arccos x$	$[-1,1]$	$[0,\pi]$	非奇非偶	减	非	有界
	$y=\arctan x$	$(-\infty,+\infty)$	$\left(-\dfrac{\pi}{2},\dfrac{\pi}{2}\right)$	奇函数	增	非	有界
	$y=\operatorname{arccot} x$	$(-\infty,+\infty)$	$(0,\pi)$	非奇非偶	减	非	有界

12.1.3 基本初等函数的微积分相关公式

表 12-2 给出了基本初等函数的极限、导数和不定积分公式，这些需要熟记.

表 12-2

	函数	极限	导数	不定积分
常	$y=c$	$\lim\limits_{x\to a}c=c$，$\lim\limits_{x\to\infty}c=c$	$(c)'=0$	$\displaystyle\int c\,dx=cx+C$
幂函数	$y=x$	$\lim\limits_{x\to a}x=a$，$\lim\limits_{x\to\infty}x=\infty$	$(x)'=1$	$\displaystyle\int x\,dx=\frac{1}{2}x^2+C$
	$y=x^2$	$\lim\limits_{x\to a}x^2=a^2$，$\lim\limits_{x\to\infty}x^2=\infty$	$(x^2)'=2x$	$\displaystyle\int x^2\,dx=\frac{1}{3}x^3+C$
	$y=x^3$	$\lim\limits_{x\to a}x^3=a^3$，$\lim\limits_{x\to\infty}x^3=\infty$	$(x^3)'=3x^2$	$\displaystyle\int x^3\,dx=\frac{1}{4}x^4+C$
	$y=\dfrac{1}{x}$	$\lim\limits_{x\to a}\dfrac{1}{x}=\dfrac{1}{a}$，$\lim\limits_{x\to0}\dfrac{1}{x}=\infty$，$\lim\limits_{x\to\infty}\dfrac{1}{x}=0$	$\left(\dfrac{1}{x}\right)'=-\dfrac{1}{x^2}$	$\displaystyle\int\frac{1}{x}\,dx=\ln|x|+C$
	$y=\sqrt{x}$	$\lim\limits_{x\to a}\sqrt{x}=\sqrt{a}$，$\lim\limits_{x\to+\infty}\sqrt{x}=+\infty$	$(\sqrt{x})'=\dfrac{1}{2\sqrt{x}}$	$\displaystyle\int\sqrt{x}\,dx=\frac{2}{3}x^{\frac{3}{2}}+C$
指数函数	$y=x^a$ $y=a^x(a>1)$	当 $b\in(-\infty,+\infty)$ 时，$\lim\limits_{x\to b}a^x=a^b$ $\lim\limits_{x\to-\infty}a^x=0$ $\lim\limits_{x\to+\infty}a^x=+\infty$	$(x^a)'=\alpha x^{\alpha-1}$	$\displaystyle\int x^a\,dx=\frac{1}{\alpha+1}x^{\alpha+1}+C(\alpha\neq-1)$
	$y=a^x$ $(0<a<1)$	$\lim\limits_{x\to-\infty}a^x=+\infty$ $\lim\limits_{x\to+\infty}a^x=0$ 当 $b\in(-\infty,+\infty)$ 时，$\lim\limits_{x\to b}a^x=a^b$	$(a^x)'=a^x\ln a$	$\displaystyle\int a^x\,dx=\frac{a^x}{\ln a}+C$
	$y=e^x$		$(e^x)'=e^x$	$\displaystyle\int e^x\,dx=e^x+C$

	函数	极限	导数	不定积分
对数函数	$y = \log_a x (a > 1)$	$\lim\limits_{x \to 0^+} \log_a x = -\infty$ 当 $b \in (-\infty, +\infty)$ 时， $\lim\limits_{x \to b} \log_a x = \log_a b$ $\lim\limits_{x \to +\infty} \log_a x = +\infty$	$(\log_a x)' = \dfrac{1}{x \ln a}$	$\displaystyle\int \log_a x \, \mathrm{d}x = \dfrac{1}{\ln a}(x \ln x - x) + C$
	$y = \log_a x (0 < a < 1)$	$\lim\limits_{x \to 0^+} \log_a x = +\infty$ 当 $b \in (-\infty, +\infty)$ 时， $\lim\limits_{x \to b} \log_a x = \log_a b$ $\lim\limits_{x \to +\infty} \log_a x = -\infty$		
	$y = \ln x$		$(\ln x)' = \dfrac{1}{x}$	$\displaystyle\int \ln x \, \mathrm{d}x = x \ln x - x + C$
三角函数	$y = \sin x$	$\lim\limits_{x \to a} \sin x = \sin a$ $\lim\limits_{x \to \infty} \sin x$ 不存在	$(\sin x)' = \cos x$	$\displaystyle\int \sin x \, \mathrm{d}x = -\cos x + C$
	$y = \cos x$	$\lim\limits_{x \to a} \cos x = \cos a$ $\lim\limits_{x \to \infty} \cos x$ 不存在	$(\cos x)' = -\sin x$	$\displaystyle\int \cos x \, \mathrm{d}x = \sin x + C$
	$y = \tan x$	$\lim\limits_{x \to a} \tan x = \tan a$ $\left(a \neq k\pi + \dfrac{\pi}{2}\right)$ $\lim\limits_{x \to k\pi + \frac{\pi}{2}} \tan x = \infty$	$(\tan x)' = \dfrac{1}{\cos^2 x}$	$\displaystyle\int \tan x \, \mathrm{d}x = -\ln|\cos x| + C$
	$y = \cot x$	$\lim\limits_{x \to a} \cot x = \cot a$ $\lim\limits_{x \to k\pi} \cot x = \infty$ $(a \neq k\pi + \pi,$ $k = 0, \pm 1, \pm 2, \cdots)$	$(\cot x)' = -\dfrac{1}{\sin^2 x}$	$\displaystyle\int \cot x \, \mathrm{d}x = \ln|\sin x| + C$
反三角函数	$y = \arcsin x$	$\lim\limits_{x \to -1^+} \arcsin x = \dfrac{-\pi}{2}$ $\lim\limits_{x \to 1^-} \arcsin x = \dfrac{\pi}{2}$ 当 $a \in (-1, 1)$ 时， $\lim\limits_{x \to a} \arcsin x = \arcsin a$	$(\arcsin x)' = \dfrac{1}{\sqrt{1 - x^2}}$	$\displaystyle\int \arcsin x \, \mathrm{d}x =$ $x \arcsin x + \sqrt{1 - x^2} + C$
	$y = \arccos x$	$\lim\limits_{x \to -1^+} \arccos x = \pi$ $\lim\limits_{x \to 1^-} \arccos x = 0$ 当 $b \in (-1, 1)$ 时， $\lim\limits_{x \to b} \arccos x = \arccos b$	$(\arccos x)' = -\dfrac{1}{\sqrt{1 - x^2}}$	$\displaystyle\int \arccos x \, \mathrm{d}x =$ $x \arccos x - \sqrt{1 - x^2} + C$

函数	极限	导数	不定积分
反三角函数 $y = \arctan x$	当 $a \in (-\infty, +\infty)$ 时，$\lim\limits_{x \to a} \arctan x = \arctan a$ $\lim\limits_{x \to +\infty} \arctan x = \dfrac{\pi}{2}$ $\lim\limits_{x \to -\infty} \arctan x = -\dfrac{\pi}{2}$	$(\arctan x)' = \dfrac{1}{1+x^2}$	$\displaystyle\int \arctan x \, \mathrm{d}x = x\arctan x - \dfrac{1}{2}\ln|1+x^2| + C$
$y = \operatorname{arccot} x$	$\lim\limits_{x \to a} \operatorname{arccot} x = \operatorname{arccot} a$ $\lim\limits_{x \to +\infty} \operatorname{arccot} x = 0$ $\lim\limits_{x \to -\infty} \operatorname{arccot} x = \pi$ $a \in (-\infty, +\infty)$	$(\operatorname{arccot} x)' = -\dfrac{1}{1+x^2}$	$\displaystyle\int \operatorname{arccot} x \, \mathrm{d}x = x\operatorname{arccot} x + \dfrac{1}{2}\ln|1+x^2| + C$

§12.2 初等函数的微分学

12.2.1 初等函数

由基本初等函数经过有限次四则运算及有限次复合运算构成，并可用一个解析式表示的函数称为初等函数. 例如，函数 $y = \sqrt{1-x^2} + \ln x^2$，$y = \dfrac{\tan x + 3\mathrm{e}^{\sqrt{x}}}{x^3} - 5$ 都是初等函数.

仅由有限次四则运算得到的函数称为简单函数. 例如，函数 $y = \ln x + 2^x + \sqrt{x} + \sin x \cdot \dfrac{1}{\sqrt{x}} - \dfrac{x}{\mathrm{e}^x}$ 就是一个简单函数.

因为初等函数是由基本初等函数经过有限次四则运算及有限次复合运算得到的，所以求初等函数的定义域应按以下步骤进行：首先要知道基本初等函数的定义域；其次，应明确以下两点：

（1）如果有复合运算，应使内层函数满足外层函数定义域的要求；

（2）如果有四则运算，应使参与四则运算的各个函数都满足其对自变量有定义的要求，且作为分母的函数不为 0.

最后，给出应满足的不等式组，并求解.

例 12-1 求函数 $y = \log_2(x+2) + \dfrac{\arcsin x}{x^2}$ 的定义域.

解 欲使函数表达式有意义，自变量 x 须满足下列不等式组：

$$\begin{cases} x+2 > 0, \\ -1 \leqslant x \leqslant 1, \text{化简可得} \\ x \neq 0, \end{cases} \begin{cases} x > -2, \\ -1 \leqslant x \leqslant 1, \\ x \neq 0, \end{cases}$$

从而 $-1 \leqslant x < 0$ 或 $0 < x \leqslant 1$.

故函数 $y = \log_2(x+2) + \dfrac{\arcsin x}{x^2}$ 的定义域为 $[-1, 0) \bigcup (0, 1]$.

例 12 - 2 求函数 $y = \sqrt{\dfrac{1}{x} + 1}$ 的定义域.

解 欲使函数表达式有意义,自变量 x 须满足下列不等式组:

$$\begin{cases} \dfrac{1}{x} + 1 \geqslant 0, \\ x \neq 0, \end{cases} \text{化简可得} \begin{cases} \dfrac{1}{x} \geqslant -1, \\ x \neq 0, \end{cases} \text{于是} \begin{cases} x > 0, \\ x \geqslant -1, \\ x \neq 0 \end{cases} \text{或} \begin{cases} x < 0, \\ x \leqslant -1, \\ x \neq 0. \end{cases}$$

从而 $x > 0$ 或 $x \leqslant -1$,故函数 $y = \sqrt{\dfrac{1}{x} + 1}$ 的定义域为 $(-\infty, -1] \bigcup (0, +\infty)$.

12.2.2 初等函数的极限

初等函数的极限比较复杂,有多种情况需要区分.

(1) 如果初等函数在自变量的趋向点处有定义,则按照极限的四则运算法则和复合运算法则一定能求出极限. 此时将整体结构拆分成由加减乘除和复合构成的子结构,这样将整体结构的极限问题转化为子结构的极限问题. 对于子结构,再重复这样的过程,转化为子子结构……这样下来,最终就可以转化为基本初等函数的极限. 下面通过具体实例来说明.

例 12 - 3 求 $\lim\limits_{x \to 4} \dfrac{\mathrm{e}^x + \cos(4-x)}{\sqrt{x} - 3}$.

解 因为函数 $f(x) = \dfrac{\mathrm{e}^x + \cos(4-x)}{\sqrt{x} - 3}$ 在 $x = 4$ 处有定义,所以

$$\lim\limits_{x \to 4} \dfrac{\mathrm{e}^x + \cos(4-x)}{\sqrt{x} - 3} = \dfrac{\lim\limits_{x \to 4} [\mathrm{e}^x + \cos(4-x)]}{\lim\limits_{x \to 4} (\sqrt{x} - 3)} = \dfrac{\lim\limits_{x \to 4} \mathrm{e}^x + \lim\limits_{x \to 4} \cos(4-x)}{\lim\limits_{x \to 4} \sqrt{x} - \lim\limits_{x \to 4} 3}$$

$$= \dfrac{\mathrm{e}^4 + \lim\limits_{u \to 0} \cos u}{2 - 3} = \dfrac{\mathrm{e}^4 + 1}{-1} = -(\mathrm{e}^4 + 1).$$

(2) 如果所求极限的函数总体结构为商的形式,且分母的极限为 0,即 $\lim\limits_{x \to x_0} \dfrac{g(x)}{h(x)}$,其中 $\lim\limits_{x \to x_0} h(x) = 0$. 此时,若还满足 $\lim\limits_{x \to x_0} g(x) = 0$,可以尝试利用洛必达法则、消掉趋于 0 的因子、根式有理化以及第一重要极限等方法来求.

例 12 - 4 求证 $\lim\limits_{x \to 0} \dfrac{\mathrm{e}^x - 1}{x} = 1$.

证 $\lim\limits_{x \to 0} \dfrac{\mathrm{e}^x - 1}{x} \xlongequal{\text{"}\frac{0}{0}\text{"}} \lim\limits_{x \to 0} \dfrac{(\mathrm{e}^x - 1)'}{(x)'} = \lim\limits_{x \to 0} \dfrac{\mathrm{e}^x}{1} = 1.$

例 12 - 5 计算 $\lim\limits_{x \to 3} \dfrac{x^2 - 4x + 3}{x^2 - 9}$.

解　分子和分母有公共的非零因子$(x-3)$,可先消去再求极限.

$$原式 = \lim_{x \to 3} \frac{(x-3)(x-1)}{(x+3)(x-3)} = \lim_{x \to 3} \frac{x-1}{x+3} = \frac{1}{3}.$$

例 12-6　求证 $\lim_{x \to 0} \dfrac{\sqrt{1+x}-1}{x} = \dfrac{1}{2}$.

证　$原式 = \lim_{x \to 0} \dfrac{(\sqrt{1+x}-1)(\sqrt{1+x}+1)}{x(\sqrt{1+x}+1)} = \lim_{x \to 0} \dfrac{1}{\sqrt{1+x}+1} = \dfrac{1}{\sqrt{1+0}+1} = \dfrac{1}{2}.$

例 12-7　计算 $\lim_{x \to 1} \dfrac{\sin(x-1)}{x^2-1}$.

解　$\displaystyle\lim_{x \to 1} \frac{\sin(x-1)}{x^2-1} = \lim_{x \to 1} \frac{\sin(x-1)}{(x-1)(x+1)} = \lim_{x \to 1} \frac{1}{x+1} \frac{\sin(x-1)}{x-1}$

$$= \lim_{x \to 1} \frac{1}{x+1} \lim_{x \to 1} \frac{\sin(x-1)}{x-1} = \frac{1}{2}.$$

例 12-8　求证 $\lim_{x \to 0} \dfrac{\ln(1+x)}{x} = 1$.

证　$\displaystyle\lim_{x \to 0} \frac{\ln(1+x)}{x} = \lim_{x \to 0} \ln(1+x)^{\frac{1}{x}} = \ln\left[\lim_{x \to 0} (1+x)^{\frac{1}{x}}\right] = \ln \mathrm{e} = 1.$

(3) 如果所求极限的函数总体结构为商的形式,且分母的极限为无穷大,即 $\lim\limits_{x \to x_0} \dfrac{g(x)}{h(x)}$,其中 $\lim\limits_{x \to x_0} h(x) = \infty$. 此时,若 $\lim g(x)$ 存在或 $g(x)$ 在包含 x_0 的某个区间(a,b)内有界,则此时极限为 0;若 $\lim\limits_{x \to x_0} g(x) = \infty$,则可以尝试利用洛必达法则或特殊处理方法求极限.

例 12-9　求极限 $\lim_{x \to +\infty} \dfrac{x^2}{\mathrm{e}^x}$.

解　$\displaystyle\lim_{x \to +\infty} \frac{x^2}{\mathrm{e}^x} \xlongequal{\text{"}\frac{\infty}{\infty}\text{"}} \lim_{x \to +\infty} \frac{(x^2)'}{(\mathrm{e}^x)'} = \lim_{x \to +\infty} \frac{2x}{\mathrm{e}^x} \xlongequal{\text{"}\frac{\infty}{\infty}\text{"}} \lim_{x \to +\infty} \frac{(2x)'}{(\mathrm{e}^x)'} = \lim_{x \to +\infty} \frac{2}{\mathrm{e}^x} = 0.$

例 12-10　计算 $\lim_{x \to \infty} \dfrac{x^2-4x+3}{2x^2-9x+1}$.

解　$原式 = \lim_{x \to \infty} \dfrac{\frac{x^2-4x+3}{x^2}}{\frac{2x^2-9x+1}{x^2}} = \lim_{x \to \infty} \dfrac{1-\frac{4}{x}+\frac{3}{x^2}}{2-\frac{9}{x}+\frac{1}{x^2}} = \dfrac{\lim\limits_{x \to \infty}\left(1-\frac{4}{x}+\frac{3}{x^2}\right)}{\lim\limits_{x \to \infty}\left(2-\frac{9}{x}+\frac{1}{x^2}\right)} = \dfrac{1}{2}.$

(4) "$0 \cdot \infty$"和"$\infty-\infty$"型未定式可以转化为"$\dfrac{0}{0}$"型或"$\dfrac{\infty}{\infty}$"型来求.

例 12-11　求极限 $\lim_{x \to 0^+} x^n \ln x \, (n>0)$. (注:"$0 \cdot \infty$" 型)

解　先将其化为"$\dfrac{\infty}{\infty}$"型,再利用洛必达法则求解.

$$\lim_{x \to 0^+} x^n \ln x = \lim_{x \to 0^+} \frac{\ln x}{\frac{1}{x^n}} \xlongequal{\text{"}\frac{\infty}{\infty}\text{"}} \lim_{x \to 0^+} \frac{\frac{1}{x}}{-nx^{-n-1}} = \lim_{x \to 0^+} \left(-\frac{1}{n}x^n\right) = 0.$$

例 12 - 12 求极限 $\lim\limits_{x \to \frac{\pi}{2}}(\sec x - \tan x)$. (注: "$\infty - \infty$"型)

解 $\lim\limits_{x \to \frac{\pi}{2}}(\sec x - \tan x) = \lim\limits_{x \to \frac{\pi}{2}}(\dfrac{1}{\cos x} - \dfrac{\sin x}{\cos x}) = \lim\limits_{x \to \frac{\pi}{2}}\dfrac{1 - \sin x}{\cos x}$

$$\xlongequal{\text{"}\frac{0}{0}\text{"}} \lim\limits_{x \to \frac{\pi}{2}}\frac{(1 - \sin x)'}{(\cos x)'} = \lim\limits_{x \to \frac{\pi}{2}}\frac{-\cos x}{-\sin x} = 0.$$

(5) 如果函数为幂指函数类型时,"1^∞","0^0","∞^0"型未定式的求法.

形如 $f(x)^{g(x)}$ 的函数称为幂指函数.

所谓"1^∞"型未定式,是指极限 $\lim\limits_{x \to a} f(x)^{g(x)}$,其中 $\lim\limits_{x \to a} f(x) = 1$,$\lim\limits_{x \to a} g(x) = \infty$;

所谓"0^0"型未定式,是指极限 $\lim\limits_{x \to a} f(x)^{g(x)}$,其中 $\lim\limits_{x \to a} f(x) = 0$,$\lim\limits_{x \to a} g(x) = 0$;

所谓"∞^0"型未定式,是指极限 $\lim\limits_{x \to a} f(x)^{g(x)}$,其中 $\lim\limits_{x \to a} f(x) = \infty$,$\lim\limits_{x \to a} g(x) = 0$.

注意 上面的定义 $x \to a$ 对 $x \to a^+$,$x \to a^-$,$x \to +\infty$,$x \to -\infty$,$x \to \infty$ 也适用.

下面通过一个例子来说明此类未定式极限的求法.

例 12 - 13 求极限 $\lim\limits_{x \to 0^+} x^x$.

解 令 $y = x^x$,则 $\ln y = x \ln x$,

$$\lim\limits_{x \to 0^+} \ln y = \lim\limits_{x \to 0^+} x \ln x = \lim\limits_{x \to 0^+} \frac{\ln x}{\dfrac{1}{x}} \xlongequal{\text{"}\frac{\infty}{\infty}\text{"}} \lim\limits_{x \to 0^+} \frac{\dfrac{1}{x}}{-\dfrac{1}{x^2}} = \lim\limits_{x \to 0^+}(-x) = 0,$$

因此,

$$\lim\limits_{x \to 0^+} x^x = \lim\limits_{x \to 0^+} y = \lim\limits_{x \to 0^+} e^{\ln y} = e^{\lim\limits_{x \to 0^+} \ln y} = e^0 = 1.$$

12.2.3 初等函数的导数

前面已经介绍了函数四则运算和复合运算的求导法则,利用这些法则可以求出任何初等函数的导数.

求初等函数的导数时,需要注意的是,要搞清楚初等函数整体结构的形成过程.而初等函数整体结构无外乎是由一些子结构函数经过加减乘除四则运算或复合运算形成,利用函数四则运算和复合运算的求导法则,可将整体结构的求导转化为子结构函数的求导.对于子结构函数的求导,再重复这样的过程,转化为子子结构函数的求导……这样下来,最终就可以转化为基本初等函数的求导.下面通过具体实例来说明.

例 12 - 14 设 $y = \dfrac{x \sin \sqrt{x}}{x^2 + 1}$,求 y'.

解 $y' = \left(\dfrac{x \sin \sqrt{x}}{x^2 + 1}\right)' = \dfrac{(x \sin \sqrt{x})'(x^2 + 1) - (x \sin \sqrt{x})(x^2 + 1)'}{(x^2 + 1)^2}$

$$= \frac{[(x)' \sin \sqrt{x} + x(\sin \sqrt{x})'](x^2 + 1) - (x \sin \sqrt{x}) \cdot 2x}{(x^2 + 1)^2}$$

$$= \frac{\left[\sin\sqrt{x} + x\cos\sqrt{x}(\sqrt{x})'\right](x^2+1) - (x\sin\sqrt{x})\cdot 2x}{(x^2+1)^2}$$

$$= \frac{\left[\sin\sqrt{x} + \frac{\sqrt{x}}{2}\cos\sqrt{x}\right](x^2+1) - (x\sin\sqrt{x})\cdot 2x}{(x^2+1)^2}$$

$$= \frac{2(1-x^2)\sin\sqrt{x} + (x^2+1)\sqrt{x}\cos\sqrt{x}}{2(x^2+1)^2}.$$

例 12-15 设 $y = \sin\sqrt{\dfrac{xe^x}{x^2-1}}$，求 y'.

解 $y' = \left(\sin\sqrt{\dfrac{xe^x}{x^2-1}}\right)' = \cos\sqrt{\dfrac{xe^x}{x^2-1}}\left(\sqrt{\dfrac{xe^x}{x^2-1}}\right)'$

$$= \cos\sqrt{\frac{xe^x}{x^2-1}}\ \frac{1}{2\sqrt{\dfrac{xe^x}{x^2-1}}}\left(\frac{xe^x}{x^2-1}\right)'$$

$$= \frac{1}{2}\sqrt{\frac{x^2-1}{xe^x}}\cos\sqrt{\frac{xe^x}{x^2-1}}\ \frac{(xe^x)'(x^2-1) - (xe^x)(x^2-1)'}{(x^2-1)^2}$$

$$= \frac{1}{2}\sqrt{\frac{x^2-1}{xe^x}}\cos\sqrt{\frac{xe^x}{x^2-1}}\ \frac{\left[(x)'e^x + x(e^x)'\right](x^2-1) - (xe^x)(2x)}{(x^2-1)^2}$$

$$= \frac{1}{2}\sqrt{\frac{x^2-1}{xe^x}}\cos\sqrt{\frac{xe^x}{x^2-1}}\ \frac{\left[e^x + xe^x\right](x^2-1) - 2x^2e^x}{(x^2-1)^2}$$

$$= \frac{1}{2}\sqrt{\frac{x^2-1}{xe^x}}\cos\sqrt{\frac{xe^x}{x^2-1}}\ \frac{\left[(1+x)(x^2-1) - 2x^2\right]e^x}{(x^2-1)^2}$$

$$= \frac{1}{2}\ \frac{(x^3-x^2-x-1)e^x}{(x^2-1)^2}\sqrt{\frac{x^2-1}{xe^x}}\cos\sqrt{\frac{xe^x}{x^2-1}}.$$

习题 12-2

1. 求下列函数的定义域：

(1) $y = \dfrac{\sqrt{x-2}}{x-3}$；

(2) $y = \sqrt{\dfrac{x-4}{\sqrt{x-3}}}$；

(3) $y = \ln\dfrac{\sqrt{x-2}}{x-3} - \dfrac{1}{(x-4)(x-5)}$；

(4) $y = \arcsin\dfrac{\sqrt{x-1}}{x-2}$；

(5) $y = \ln\arccos\sqrt{1 - \dfrac{1}{x}}$.

2. 求下列极限：

(1) $\lim\limits_{x\to 2}\dfrac{\log_2(x-1) + \arccos(1-x)}{\sqrt{x-1}+3}$；

(2) $\lim\limits_{x\to 0}\dfrac{\ln(1+3x)}{\sin 3x}$；

(3) $\lim\limits_{h\to 0}\dfrac{\sqrt{x+h}-\sqrt{x}}{h}$；

(4) $\lim\limits_{x\to 0^+}\dfrac{\sqrt{x}(\sqrt{x}+x)}{\sin x}$；

$(5)\ \lim\limits_{x\to+\infty}\dfrac{e^x}{x^3}$;

$(6)\ \lim\limits_{x\to 0}\dfrac{2x}{5\arcsin x}$;

$(7)\ \lim\limits_{x\to\infty}\dfrac{x(x+1)}{x^2}$;

$(8)\ \lim\limits_{x\to 0}\dfrac{1}{2^x-1}$;

$(9)\ \lim\limits_{x\to\infty}\dfrac{x^3-2x+1}{x^4-5}$;

$(10)\ \lim\limits_{x\to\infty}\left(\dfrac{x-1}{x+1}\right)^{2x}$;

$(11)\ \lim\limits_{x\to\infty}\dfrac{x}{x+\sin x}$;

$(12)\ \lim\limits_{x\to 0^+}x^{\tan x}$;

$(13)\ \lim\limits_{x\to 1}\dfrac{x^7-1}{x-1}$;

$(14)\ \lim\limits_{x\to 0^+}x^{n+1}\ln x\,(n>0)$;

$(15)\ \lim\limits_{x\to\frac{\pi}{2}}\left(\dfrac{1}{2x-\pi}-\dfrac{\sin x}{\cos x}\right)$.

3. 求下列函数的一阶导数和二阶导数:

$(1)\ y=3\ln\left(\dfrac{1}{x}+1\right)+2\cos\left(\dfrac{1}{x}-1\right)$;

$(2)\ y=(1+x^2)\arctan(\sqrt{x}+2x)+\dfrac{1}{2}\cos(x\ln x)$;

$(3)\ y=\dfrac{\sin x-3x}{\ln(\ln\sqrt{x}+2)}$;

$(4)\ y=xe^{\arctan\sqrt{x+1}}$.

🏷 **§12.3**　　初等函数的积分学

12.3.1　初等函数的不定积分

有些初等函数求不定积分很复杂,甚至有些初等函数的不定积分结果很难用初等函数表示.因为初等函数是由基本初等函数经过有限次四则运算及有限次复合运算构成的,所以应该清楚基本初等函数做这些运算后不定积分的求法,下面分情况进行讨论.

一、两个函数相加或相减的不定积分

$$\int[f(x)\pm g(x)]\mathrm{d}x=\int f(x)\mathrm{d}x\pm\int g(x)\mathrm{d}x,$$

可以叙述为两个函数和或差的不定积分等于两个函数不定积分的和或差.

二、两个函数乘积的不定积分

将所有的基本初等函数进行两两组合,通过排查发现,并不是任意两个函数乘积的不定积分都能用初等函数表示.例如,对于 $\displaystyle\int e^x\ln x\mathrm{d}x$,就不能用初等函数来表示其结果.下面只对其不定积分结果能表示为初等函数的两个基本初等函数乘积的不定积分加以总结.

(1) 非零常数函数与任何初等函数乘积的不定积分,可以将常数提到积分号外,

$$\int kf(x)\mathrm{d}x = k\int f(x)\mathrm{d}x,\text{其中 }k \neq 0.$$

（2）指数为正整数的幂函数分别与指数函数、正弦函数、余弦函数乘积的不定积分,都可以利用分部积分公式求得.

例 12 - 16 求 $\int x^2 \mathrm{e}^x \mathrm{d}x$.

解 $\int x^2 \mathrm{e}^x \mathrm{d}x = \int x^2 \mathrm{d}(\mathrm{e}^x) = x^2 \mathrm{e}^x - \int \mathrm{e}^x \mathrm{d}(x^2) = x^2 \mathrm{e}^x - \int \mathrm{e}^x 2x \mathrm{d}x = x^2 \mathrm{e}^x - 2\int x \mathrm{d}(\mathrm{e}^x)$

$\qquad = x^2 \mathrm{e}^x - 2\left(x \mathrm{e}^x - \int \mathrm{e}^x \mathrm{d}x\right) = x^2 \mathrm{e}^x - 2x \mathrm{e}^x + 2\mathrm{e}^x + C.$

例 12 - 17 求 $\int x^2 \sin x \mathrm{d}x$.

解 $\int x^2 \sin x \mathrm{d}x = -\int x^2 \mathrm{d}(\cos x) = -\left[x^2 \cos x - \int \cos x \mathrm{d}(x^2)\right]$

$\qquad = -x^2 \cos x + 2\int x \cos x \mathrm{d}x = -x^2 \cos x + 2\int x \mathrm{d}(\sin x)$

$\qquad = -x^2 \cos x + 2\left(x \sin x - \int \sin x \mathrm{d}x\right) = -x^2 \cos x + 2x \sin x + 2\cos x + C.$

例 12 - 18 求 $\int x^2 \cos x \mathrm{d}x$.

解 $\int x^2 \cos x \mathrm{d}x = \int x^2 \mathrm{d}(\sin x) = x^2 \sin x - \int \sin x \mathrm{d}(x^2) = x^2 \sin x - 2\int x \sin x \mathrm{d}x$

$\qquad = x^2 \sin x + 2\int x \mathrm{d}(\cos x) = x^2 \sin x + 2\left(x \cos x - \int \cos x \mathrm{d}x\right)$

$\qquad = x^2 \sin x + 2x \cos x - 2\sin x + C.$

一般地,当 $n \geqslant 1$ 时,对于 $\int x^n \mathrm{e}^x \mathrm{d}x, \int x^n \sin x \mathrm{d}x, \int x^n \cos x \mathrm{d}x$,都可用类似上面 3 个例题的方法求得.

（3）任何指数不等于 -1 的幂函数与对数函数乘积的不定积分,可以利用分部积分公式求得.

例 12 - 19 求 $\int x^{\frac{2}{3}} \ln x \mathrm{d}x$.

解 $\int x^{\frac{2}{3}} \ln x \mathrm{d}x = \frac{3}{5}\int \ln x \mathrm{d}(x^{\frac{5}{3}}) = \frac{3}{5}\left(x^{\frac{5}{3}} \ln x - \int x^{\frac{5}{3}} \mathrm{d}(\ln x)\right)$

$\qquad = \frac{3}{5} x^{\frac{5}{3}} \ln x - \frac{3}{5}\int x^{\frac{5}{3}} \cdot \frac{1}{x} \mathrm{d}x = \frac{3}{5} x^{\frac{5}{3}} \ln x - \frac{3}{5}\int x^{\frac{2}{3}} \mathrm{d}x$

$\qquad = \frac{3}{5} x^{\frac{5}{3}} \ln x - \frac{3}{5} \cdot \frac{3}{5} x^{\frac{5}{3}} + C = \frac{3}{5} x^{\frac{5}{3}} \ln x - \frac{9}{25} x^{\frac{5}{3}} + C.$

一般地,对于不等于 -1 的任意实数 α, $\int x^\alpha \ln x \mathrm{d}x$ 可类似求得.

（4）指数为正整数的幂函数与反三角函数的乘积的不定积分,可以利用分部积分公式求得.

例 12 - 20 求 $\int x \arcsin x \mathrm{d}x$.

解 $\int x \arcsin x \mathrm{d}x = \frac{1}{2}\int \arcsin x \mathrm{d}(x^2) = \frac{1}{2}\left[x^2 \arcsin x - \int x^2 \mathrm{d}(\arcsin x) \right]$

$$= \frac{1}{2}\left[x^2 \arcsin x - \int x^2 \frac{1}{\sqrt{1-x^2}}\mathrm{d}x \right] = \frac{1}{2}x^2 \arcsin x - \frac{1}{2}\int \frac{x^2}{\sqrt{1-x^2}}\mathrm{d}x$$

$$= \frac{1}{2}x^2 \arcsin x - \frac{1}{2}\int \frac{\sin^2 t}{\cos t}\mathrm{d}(\sin t) = \frac{1}{2}x^2 \arcsin x - \frac{1}{2}\int \sin^2 t \mathrm{d}t$$

$$= \frac{1}{2}x^2 \arcsin x - \frac{1}{2}\int \frac{1-\cos 2t}{2}\mathrm{d}t = \frac{1}{2}x^2 \arcsin x - \frac{1}{4}\int (1-\cos 2t)\mathrm{d}t$$

$$= \frac{1}{2}x^2 \arcsin x - \frac{1}{4}\int \mathrm{d}t + \frac{1}{4}\int \cos 2t \mathrm{d}t$$

$$= \frac{1}{2}x^2 \arcsin x - \frac{1}{4}t + \frac{1}{8}\int \cos(2t)\mathrm{d}(2t)$$

$$= \frac{1}{2}x^2 \arcsin x - \frac{1}{4}t + \frac{1}{8}\sin(2t) + C$$

$$= \frac{1}{2}x^2 \arcsin x - \frac{1}{4}t + \frac{1}{4}\sin t \cos t + C$$

$$= \frac{1}{2}x^2 \arcsin x - \frac{1}{4}\arcsin x + \frac{1}{4}x \sqrt{1-x^2} + C.$$

例 12 – 21 求 $\int x \arccos x \mathrm{d}x$.

解 $\int x \arccos x \mathrm{d}x = \frac{1}{2}\int \arccos x \mathrm{d}(x^2) = \frac{1}{2}\left[x^2 \arccos x - \int x^2 \mathrm{d}(\arccos x) \right]$

$$= \frac{1}{2}\left[x^2 \arccos x - \int x^2 (-\frac{1}{\sqrt{1-x^2}})\mathrm{d}x \right]$$

$$= \frac{1}{2}\left[x^2 \arccos x + \int \frac{x^2}{\sqrt{1-x^2}}\mathrm{d}x \right]$$

$$= \frac{1}{2}x^2 \arccos x + \frac{1}{2}\int \frac{x^2}{\sqrt{1-x^2}}\mathrm{d}x.$$

使用与例 12 – 20 相同的方法,可得

$$\frac{1}{2}\int \frac{x^2}{\sqrt{1-x^2}}\mathrm{d}x = \frac{1}{4}\arcsin x - \frac{1}{4}x \sqrt{1-x^2} + C,$$

于是,

$$\int x \arccos x \mathrm{d}x = \frac{1}{2}x^2 \arccos x + \frac{1}{4}\arcsin x - \frac{1}{4}x \sqrt{1-x^2} + C.$$

例 12 – 22 求 $\int x \arctan x \mathrm{d}x$.

解 $\int x \arctan x \mathrm{d}x = \frac{1}{2}\int \arctan x \mathrm{d}(x^2) = \frac{1}{2}\left[x^2 \arctan x - \int x^2 \mathrm{d}(\arctan x) \right]$

$$= \frac{1}{2}\left[x^2 \arctan x - \int x^2 \frac{1}{1+x^2}\mathrm{d}x \right] = \frac{1}{2}x^2 \arctan x - \frac{1}{2}\int \frac{x^2}{1+x^2}\mathrm{d}x$$

$$= \frac{1}{2}x^2\arctan x - \frac{1}{2}\int \frac{(1+x^2)-1}{1+x^2}\mathrm{d}x$$

$$= \frac{1}{2}x^2\arctan x - \frac{1}{2}\int (1 - \frac{1}{1+x^2})\mathrm{d}x$$

$$= \frac{1}{2}x^2\arctan x - \frac{1}{2}\int \mathrm{d}x + \frac{1}{2}\int \frac{1}{1+x^2}\mathrm{d}x$$

$$= \frac{1}{2}x^2\arctan x - \frac{1}{2}x + \frac{1}{2}\arctan x + C.$$

（5）指数等于－1的幂函数仅与对数函数乘积的不定积分，可以利用第一类换元积分法求得.

例 12 - 23 求 $\int \frac{1}{x}\ln x\mathrm{d}x$.

解 $\qquad \int \frac{1}{x}\ln x\mathrm{d}x = \int \ln x\mathrm{d}(\ln x) = \frac{1}{2}(\ln x)^2 + C.$

（6）指数函数仅与自身函数、正弦函数、余弦函数乘积，可以求出不定积分.

例 12 - 24 求 $\int a^x b^x \mathrm{d}x$.

解 $\qquad \int a^x b^x \mathrm{d}x = \int (ab)^x \mathrm{d}x = \frac{(ab)^x}{\ln(ab)} + C.$

例 12 - 25 求 $\int \mathrm{e}^x \sin x\mathrm{d}x$.

解 $\quad \int \mathrm{e}^x \sin x\mathrm{d}x = \int \sin x\mathrm{d}(\mathrm{e}^x) = \mathrm{e}^x \sin x - \int \mathrm{e}^x \mathrm{d}(\sin x) = \mathrm{e}^x \sin x - \int \mathrm{e}^x \cos x\mathrm{d}x$

$$= \mathrm{e}^x \sin x - \int \cos x\mathrm{d}(\mathrm{e}^x) = \mathrm{e}^x \sin x - \left[\mathrm{e}^x \cos x - \int \mathrm{e}^x \mathrm{d}(\cos x)\right]$$

$$= \mathrm{e}^x \sin x - \mathrm{e}^x \cos x + \int \mathrm{e}^x(-\sin x)\mathrm{d}x = \mathrm{e}^x \sin x - \mathrm{e}^x \cos x - \int \mathrm{e}^x \sin x\mathrm{d}x.$$

通过移项并考虑不定积分结果中应有任意常数，可得

$$\int \mathrm{e}^x \sin x\mathrm{d}x = \frac{1}{2}(\mathrm{e}^x \sin x - \mathrm{e}^x \cos x) + C.$$

通过验证，可知此结果是正确的.

例 12 - 26 求 $\int \mathrm{e}^x \cos x\mathrm{d}x$.

解 $\quad \int \mathrm{e}^x \cos x\mathrm{d}x = \int \cos x\mathrm{d}(\mathrm{e}^x) = \mathrm{e}^x \cos x - \int \mathrm{e}^x \mathrm{d}(\cos x)$

$$= \mathrm{e}^x \cos x - \int \mathrm{e}^x(-\sin x)\mathrm{d}x = \mathrm{e}^x \cos x + \int \mathrm{e}^x \sin x\mathrm{d}x$$

$$= \mathrm{e}^x \cos x + \int \sin x\mathrm{d}(\mathrm{e}^x) = \mathrm{e}^x \cos x + \mathrm{e}^x \sin x - \int \mathrm{e}^x \mathrm{d}(\sin x)$$

$$= \mathrm{e}^x \cos x + \mathrm{e}^x \sin x - \int \mathrm{e}^x \cos x\mathrm{d}x.$$

通过移项并考虑不定积分结果中应有任意常数，可得

$$\int e^x \cos x dx = \frac{1}{2}(e^x \cos x + e^x \sin x) + C.$$

（7）正弦函数与自身函数（或余弦函数）乘积以及余弦函数与自身函数（或正弦函数）乘积的不定积分，可以利用积化和差公式求得.

例 12 – 27 求 $\int \sin x \sin x dx$.

解
$$\int \sin x \sin x dx = \int \frac{1 - \cos 2x}{2} dx = \frac{1}{2}\int(1 - \cos 2x)dx$$
$$= \frac{1}{2}\left[\int dx - \int \cos 2x dx\right] = \frac{1}{2}\left[x - \frac{1}{2}\int \cos 2x d(2x)\right]$$
$$= \frac{1}{2}\left[x - \frac{1}{2}\sin 2x\right] + C = \frac{x}{2} - \frac{1}{4}\sin 2x + C.$$

对于此类函数的不定积分问题，记住下面的积化和差公式非常有用（详见附录 3）.

$$\sin \alpha \cos \beta = \frac{1}{2}\left[\sin(\alpha + \beta) + \sin(\alpha - \beta)\right],$$

$$\cos \alpha \sin \beta = \frac{1}{2}\left[\sin(\alpha + \beta) - \sin(\alpha - \beta)\right],$$

$$\cos \alpha \cos \beta = \frac{1}{2}\left[\cos(\alpha + \beta) + \cos(\alpha - \beta)\right],$$

$$\sin \alpha \sin \beta = -\frac{1}{2}\left[\cos(\alpha + \beta) - \cos(\alpha - \beta)\right].$$

（8）对数函数（或反三角函数）与自身函数乘积的不定积分，可以利用分部积分公式求得.

例 12 – 28 求 $\int \log_2 x \cdot \log_3 x dx$.

解
$$\int \log_2 x \cdot \log_3 x dx = \int \frac{\ln x}{\ln 2}\frac{\ln x}{\ln 3} dx = \frac{1}{\ln 2 \ln 3}\int (\ln x)^2 dx$$
$$= \frac{1}{\ln 2 \ln 3}\int (\ln x)^2 dx = \frac{1}{\ln 2 \ln 3}\left\{x(\ln x)^2 - \int x d\left[(\ln x)^2\right]\right\}$$
$$= \frac{x(\ln x)^2}{\ln 2 \ln 3} - \frac{1}{\ln 2 \ln 3}\int x \cdot 2(\ln x)\frac{1}{x} dx$$
$$= \frac{x(\ln x)^2}{\ln 2 \ln 3} - \frac{2}{\ln 2 \ln 3}\int \ln x dx$$
$$= \frac{x(\ln x)^2}{\ln 2 \ln 3} - \frac{2}{\ln 2 \ln 3}\left[x \ln x - \int x d(\ln x)\right]$$
$$= \frac{x(\ln x)^2}{\ln 2 \ln 3} - \frac{2x \ln x}{\ln 2 \ln 3} + \frac{2}{\ln 2 \ln 3}\int x \cdot \frac{1}{x} dx$$
$$= \frac{x(\ln x)^2}{\ln 2 \ln 3} - \frac{2x \ln x}{\ln 2 \ln 3} + \frac{2}{\ln 2 \ln 3}x + C.$$

例 12 – 29 求 $\int (\arcsin x)^2 dx$.

解 $\displaystyle\int(\arcsin x)^2\mathrm{d}x = x(\arcsin x)^2 - \int x\mathrm{d}\big[(\arcsin x)^2\big]$

$$= x(\arcsin x)^2 - \int x \cdot 2\arcsin x \cdot \frac{1}{\sqrt{1-x^2}}\mathrm{d}x$$

$$= x(\arcsin x)^2 + \int \arcsin x \cdot \frac{-2x}{\sqrt{1-x^2}}\mathrm{d}x$$

$$= x(\arcsin x)^2 + \int \arcsin x\mathrm{d}(2\sqrt{1-x^2})$$

$$= x(\arcsin x)^2 + 2\sqrt{1-x^2}\arcsin x - \int 2\sqrt{1-x^2}\mathrm{d}(\arcsin x)$$

$$= x(\arcsin x)^2 + 2\sqrt{1-x^2}\arcsin x - \int 2\sqrt{1-x^2}\frac{1}{\sqrt{1-x^2}}\mathrm{d}x$$

$$= x(\arcsin x)^2 + 2\sqrt{1-x^2}\arcsin x - 2\int\mathrm{d}x$$

$$= x(\arcsin x)^2 + 2\sqrt{1-x^2}\arcsin x - 2x + C.$$

对于用分部积分法求两个函数乘积的不定积分,可以归纳如下:

(1) 当被积函数是幂函数与指数函数(或正、余弦函数)的乘积时,一般设幂函数为 u,被积函数表达式的其余部分为 $\mathrm{d}v$;

(2) 当被积函数是幂函数与对数函数(或反三角函数)的乘积时,一般设对数函数(或反三角函数)为 u,被积函数表达式的其余部分为 $\mathrm{d}v$;

(3) 当被积函数是对数函数(或反三角函数)与自身函数乘积时,一般设此乘积为 u,x 为 v;

(4) 当被积函数是指数函数与正弦函数(或余弦函数)的乘积时,要积分两次,最后像解方程一样求出结果.

三、两个函数商的不定积分

与求两个函数乘积不定积分的处理方法相同,将所有的基本初等函数进行两两结合,通过排查发现,只有下列基本初等函数的商可以求出不定积分:

(1) 常数函数除以幂函数、指数函数、正弦函数、余弦函数,可以求出不定积分.

例 12 - 30 求 $\displaystyle\int\frac{1}{x^\alpha}\mathrm{d}x$.

解 当 $\alpha \neq 1$ 时,$\displaystyle\int\frac{1}{x^\alpha}\mathrm{d}x = \int x^{-\alpha}\mathrm{d}x = \frac{x^{1-\alpha}}{1-\alpha} + C$.

当 $\alpha = 1$ 时,$\displaystyle\int\frac{1}{x}\mathrm{d}x = \ln|x| + C$.

例 12 - 31 求 $\displaystyle\int\frac{1}{2^x}\mathrm{d}x$.

解 $\displaystyle\int\frac{1}{2^x}\mathrm{d}x = \int 2^{-x}\mathrm{d}x = -\int 2^{-x}\mathrm{d}(-x) = -\frac{2^{-x}}{\ln 2} + C$.

例 12 - 32 求 $\displaystyle\int\frac{1}{\sin x}\mathrm{d}x$.

解 $\displaystyle\int\frac{1}{\sin x}\mathrm{d}x=\int\frac{\sin x}{\sin^2 x}\mathrm{d}x=-\int\frac{1}{1-\cos^2 x}\mathrm{d}(\cos x)$

$\displaystyle\qquad\qquad =-\int\frac{1}{(1-\cos x)(1+\cos x)}\mathrm{d}(\cos x)$

$\displaystyle\qquad\qquad =-\frac{1}{2}\int\left(\frac{1}{1-\cos x}+\frac{1}{1+\cos x}\right)\mathrm{d}(\cos x)$

$\displaystyle\qquad\qquad =-\frac{1}{2}\int\frac{1}{1-\cos x}\mathrm{d}(\cos x)-\frac{1}{2}\int\frac{1}{1+\cos x}\mathrm{d}(\cos x)$

$\displaystyle\qquad\qquad =\frac{1}{2}\int\frac{1}{1-\cos x}\mathrm{d}(1-\cos x)-\frac{1}{2}\int\frac{1}{1+\cos x}\mathrm{d}(1+\cos x)$

$\displaystyle\qquad\qquad =\frac{1}{2}\ln|1-\cos x|-\frac{1}{2}\ln|1+\cos x|+C.$

例 12 – 33 求 $\displaystyle\int\frac{1}{\cos x}\mathrm{d}x.$

解 $\displaystyle\int\frac{1}{\cos x}\mathrm{d}x=\int\frac{\cos x}{\cos^2 x}\mathrm{d}x=\int\frac{1}{1-\sin^2 x}\mathrm{d}(\sin x)$

$\displaystyle\qquad\qquad =\int\frac{1}{(1-\sin x)(1+\sin x)}\mathrm{d}(\cos x)$

$\displaystyle\qquad\qquad =\frac{1}{2}\int\left(\frac{1}{1-\sin x}+\frac{1}{1+\sin x}\right)\mathrm{d}(\sin x)$

$\displaystyle\qquad\qquad =\frac{1}{2}\int\frac{1}{1-\sin x}\mathrm{d}(\sin x)+\frac{1}{2}\int\frac{1}{1+\sin x}\mathrm{d}(\sin x)$

$\displaystyle\qquad\qquad =-\frac{1}{2}\int\frac{1}{1-\sin x}\mathrm{d}(1-\sin x)+\frac{1}{2}\int\frac{1}{1+\sin x}\mathrm{d}(1+\sin x)$

$\displaystyle\qquad\qquad =-\frac{1}{2}\ln|1-\sin x|+\frac{1}{2}\ln|1+\sin x|+C.$

(2) 同类函数相除(反三角函数除外),可以求不定积分.

例 12 – 34 求 $\displaystyle\int\frac{x^\alpha}{x^\beta}\mathrm{d}x.$

解 当 $\beta\neq\alpha+1$ 时,$\displaystyle\int\frac{x^\alpha}{x^\beta}\mathrm{d}x=\int x^{\alpha-\beta}\mathrm{d}x=\frac{1}{\alpha-\beta+1}x^{\alpha-\beta+1}+C.$

当 $\beta=\alpha+1$ 时,$\displaystyle\int\frac{x^\alpha}{x^\beta}\mathrm{d}x=\int\frac{1}{x}\mathrm{d}x=\ln|x|+C.$

例 12 – 35 求 $\displaystyle\int\frac{a^x}{b^x}\mathrm{d}x.$

解 当 $a\neq b$ 时,$\displaystyle\int\frac{a^x}{b^x}\mathrm{d}x=\int\left(\frac{a}{b}\right)^x\mathrm{d}x=\frac{1}{\ln\left(\frac{a}{b}\right)}\left(\frac{a}{b}\right)^x+C.$

当 $a=b$ 时,$\displaystyle\int\frac{a^x}{b^x}\mathrm{d}x=\int\mathrm{d}x=x+C.$

例 12 – 36 求 $\displaystyle\int\frac{\sin x}{\cos x}\mathrm{d}x.$

解 $\displaystyle\int\frac{\sin x}{\cos x}\mathrm{d}x=-\int\frac{1}{\cos x}\mathrm{d}(\cos x)=-\ln|\cos x|+C.$

例 12-37 求 $\displaystyle\int\frac{\cos x}{\sin x}\mathrm{d}x$.

解
$$\int\frac{\cos x}{\sin x}\mathrm{d}x = \int\frac{1}{\sin x}\mathrm{d}(\sin x) = \ln|\sin x| + C.$$

例 12-38 求 $\displaystyle\int\frac{\log_a x}{\log_b x}\mathrm{d}x$.

解
$$\int\frac{\log_a x}{\log_b x}\mathrm{d}x = \int\frac{\dfrac{\ln x}{\ln a}}{\dfrac{\ln x}{\ln b}}\mathrm{d}x = \frac{\ln b}{\ln a}x + C.$$

（3）幂函数、正弦函数和余弦函数分别除以指数函数，可以求不定积分.

例 12-39 求 $\displaystyle\int\frac{x^2}{\mathrm{e}^x}\mathrm{d}x$.

解
$$\int\frac{x^2}{\mathrm{e}^x}\mathrm{d}x = \int\mathrm{e}^{-x}x^2\mathrm{d}x = -\int x^2\mathrm{d}(\mathrm{e}^{-x}) = -\left[x^2\mathrm{e}^{-x} - \int\mathrm{e}^{-x}\mathrm{d}(x^2)\right]$$
$$= -x^2\mathrm{e}^{-x} + \int\mathrm{e}^{-x}\cdot 2x\mathrm{d}x = -x^2\mathrm{e}^{-x} - 2\int x\mathrm{d}(\mathrm{e}^{-x})$$
$$= -x^2\mathrm{e}^{-x} - 2\left[x\mathrm{e}^{-x} - \int\mathrm{e}^{-x}\mathrm{d}(x)\right] = -x^2\mathrm{e}^{-x} - 2x\mathrm{e}^{-x} + 2\int\mathrm{e}^{-x}\mathrm{d}x$$
$$= -\mathrm{e}^{-x}(x^2 + 2x) - 2\int\mathrm{e}^{-x}\mathrm{d}(-x) = -\mathrm{e}^{-x}(x^2 + 2x) - 2\mathrm{e}^{-x} + C$$
$$= -\mathrm{e}^{-x}(x^2 + 2x + 2) + C.$$

例 12-40 求 $\displaystyle\int\frac{\sin x}{\mathrm{e}^x}\mathrm{d}x$.

解
$$\int\frac{\sin x}{\mathrm{e}^x}\mathrm{d}x = \int\mathrm{e}^{-x}\sin x\mathrm{d}x = -\int\sin x\mathrm{d}(\mathrm{e}^{-x}) = -\left[\mathrm{e}^{-x}\sin x - \int\mathrm{e}^{-x}\mathrm{d}(\sin x)\right]$$
$$= -\mathrm{e}^{-x}\sin x + \int\mathrm{e}^{-x}\cos x\mathrm{d}x = -\mathrm{e}^{-x}\sin x - \int\cos x\mathrm{d}(\mathrm{e}^{-x})$$
$$= -\mathrm{e}^{-x}\sin x - \left[\mathrm{e}^{-x}\cos x - \int\mathrm{e}^{-x}\mathrm{d}(\cos x)\right]$$
$$= -\mathrm{e}^{-x}\sin x - \mathrm{e}^{-x}\cos x - \int\mathrm{e}^{-x}\sin x\mathrm{d}x.$$

通过移项并注意到不定积分中含有任意常数，可得
$$\int\frac{\sin x}{\mathrm{e}^x}\mathrm{d}x = \int\mathrm{e}^{-x}\sin x\mathrm{d}x = -\frac{1}{2}\mathrm{e}^{-x}(\sin x + \cos x) + C.$$

四、复合函数的不定积分

（1）当复合函数的内层函数为一次函数、外层函数为基本初等函数时，可求不定积分.

例 12-41 求 $\displaystyle\int(3x-2)^{\frac{3}{2}}\mathrm{d}x$.

解 **方法 1**
$$\int(3x-2)^{\frac{3}{2}}\mathrm{d}x = \frac{1}{3}\int(3x-2)^{\frac{3}{2}}\mathrm{d}(3x-2) = \frac{1}{3}\cdot\frac{1}{\frac{3}{2}+1}(3x-2)^{\frac{3}{2}+1} + C$$
$$= \frac{1}{3}\cdot\frac{2}{5}(3x-2)^{\frac{5}{2}} + C = \frac{2}{15}(3x-2)^{\frac{5}{2}} + C.$$

方法 2 令 $t = 3x - 2$，则 $x = \dfrac{t+2}{3}$，$\mathrm{d}x = \dfrac{1}{3}\mathrm{d}t$. 于是，

$$\int (3x-2)^{\frac{3}{2}}\mathrm{d}x = \int t^{\frac{3}{2}} \frac{1}{3}\mathrm{d}t = \frac{1}{3}\int t^{\frac{3}{2}}\mathrm{d}t = \frac{1}{3} \cdot \frac{1}{\frac{3}{2}+1} t^{\frac{3}{2}+1} + C$$

$$= \frac{1}{3} \cdot \frac{2}{5}(3x-2)^{\frac{5}{2}} + C = \frac{2}{15}(3x-2)^{\frac{5}{2}} + C.$$

例 12-42 求 $\displaystyle\int \frac{1}{2x-1}\mathrm{d}x$.

解 $\displaystyle\int \frac{1}{2x-1}\mathrm{d}x = \frac{1}{2}\int \frac{1}{2x-1}\mathrm{d}(2x-1) = \frac{1}{2}\ln|2x-1| + C$.

例 12-43 求 $\displaystyle\int \sqrt{3x+4}\,\mathrm{d}x$.

解 $\displaystyle\int \sqrt{3x+4}\,\mathrm{d}x = \frac{1}{3}\int (3x+4)^{\frac{1}{2}}\mathrm{d}(3x+4) = \frac{1}{3} \cdot \frac{1}{\frac{1}{2}+1}(3x+4)^{\frac{1}{2}+1} + C$

$$= \frac{2}{9}(3x+4)^{\frac{3}{2}} + C.$$

例 12-44 求 $\displaystyle\int \frac{1}{\sqrt{2x+6}}\mathrm{d}x$.

解 $\displaystyle\int \frac{1}{\sqrt{2x+6}}\mathrm{d}x = \frac{1}{2}\int \frac{1}{\sqrt{2x+6}}\mathrm{d}(2x+6) = \frac{1}{2}\int (2x+6)^{-\frac{1}{2}}\mathrm{d}(2x+6)$

$$= \frac{1}{2} \cdot \frac{1}{-\frac{1}{2}+1}(2x+6)^{-\frac{1}{2}+1} + C = \frac{1}{2} \cdot 2(2x+6)^{\frac{1}{2}} + C$$

$$= \sqrt{2x+6} + C.$$

例 12-45 求 $\displaystyle\int \mathrm{e}^{2x+3}\mathrm{d}x$.

解 $\displaystyle\int \mathrm{e}^{2x+3}\mathrm{d}x = \frac{1}{2}\int \mathrm{e}^{2x+3}\mathrm{d}(2x+3) = \frac{1}{2}\mathrm{e}^{2x+3} + C.$

例 12-46 求 $\displaystyle\int \sin(2x-4)\mathrm{d}x$.

解 $\displaystyle\int \sin(2x-4)\mathrm{d}x = \frac{1}{2}\int \sin(2x-4)\mathrm{d}(2x-4) = -\frac{1}{2}\cos(2x-4) + C.$

例 12-47 求 $\displaystyle\int \cos(5x+1)\mathrm{d}x$.

解 $\displaystyle\int \cos(5x+1)\mathrm{d}x = \frac{1}{5}\int \cos(5x+1)\mathrm{d}(5x+1) = \frac{1}{5}\sin(5x+1) + C.$

例 12-48 求 $\displaystyle\int \ln(5x+1)\mathrm{d}x$.

解 令 $t = 5x+1$，则 $x = \dfrac{t-1}{5}$，$\mathrm{d}x = \dfrac{1}{5}\mathrm{d}t$. 于是，

$$\int \ln(5x+1)\mathrm{d}x = \int \ln t \frac{1}{5}\mathrm{d}t = \frac{1}{5}\int \ln t\,\mathrm{d}t = \frac{1}{5}\left[t\ln t - \int t\,\mathrm{d}(\ln t)\right] = \frac{1}{5}\left[t\ln t - \int t \cdot \frac{1}{t}\mathrm{d}t\right]$$

$$= \frac{1}{5} \big[t \ln t - t \big] + C = \frac{5x+1}{5} \big[\ln(5x+1) - 1 \big] + C.$$

例 12 - 49 求 $\int \arcsin(2x-3)\mathrm{d}x$.

解 令 $t = 2x - 3$,则 $x = \dfrac{t+3}{2}$, $\mathrm{d}x = \dfrac{1}{2}\mathrm{d}t$. 于是,

$$\int \arcsin(2x-3)\mathrm{d}x = \int \arcsin t \cdot \frac{1}{2}\mathrm{d}t = \frac{1}{2}\int \arcsin t \mathrm{d}t$$

$$= \frac{1}{2}\Big[t\arcsin t - \int t\mathrm{d}(\arcsin t) \Big] = \frac{1}{2}\Big[t\arcsin t - \int \frac{t}{\sqrt{1-t^2}}\mathrm{d}t \Big]$$

$$= \frac{1}{2}\Big[t\arcsin t + \frac{1}{2}\int \frac{1}{\sqrt{1-t^2}}\mathrm{d}(1-t^2) \Big]$$

$$= \frac{1}{2}\Big[t\arcsin t + \frac{1}{2}\int (1-t^2)^{-\frac{1}{2}}\mathrm{d}(1-t^2) \Big]$$

$$= \frac{1}{2}\Big[t\arcsin t + \frac{1}{2} \frac{1}{-\frac{1}{2}+1}(1-t^2)^{-\frac{1}{2}+1} \Big] + C$$

$$= \frac{1}{2}\Big[t\arcsin t + \frac{1}{2} \cdot 2(1-t^2)^{\frac{1}{2}} \Big] + C = \frac{1}{2}\Big[t\arcsin t + \sqrt{1-t^2} \Big] + C$$

$$= \frac{1}{2}\Big[(2x-3)\arcsin(2x-3) + \sqrt{1-(2x-3)^2} \Big] + C.$$

(2) 当复合函数的内层函数不为一次函数,但被积函数为该复合函数与内层函数的导数相乘时,可用凑微分法求不定积分.

例 12 - 50 求 $\int \mathrm{e}^{\sqrt{x}} \dfrac{1}{\sqrt{x}}\mathrm{d}x$.

解 $\int \mathrm{e}^{\sqrt{x}} \dfrac{1}{\sqrt{x}}\mathrm{d}x = 2\int \mathrm{e}^{\sqrt{x}} \dfrac{1}{2\sqrt{x}}\mathrm{d}x = \int \mathrm{e}^{\sqrt{x}}\mathrm{d}(\sqrt{x}) = \mathrm{e}^{\sqrt{x}} + C.$

记住下面的微分运算,将有助于求此类函数的不定积分:

(1) $\mathrm{d}x = \dfrac{1}{a}\mathrm{d}(ax + b)$ $(a, b$ 均为常数$)$; (2) $x^m\mathrm{d}x = \dfrac{1}{m+1}\mathrm{d}(x^{m+1})$ $(m \neq -1)$;

(3) $\mathrm{e}^x\mathrm{d}x = \mathrm{d}(\mathrm{e}^x)$;

(4) $\cos x\mathrm{d}x = \mathrm{d}(\sin x)$, $\sin x\mathrm{d}x = -\mathrm{d}(\cos x)$, $\sec x\tan x\mathrm{d}x = \mathrm{d}\sec x$,

$\csc x\cot x\mathrm{d}x = -\mathrm{d}(\csc x)$, $\sec^2 x\mathrm{d}x = \mathrm{d}(\tan x)$, $\csc^2 x\mathrm{d}x = -\mathrm{d}(\cot x)$;

其中 $\sec x = \dfrac{1}{\cos x}$, $\csc x = \dfrac{1}{\sin x}$, $\cot x = \dfrac{\cos x}{\sin x}$, $\tan x = \dfrac{\sin x}{\cos x}$.

(5) $\mathrm{e}^{ax}\mathrm{d}x = \dfrac{1}{a}\mathrm{d}(\mathrm{e}^{ax})$; (6) $\dfrac{1}{x}\mathrm{d}x = \mathrm{d}(\ln x)$;

(7) $\dfrac{1}{x^2}\mathrm{d}x = -\mathrm{d}\Big(\dfrac{1}{x}\Big)$; (8) $\dfrac{1}{\sqrt{1-x^2}}\mathrm{d}x = \mathrm{d}(\arcsin x)$;

(9) $\dfrac{1}{1+x^2}\mathrm{d}x = \mathrm{d}(\arctan x)$; (10) $\dfrac{1}{2\sqrt{x}}\mathrm{d}x = \mathrm{d}(\sqrt{x})$.

（3）当复合函数的内层函数不为一次函数，被积函数只为复合函数时，可尝试将内层函数设为新变量，把原不定积分转化为新变量的不定积分，求出新变量的不定积分后再回代.

例 12 - 51 求 $\int e^{\sqrt[3]{x}} dx$.

解 令 $\sqrt[3]{x} = t$，则 $x = t^3$，$dx = 3t^2 dt$. 于是，

$$\int e^{\sqrt[3]{x}} dx = 3 \int t^2 e^t dt = 3 \int t^2 d(e^t) = 3t^2 e^t - 6 \int t e^t dt = 3t^2 e^t - 6 \int t d(e^t)$$

$$= 3t^2 e^t - 6t e^t + 6 \int e^t dt = 3t^2 e^t - 6t e^t + 6e^t + C = 3(t^2 - 2t + 2) e^t + C$$

$$= 3(\sqrt[3]{x^2} - 2\sqrt[3]{x} + 2) e^{\sqrt[3]{x}} + C.$$

五、复合函数与基本初等函数进行四则运算所构成的被积函数的不定积分

当被积函数是由复合函数与基本初等函数进行四则运算得到时，可尝试将复合函数的内层函数设为新变量，并将原不定积分转化为新变量的不定积分，再对新变量求不定积分，求出后再回代.

例 12 - 52 求 $\int x\cos(2x + 1) dx$.

解 令 $t = 2x + 1$，则有 $x = \dfrac{t-1}{2}$，$dx = \dfrac{1}{2} dt$，于是，

$$\int x\cos(2x + 1) dx = \int \frac{t-1}{2} \cos t \cdot \frac{1}{2} dt = \frac{1}{4} \int (t-1)\cos t dt$$

$$= \frac{1}{4} \int (t\cos t - \cos t) dt = \frac{1}{4}\left[\int t\cos t dt - \int \cos t dt\right]$$

$$= \frac{1}{4}\left[\int t d(\sin t) - \sin t\right] = \frac{1}{4}\left[t\sin t - \int \sin t d(t) - \sin t\right]$$

$$= \frac{1}{4}\left[t\sin t - \int \sin t dt - \sin t\right] = \frac{1}{4}\left[(t-1)\sin t - \int \sin t dt\right]$$

$$= \frac{1}{4}\left[(t-1)\sin t + \cos t\right] + C = \frac{1}{4}\left[2x\sin(2x+1) + \cos(2x+1)\right] + C.$$

六、有理函数的不定积分

当被积函数为有理函数时，求其不定积分有一些成型的方法，下面进行介绍.

函数 $\dfrac{P_n(x)}{Q_m(x)}$（其中 $P_n(x)$，$Q_m(x)$ 分别是 n 次和 m 次多项式）叫做有理函数.

这里假定 $P_n(x)$ 与 $Q_m(x)$ 无公因式. 当 $n < m$ 时，称这个有理函数为真分式；当 $n \geq m$ 时，称这个有理函数为假分式.

对于假分式，利用多项式除法，总可以把它化为多项式与真分式之和. 例如，

$$\frac{x^3 + 1}{x^2 + x + 1} = x - 1 + \frac{2}{x^2 + x + 1},$$

$$\frac{x^2 - 5x + 4}{x^2 + 3x + 1} = 1 + \frac{-8x + 3}{x^2 + 3x + 1}.$$

因为多项式很容易求不定积分，所以下面只讨论真分式不定积分的求法.

真分式积分法的基本思路为：先把 $Q_m(x)$ 因式分解，接着把真分式分解为若干个简单分式的代数和，然后逐项积分.

关于因式分解有下面的定理：

定理 12-1 在实数范围内，多项式 $Q(x)$ 总能分解成一次因式与二次因式的乘积（多项式 $Q(x)$ 的次数$\geqslant 1$）：

$$Q(x) = b_0(x-a)^\alpha \cdots (x-b)^\beta (x^2+px+q)^\lambda \cdots (x^2+rx+s)^\mu,$$

其中，$p^2-4q < 0, \cdots, r^2-4s < 0$.

证明从略.

有了分母的上述分解后，则真分式的分解有下面的定理：

定理 12-2 假设多项式 $Q(x)$ 已分解成一次因式与不能分解的二次因式的乘积，即

$$Q(x) = b_0(x-a)^\alpha \cdots (x-b)^\beta (x^2+px+q)^\lambda \cdots (x^2+rs+s)^\mu,$$

其中，$p^2-4q < 0, \cdots, r^2-4s < 0$. 则真分式 $\dfrac{P(x)}{Q(x)}$ 一定能分解成

$$
\begin{aligned}
\frac{P(x)}{Q(x)} = & \frac{A_1}{x-a} + \frac{A_2}{(x-a)^2} + \cdots + \frac{A_\alpha}{(x-a)^\alpha} + \cdots + \\
& \frac{B_1}{(x-b)} + \frac{B_2}{(x-b)^2} + \cdots + \frac{B^\beta}{(x-b)^\beta} + \cdots + \\
& \frac{M_1 x+N_1}{(x^2+px+q)} + \frac{M_2 x+N_2}{(x^2+px+q)^2} + \cdots + \frac{M_\lambda x+N_\lambda}{(x^2+px+q)^\lambda} + \cdots + \\
& \frac{R_1 x+S_1}{(x^2+rx+s)} + \frac{R_2 x+S_2}{(x^2+rx+s)^2} + \cdots + \frac{R_u x+S_u}{(x^2+rx+s)^\mu},
\end{aligned}
$$

其中 $A_i(i=1,2,\cdots,\alpha), \cdots, B_i(i=1,2,\cdots,\beta), M_i, N_i(i=1,2,\cdots,\lambda), \cdots, R_i, S_i(i=1,2,\cdots,\mu)$ 等都是常数.

证明从略.

例如，真分式 $\dfrac{P(x)}{Q(x)} = \dfrac{3x^2+1}{(x-1)^2(x+2)^3(x^2-2x+3)^2}$ 可以分解为下列简单分式之和：

$$
\begin{aligned}
\frac{P(x)}{Q(x)} = & \frac{A_1}{(x-1)} + \frac{A_2}{(x-1)^2} + \frac{B_1}{(x+2)} + \frac{B_2}{(x+2)^2} + \frac{B_3}{(x+2)^3} + \\
& \frac{R_1 x+S_1}{(x^2-2x+3)} + \frac{R_2 x+S_2}{(x^2-2x+3)^2},
\end{aligned}
$$

其中，$A_1, A_2, B_1, B_2, B_3, R_1, R_2, S_1, S_2$ 皆为常数，可以通过待定系数法来确定它们的值.

例 12-53 求 $\displaystyle\int \frac{x+3}{x^2-5x+6} \mathrm{d}x$.

解 因为 $x^2-5x+6 = (x-2)(x-3)$，可设

$$\frac{x+3}{x^2-5x+6} = \frac{A}{(x-2)} + \frac{B}{(x-3)},$$

其中 A，B 为待定常数，可以用如下两种方法求出待定系数．

方法 1　上式去分母得

$$x+3 \equiv A(x-3) + B(x-2) = (A+B)x - (3A+2B),$$

这是一个恒等式，所以等式两边 x 的同次幂的系数必须相等，于是有

$$\begin{cases} A+B=1, \\ -(3A+2B)=3, \end{cases} \quad 解得 \begin{cases} A=-5, \\ B=6. \end{cases}$$

方法 2　在恒等式 $x+3 \equiv A(x-3) + B(x-2)$ 中，代入特殊的 x 值，从而求出待定的常数．

令 $x=2$，得 $A=-5$；令 $x=3$，得 $B=6$，所以同样得到

$$\frac{x+3}{x^2-5x+6} = \frac{-5}{(x-2)} + \frac{6}{(x-3)},$$

故

$$\int \frac{x+3}{x^2-5x+6} dx = \int \left[\frac{-5}{x-2} + \frac{6}{x-3} \right] dx = -5\ln|x-2| + 6\ln|x-3| + C.$$

例 12-54　求 $\displaystyle\int \frac{x-5}{x^3-3x^2+4} dx$．

解　因为 $x^3-3x^2+4 = (x+1)(x-2)^2$，可设

$$\frac{x-5}{x^3-3x^2+4} = \frac{A}{x+1} + \frac{B_1}{x-2} + \frac{B_2}{(x-2)^2},$$

去分母，得

$$x-5 = A(x-2)^2 + B_1(x+1)(x-2) + B_2(x+1),$$

即

$$x-5 \equiv (A+B_1)x^2 + (-4A-B_1+B_2)x + 4A + B_2 - 2B_1,$$

比较两端 x 的各同次幂的系数及常数项，得

$$\begin{cases} A+B_1=0, \\ -4A-B_1+B_2=1, \\ 4A-2B_1+B_2=-5, \end{cases} \quad 解得 \begin{cases} A=-\dfrac{2}{3}, \\ B_1=\dfrac{2}{3}, \\ B_2=-1. \end{cases}$$

于是，

$$\int \frac{x-5}{x^3-3x^2+4} dx = -\frac{2}{3} \int \frac{dx}{x+1} + \frac{2}{3} \int \frac{dx}{x-2} - \int \frac{dx}{(x-2)^2}$$

$$=-\frac{2}{3}\ln|x+1|+\frac{2}{3}\ln|x-2|+\frac{1}{x-2}+C$$

$$=\frac{2}{3}\ln\left|\frac{x-2}{x+1}\right|+\frac{1}{x-2}+C.$$

例 12-55 求 $\int\frac{2x+2}{(x-1)(x^2+1)^2}\mathrm{d}x.$

解 设 $\frac{2x+2}{(x-1)(x^2+1)^2}=\frac{A}{x-1}+\frac{Bx+C}{x^2+1}+\frac{Dx+E}{(x^2+1)^2}.$

由待定系数法,得 $A=1,B=-1,C=-1,D=-2,E=0,$故

$$\int\frac{2x+2}{(x-1)(x^2+1)^2}\mathrm{d}x=\int\frac{\mathrm{d}x}{x-1}-\int\frac{(-x-1)\mathrm{d}x}{x^2+1}+\int\frac{-2x}{(x^2+1)^2}\mathrm{d}x$$

$$=\ln|x-1|+\frac{1}{2}\ln(x^2+1)+\arctan x+\frac{1}{x^2+1}+C.$$

总之,真分式的积分可归结为下列 4 种类型的积分:

(1) $\int\frac{\mathrm{d}x}{x-a}$; (2) $\int\frac{\mathrm{d}x}{(x-a)^k}(k>1)$;

(3) $\int\frac{x+r}{x^2+px+q}\mathrm{d}x$; (4) $\int\frac{x+r}{(x^2+px+q)^k}\mathrm{d}x(k>1).$

前 3 种积分皆易求、第 4 种可用分部积分法导出递推公式,因比较麻烦,这里就不作介绍.

求有理函数不定积分的步骤归纳如下:

(1) 如果有理函数是假分式,先利用整式的除法将其写成多项式与真分式之和;

(2) 对于真分式,先将其分母分解成一次因式和不能再分解的二次因式的乘积,再将真分式分解为简单分式之和的形式,最后利用简单分式求不定积分的方法求出.

12.3.2 初等函数的定积分

前面已经介绍过求函数定积分的方法,这里进行归纳总结如下:

求初等函数在某个区间上的定积分,可以先求出其不定积分,再利用微积分基本定理,

$$\int_a^b f(x)\mathrm{d}x=\left[F(x)\right]_a^b=F(b)-F(a),$$

其中 $F'(x)=f(x).$

如果求定积分相对应的不定积分时,用到不定积分的运算性质、不定积分的换元积分法和不定积分的分部积方法,采用下面的定积分相应的计算方法,可以简化计算过程.

一、定积分的运算性质

性质 1 常数因子 k 可提到定积分符号前面,即

$$\int_a^b kf(x)\mathrm{d}x=k\int_a^b f(x)\mathrm{d}x.$$

性质 2 代数和的定积分等于定积分的代数和,即

$$\int_a^b [f(x) \pm g(x)] \mathrm{d}x = \int_a^b f(x) \mathrm{d}x \pm \int_a^b g(x) \mathrm{d}x.$$

二、定积分的换元积分法

定理 12 - 1　设函数 $f(x)$ 在闭区间 $[a, b]$ 上连续，函数 $x = \varphi(t)$ 在闭区间 $[\alpha, \beta]$ 或 $[\beta, \alpha]$ 上，单调且有连续的导数，且 $\varphi(\alpha) = a$，$\varphi(\beta) = b$ 及 $a \leqslant \varphi(t) \leqslant b$，则

$$\int_a^b f(x) \mathrm{d}x = \int_\alpha^\beta f[\varphi(t)] \varphi'(t) \mathrm{d}t.$$

注意　当使用凑微分法时，积分限不需要转换.

三、定积分的分部积分法

$$\int_a^b u \mathrm{d}v = \left[\int u \mathrm{d}v \right]_a^b = \left[uv - \int v \mathrm{d}u \right]_a^b = [uv]_a^b - \int_a^b v \mathrm{d}u.$$

所以

$$\int_a^b u \mathrm{d}v = [uv]_a^b - \int_a^b v \mathrm{d}u.$$

习题 12 - 3

1. 求下列不定积分：

(1) $\int x^3 \mathrm{e}^x \mathrm{d}x$;

(2) $\int x^2 2^x \mathrm{d}x$;

(3) $\int x^3 \sin x \mathrm{d}x$;

(4) $\int x^3 \cos x \mathrm{d}x$;

(5) $\int \sqrt{x} \ln x \mathrm{d}x$;

(6) $\int x^{\frac{3}{2}} \log_2 x \mathrm{d}x$;

(7) $\int x^2 \arcsin x \mathrm{d}x$;

(8) $\int x^2 \arccos x \mathrm{d}x$;

(9) $\int x^2 \arctan x \mathrm{d}x$;

(10) $\int \frac{1}{x} \ln^2 x \mathrm{d}x$;

(11) $\int \frac{1}{x} \log_3 x \mathrm{d}x$;

(12) $\int 3^x 4^x \mathrm{d}x$;

(13) $\int 2^x \sin x \mathrm{d}x$;

(14) $\int 3^x \cos x \mathrm{d}x$;

(15) $\int \sin x \cos x \mathrm{d}x$;

(16) $\int \log_3 x \cdot \log_4 x \mathrm{d}x$;

(17) $\int \ln x \cdot \lg x \mathrm{d}x$;

(18) $\int \frac{3}{x^3} \mathrm{d}x$;

(19) $\int \frac{2}{\sqrt{x^3}} \mathrm{d}x$;

(20) $\int \frac{5}{5^x} \mathrm{d}x$;

(21) $\displaystyle\int \frac{3}{\sin x}\mathrm{d}x$;

(22) $\displaystyle\int \frac{2}{\cos x}\mathrm{d}x$;

(23) $\displaystyle\int \frac{x^2}{\sqrt{x}}\mathrm{d}x$;

(24) $\displaystyle\int \frac{2^x}{3^x}\mathrm{d}x$;

(25) $\displaystyle\int \frac{5-\sin x}{\cos x}\mathrm{d}x$;

(26) $\displaystyle\int \frac{3+\cos x}{\sin x}\mathrm{d}x$;

(27) $\displaystyle\int \frac{\log_2 x}{\log_3 x}\mathrm{d}x$;

(28) $\displaystyle\int \frac{x^3}{\mathrm{e}^x}\mathrm{d}x$;

(29) $\displaystyle\int \frac{x}{2^x}\mathrm{d}x$;

(30) $\displaystyle\int \frac{\sin x}{2^x}\mathrm{d}x$;

(31) $\displaystyle\int \frac{\cos x}{3^x}\mathrm{d}x$;

(32) $\displaystyle\int \frac{\cos x}{\mathrm{e}^x}\mathrm{d}x$.

2. 求下列不定积分:

(1) $\displaystyle\int (2x-4)^{\frac{2}{3}}\mathrm{d}x$;

(2) $\displaystyle\int \frac{5}{3x-2}\mathrm{d}x$;

(3) $\displaystyle\int \sqrt{5x-3}\,\mathrm{d}x$;

(4) $\displaystyle\int \frac{3}{\sqrt{4x-7}}\mathrm{d}x$;

(5) $\displaystyle\int \mathrm{e}^{5x-3}\mathrm{d}x$;

(6) $\displaystyle\int 2^{5x-3}\mathrm{d}x$;

(7) $\displaystyle\int \sin(3x-2)\mathrm{d}x$;

(8) $\displaystyle\int \ln(2-3x)\mathrm{d}x$;

(9) $\displaystyle\int \cos(2-4x)\mathrm{d}x$;

(10) $\displaystyle\int \log_2(2-3x)\mathrm{d}x$;

(11) $\displaystyle\int \arcsin(5-4x)\mathrm{d}x$;

(12) $\displaystyle\int 2^{\sqrt{x}}\frac{1}{\sqrt{x}}\mathrm{d}x$;

(13) $\displaystyle\int x^4\sin(x^5)\mathrm{d}x$;

(14) $\displaystyle\int \mathrm{e}^x\cos(\mathrm{e}^x)\mathrm{d}x$;

(15) $\displaystyle\int \sqrt{\sin x}\cos x\,\mathrm{d}x$;

(16) $\displaystyle\int \mathrm{e}^{\cos x}\sin x\,\mathrm{d}x$;

(17) $\displaystyle\int \sec^2 x\tan x\,\mathrm{d}x$;

(18) $\displaystyle\int \csc^2 x\cot x\,\mathrm{d}x$;

(19) $\displaystyle\int \mathrm{e}^{3x}\sin(\mathrm{e}^{3x})\mathrm{d}x$;

(20) $\displaystyle\int \frac{\ln^2 x}{x}\mathrm{d}x$;

(21) $\displaystyle\int \frac{1}{x^2}\ln\frac{1}{x}\mathrm{d}x$;

(22) $\displaystyle\int \frac{\arcsin x}{\sqrt{1-x^2}}\mathrm{d}x$;

(23) $\displaystyle\int \frac{\arctan x}{1+x^2}\mathrm{d}x$.

3. 求下列不定积分:

(1) $\displaystyle\int x\cos(3-2x)\mathrm{d}x$;

(2) $\displaystyle\int \mathrm{e}^{\sqrt{x}}\mathrm{d}x$;

(3) $\displaystyle\int x\ln(3-2x)\mathrm{d}x$;

(4) $\displaystyle\int x\mathrm{e}^{\sqrt{x}}\mathrm{d}x$.

4. 求下列定积分:

(1) $\int_{-1}^{0} \dfrac{x}{\sqrt{1-x}}\mathrm{d}x$;

(2) $\int_{1}^{2} \dfrac{\sqrt{u-1}}{u}\mathrm{d}u$;

(3) $\int_{0}^{1} \dfrac{1}{1+\sqrt{x}}\mathrm{d}x$;

(4) $\int_{0}^{\frac{1}{2}} x^2 \sqrt{1-x^2}\,\mathrm{d}x$.

第 13 章

一元微积分理论拓展

在基础篇中介绍了微积分的基本理论,本章对微积分理论作进一步的介绍,其中包括数列极限与函数极限之间的关系、无穷小量与无穷大量、函数的连续性、微分学中值定理及其应用、导数的高级应用、定积分的精确定义及其性质、无穷限的反常积分.

§13.1 数列极限与函数极限之间的关系

13.1.1 数列

庄周在《庄子·天下篇》中有"一尺之棰,日取其半,万世不竭"的提法. 如果用 n 表示天数,则第 1 天开始时棰子的长度为 1,第 2 天开始时棰子的长度为 $\frac{1}{2}$,第 3 天开始时棰子的长度为 $\frac{1}{4}$,$\cdots$,这样就得到一列数 1,$\frac{1}{2}$,$\frac{1}{4}$,$\cdots$,这就是一个数列.

一般地,按一定次序排列的一列数叫做数列,数列中的每一个数叫做数列的项. 各项依次叫做这个数列的第 1 项(首项),第 2 项,$\cdots$,第 n 项,$\cdots$.

项数有限的数列叫做有穷数列,项数无限的数列叫做无穷数列.本章主要研究无穷数列.

数列的一般形式可以写成

$$x_1,\ x_2,\ \cdots,\ x_n,\ \cdots,$$

简记为 $\{x_n\}$,其中 x_n 为数列的第 n 项. 如果数列 $\{x_n\}$ 的第 n 项与项数之间的关系可以用一个公式表示,这个公式称为通项公式.

例 13-1 写出下面数列的通项公式:

(1) 1,$-\frac{1}{2}$,$\frac{1}{3}$,$-\frac{1}{4}$,$\cdots$,x_n,$\cdots$;   (2) 2,0,2,0,$\cdots$,x_n,$\cdots$.

解 (1) $x_n = (-1)^{n+1} \dfrac{1}{n}$;　　　　　　(2) $x_n = 1 + (-1)^{n+1}$.

数列可以看成特殊的函数,因为对于数列序号的每一个 n,都有唯一的数(项)x_n 与之对应,即 $x_n = f(n)$. 本章主要研究数列的极限.

13.1.2　数列极限

定义 13-1　对于数列 $\{x_n\}$,如果当 n 足够大时,x_n 任意接近常数 A,则称当 $n \to \infty$ 时,数列 $\{x_n\}$ 以 A 为**极限**,记为

$$\lim_{n \to \infty} x_n = A \text{ 或 } x_n \to A (n \to \infty).$$

例如,$\lim\limits_{n \to \infty} \dfrac{1}{n} = 0$.

13.1.3　函数极限与数列极限的关系

(1) 若 $\lim\limits_{x \to +\infty} f(x) = A$,则 $\lim\limits_{n \to \infty} f(n) = A$.

例 13-2　证明 $\lim\limits_{n \to \infty} \left(1 + \dfrac{1}{n}\right)^n = e$.

证　由第二个重要极限可知,$\lim\limits_{x \to \infty} \left(1 + \dfrac{1}{x}\right)^x = e$. 于是,$\lim\limits_{n \to \infty} \left(1 + \dfrac{1}{n}\right)^n = e$.

(2) 若 $\lim\limits_{x \to a} f(x) = A$,则对于任意的数列 $\{x_n\}$,当 $\lim\limits_{n \to \infty} x_n = a$ 时,$\lim\limits_{n \to \infty} f(x_n) = A$.

例 13-3　证明 $\lim\limits_{n \to \infty} 2n \sin \dfrac{1}{2n} = 1$.

证　因为 $\lim\limits_{x \to 0} \dfrac{\sin x}{x} = 1$,$\lim\limits_{n \to \infty} \dfrac{1}{2n} = 0$,所以,$\lim\limits_{n \to \infty} \dfrac{\sin \dfrac{1}{2n}}{\dfrac{1}{2n}} = 1$,即 $\lim\limits_{n \to \infty} 2n \sin \dfrac{1}{2n} = 1$.

习题 13-1

1. 求下列数列的极限:

(1) $\lim\limits_{n \to \infty} \dfrac{\ln n}{n^2}$;

(2) $\lim\limits_{n \to \infty} \ln\left(1 + \dfrac{1}{n}\right)$;

(3) $\lim\limits_{n \to \infty} \arcsin\left(-1 + \dfrac{1}{n}\right)$;

(4) $\lim\limits_{n \to \infty} \arctan n$.

---

§13.2　无穷小量与无穷大量

无穷小量在微积分的发展过程中起到非常重要的作用,对无穷小量的清晰认识,才使得

微积分建立在科学的基础之上. 本节主要介绍无穷小量的概念、无穷小量的比较、无穷大量、无穷大量与无穷小量之间的关系.

13.2.1 无穷小量

简单地说, 以 0 为极限的变量称为**无穷小量**, 简称**无穷小**.

例如, 对于数列来讲, 因为 $\lim\limits_{n\to\infty}\dfrac{1}{n}=0$, $\lim\limits_{n\to\infty}\dfrac{2}{\sqrt{n}}=0$, $\lim\limits_{n\to\infty}\dfrac{1}{2^n}=0$, 所以数列 $\left\{\dfrac{1}{n}\right\}$, $\left\{\dfrac{2}{\sqrt{n}}\right\}$,

$\left\{\dfrac{1}{2^n}\right\}$ 都是无穷小量.

又如, 对于函数来讲, 因为 $\lim\limits_{x\to\infty}\dfrac{1}{x}=0$, $\lim\limits_{x\to\infty}\dfrac{1}{x^2}=0$, 所以 $\dfrac{1}{x}$, $\dfrac{1}{x^2}$ 是 $x\to\infty$ 时的无穷小量;

因为 $\lim\limits_{x\to1}(x^2-1)=0$, 所以 x^2-1 是 $x\to1$ 时的无穷小量.

一般地, 有以下定义:

定义 13-2　如果当 $x\to x_0$ (或 $x\to\infty$) 时, 函数 $f(x)$ 的极限为 0, 则称函数 $f(x)$ 为当 $x\to x_0$ (或 $x\to\infty$) 时的**无穷小量**.

对于 $x\to x_0^+$, $x\to x_0^-$, $x\to+\infty$ 或 $x\to-\infty$ 时, 有类似的定义.

例如, 因为 $\lim\limits_{x\to1^+}\sqrt{x-1}=0$, 所以函数 $f(x)=\sqrt{x-1}$ 是当 $x\to1^+$ 时的无穷小量.

注意　(1) 一个函数是否为无穷小量, 与自变量的变化趋势密切相关.

因为数列项数的无限过程只有一个, 即 $n\to\infty$, 所以对于数列来讲, 可以直接说数列是否为无穷小量. 而对于函数来讲, 因为自变量的无限过程很多, 对应的函数极限不尽相同, 所以对函数谈无穷小量时要指明自变量的变化趋势.

例如, 因为 $\lim\limits_{x\to\infty}\dfrac{1}{x-1}=0$, 所以称 $f(x)=\dfrac{1}{x-1}$ 是当 $x\to\infty$ 时的无穷小量. 但由于

$\lim\limits_{x\to2}\dfrac{1}{x-1}\ne0$, 因此 $f(x)=\dfrac{1}{x+1}$ 不是当 $x\to2$ 时的无穷小量.

(2) 无穷小量并不是很小的量.

因为任何非零常量其绝对值无论有多小 (比如说一千万分之一), 其极限也不会是 0, 所以非零常数不会是无穷小量. 但当这个常量为 0 时, 它是无穷小量.

13.2.2 无穷小量的比较

同样是无穷小量, 但趋于 0 的速度会有不同. 表 13-1 给出当 $x\to0$ 时函数 x, x^2, $2x$ 的变化情况.

表 13-1

x	1	0.5	0.1	0.01	0.001	…
x^2	1	0.25	0.01	0.000 1	0.000 001	…
$2x$	2	1	0.2	0.02	0.002	

从表 13-1 中可以看出,当 $x \to 0$ 时,函数 x^2 比 x 趋近于 0 的速度要快得多,而函数 $2x$ 与 x 趋近于 0 的速度在一个量级上(即固定倍数).

为了反映无穷小量趋近于 0 的快慢程度,引入无穷小量阶的概念. 因为 $\lim\limits_{x \to 0} \dfrac{x^2}{x} = \lim\limits_{x \to 0} x = 0$,所以称当 $x \to 0$ 时,函数 x^2 是比 x 高阶的无穷小量;因为 $\lim\limits_{x \to 0} \dfrac{2x}{x} = \lim\limits_{x \to 0} 2 = 2$,所以称当 $x \to 0$ 时,函数 $2x$ 与 x 是同阶无穷小量.

一般地,有下面的定义:

定义 13-3 设在某个极限过程中,α 和 β 都是无穷小量. 如果 $\lim \dfrac{\alpha}{\beta} = 0$,则称 α 是比 β 高阶的无穷小量;如果 $\lim \dfrac{\alpha}{\beta} = C \neq 0$,则称 α 与 β 是同阶的无穷小量;特别地,若 $\lim \dfrac{\alpha}{\beta} = 1$,则称 α 与 β 等价,记作 $\alpha \sim \beta$.

注意 在上面的定义中,$\lim f(x)$ 可表示自变量 x 的各种变化趋势时 $f(x)$ 的极限.

例如,当 $x \to \infty$ 时,函数 $\dfrac{1}{x}$ 与 $\dfrac{3}{x}$ 是同阶无穷小量,而当 $x \to \infty$ 时,有 $\dfrac{1}{x-1} \sim \dfrac{1}{x+1}$.

等价无穷小量可用于求极限.

定理 13-1 如果当 $x \to a$ 时,$\alpha \sim \eta$,$\beta \sim \gamma$,则 $\lim\limits_{x \to a} \dfrac{\alpha}{\beta} = \lim\limits_{x \to a} \dfrac{\eta}{\gamma}$.

例 13-4 求极限 $\lim\limits_{x \to 0} \dfrac{\sin x - x}{x \sin x}$.

解 当 $x \to 0$ 时,$\sin x \sim x$,所以

$$\lim_{x \to 0} \frac{\sin x - x}{x \sin x} = \lim_{x \to 0} \frac{\sin x - x}{x^2} \overset{\text{“}\frac{0}{0}\text{”}}{=\!=\!=} \lim_{x \to 0} \frac{(\sin x - x)'}{(x^2)'}$$

$$= \lim_{x \to 0} \frac{\cos x - 1}{2x} \overset{\text{“}\frac{0}{0}\text{”}}{=\!=\!=} \lim_{x \to 0} \frac{(\cos x - 1)'}{(2x)'} = \lim_{x \to 0} \frac{-\sin x}{2} = 0.$$

例 13-5 求极限 $\lim\limits_{x \to 0} \dfrac{\sin^2 x - x^2}{x^2 \sin^2 x}$.

解 $\quad \lim\limits_{x \to 0} \dfrac{\sin^2 x - x^2}{x^2 \sin^2 x} = \lim\limits_{x \to 0} \dfrac{\sin^2 x - x^2}{x^2 \cdot x^2} = \lim\limits_{x \to 0} \dfrac{\sin^2 x - x^2}{x^4} \overset{\text{“}\frac{0}{0}\text{”}}{=\!=\!=} \lim\limits_{x \to 0} \dfrac{(\sin^2 x - x^2)'}{(x^4)'}$

$$= \lim_{x \to 0} \frac{2 \sin x \cdot (\sin x)' - 2x}{4x^3} = \lim_{x \to 0} \frac{\sin x \cdot \cos x - x}{2x^3}$$

$$\overset{\text{“}\frac{0}{0}\text{”}}{=\!=\!=} \lim_{x \to 0} \frac{(\sin x \cdot \cos x - x)'}{(2x^3)'}$$

$$= \lim_{x \to 0} \frac{(\sin x)' \cdot \cos x + \sin x \cdot (\cos x)' - 1}{6x^2}$$

$$= \lim_{x \to 0} \frac{\cos^2 x - \sin^2 x - 1}{6x^2} \overset{\text{“}\frac{0}{0}\text{”}}{=\!=\!=} \lim_{x \to 0} \frac{(\cos^2 x - \sin^2 x - 1)'}{(6x^2)'}$$

$$= \lim_{x \to 0} \frac{-2\cos x \cdot \sin x - 2\sin x \cdot \cos x}{12x} = \lim_{x \to 0} \frac{-\cos x \cdot \sin x}{3x}$$

$$= \lim_{x \to 0} \left(\frac{-1}{3} \cos x \cdot \frac{\sin x}{x} \right) = -\frac{1}{3}.$$

注意这种替代只适用于乘积和商的运算.

13.2.3 无穷大量

先看两个例子. 例如, 当 $x \to \infty$ 时, x^2 的函数值是无限增大的, 所以称 x^2 为 $x \to \infty$ 时的无穷大量. 又如, 当 $x \to +\infty$, 3^x 的函数值也是无限增大的, 所以称 3^x 为 $x \to +\infty$ 时的无穷大量.

一般地, 有下面的定义:

定义 13 - 4 若当 $x \to x_0$ (或 $x \to \infty$) 时, 函数 $f(x)$ 的绝对值 $|f(x)|$ 无限增大, 则称 $f(x)$ 为当 $x \to x_0$ (或 $x \to \infty$) 时的**无穷大量**, 记为 $\lim\limits_{x \to x_0} f(x) = \infty$ (或 $\lim\limits_{x \to \infty} f(x) = \infty$).

对于 $x \to x_0^+$, $x \to x_0^-$, $x \to +\infty$ 或 $x \to -\infty$ 时, 有类似的定义.

例如, $\lim\limits_{x \to 0} \dfrac{1}{x} = \infty$, $\lim\limits_{x \to 2^+} \dfrac{1}{x-2} = +\infty$, $\lim\limits_{x \to 2^-} \dfrac{1}{x-2} = -\infty$.

注意 (1) 无穷大量并不是绝对值很大的数. 任何一个实数不论多么大, 都不是无穷大量.

(2) $\lim f(x) = \infty$ 并不表示函数 $f(x)$ 的极限存在, 恰恰相反, 它是 $f(x)$ 极限不存在的一种情况.

无穷小量与无穷大量有如下关系:

定理 13 - 2 若 $\lim f(x) = \infty$, 则 $\lim \dfrac{1}{f(x)} = 0$; 反之, 若 $\lim f(x) = 0$, 且 $f(x) \neq 0$, 则 $\lim \dfrac{1}{f(x)} = \infty$. 简而言之, 无穷大量的倒数是无穷小量, 非零无穷小量的倒数是无穷大量.

例 13 - 6 求极限 $\lim\limits_{x \to 0} \dfrac{3}{\sin x}$.

解 因为 $\lim\limits_{x \to 0} \dfrac{\sin x}{3} = 0$, 而 $\dfrac{3}{\sin x} = \dfrac{1}{\dfrac{\sin x}{3}}$, 由无穷小量与无穷大量之间的关系, 可知 $\lim\limits_{x \to 0} \dfrac{3}{\sin x} = \infty$.

例 13 - 7 求 $\lim\limits_{x \to +\infty} \dfrac{3x^3 + 2}{x^4 - 2x^3 + 3}$.

解 因为

$$\lim_{x \to +\infty} \frac{3x^3 + 2}{x^4 - 2x^3 + 3} = \lim_{x \to +\infty} \frac{\dfrac{3x^3 + 2}{x^4}}{\dfrac{x^4 - 2x^3 + 3}{x^4}} = \lim_{x \to +\infty} \frac{\dfrac{3}{x} + \dfrac{2}{x^4}}{1 - \dfrac{2}{x} + \dfrac{3}{x^4}} = 0,$$

所以

$$\lim_{x \to +\infty} \frac{x^4 - 2x^3 + 3}{3x^3 + 2} = \lim_{x \to +\infty} \frac{1}{\dfrac{3x^3 + 2}{x^4 - 2x^3 + 3}} = \infty.$$

13.2.4 无穷小量的运算性质

利用极限的运算法则和性质,不难看出无穷小量有下述运算性质:

性质 1 有限个无穷小量的代数和仍是无穷小量.

性质 2 有界量与无穷小量之积仍是无穷小量.

推论 1 常数与无穷小量之积仍是无穷小量.

推论 2 有限个无穷小量之积仍是无穷小量.

注意 (1) 无限个无穷小量的代数和不一定是无穷小量. 例如,

$$\lim_{n\to\infty}\left(\frac{1}{n^2}+\frac{2}{n^2}+\cdots+\frac{n}{n^2}\right)=\lim_{x\to\infty}\frac{n(n+1)}{2n^2}=\lim_{x\to\infty}\left(\frac{1}{2}+\frac{1}{2n}\right)=\frac{1}{2}.$$

(2) 两个无穷小量的和、差、积仍是无穷小量,但其商却不一定是无穷小量. 例如,当 $x\to 0$ 时,函数 x, x^2, $2x$ 都是无穷小量,但其商有下面的不同结果:

$$\lim_{x\to 0}\frac{x^2}{2x}=0,\ \lim_{x\to 0}\frac{x}{2x}=\frac{1}{2},\ \lim_{x\to 0}\frac{2x}{x^2}=\infty.$$

习题 13-2

1. 考察下列命题的正确性:

(1) 当 $x\to 1$ 时,函数 $x^2-1\sim x-1$.

(2) 当 $x\to 0$ 时,函数 x^2-1 是比 $x-1$ 高阶的无穷小量.

(3) 当 $x\to -\infty$ 时,函数 $1-2x$ 与 x 是同阶无穷小量.

(4) 当 $x\to 0$ 时,$\sqrt{4+x}-2$ 与 $\sqrt{9+x}-3$ 是同阶无穷小量.

(5) 当 $x\to 0$ 时,$y=\sin\frac{1}{x}$ 为无穷大量.

(6) 当 $x\to 1^+$ 时,下列变量全为无穷大量:

A. $3^{\frac{1}{x-1}}$;　　　　B. $\frac{x^2-1}{x-1}$;　　　　C. $\frac{1}{x}$;　　　　D. $\frac{x-1}{x^2-1}$.

2. 举例说明两个无穷大量的和不一定是无穷大量.

3. 求极限 $\lim\limits_{x\to 0}\dfrac{\sin^3 x-x^3}{x^3\sin^3 x}$.

4. 求极限 $\lim\limits_{x\to +\infty}\dfrac{3x^2-2x+1}{x^3-2}$.

§13.3　函数的连续性

在字典中连续的含义为"一个接一个,不间断".自然界中的很多现象(如教室的温度变化、儿童身高的增长等),都是连续变化的.连续性是自然界中各种物态连续变化的数学体现.本节介绍函数连续的概念、初等函数的连续情况、闭区间上连续函数的性质.

13.3.1　函数连续的概念

一、单侧极限与双侧极限

在第3章极限中介绍了函数在一点的左、右极限.左、右极限也称为单侧极限,单侧极限与双侧极限之间有下面的定理:

定理 13-3　如果函数 $f(x)$ 在 a 点附近有定义(在 a 处可以没有定义),则 $\lim\limits_{x\to a}f(x)=L$ 的充分必要条件是

$$\lim_{x\to a^+}f(x)=\lim_{x\to a^-}f(x)=L,$$

即双侧极限存在的充分必要条件是单侧极限存在且相等.

例 13-8　已知 $f(x)=\begin{cases}-x, & x\leqslant 0,\\ \sqrt{x}, & x>0,\end{cases}$ $g(x)=\begin{cases}1, x\leqslant 0,\\ -1, x>0.\end{cases}$ 证明:

(1) $\lim\limits_{x\to 0}f(x)$ 存在;(2) $\lim\limits_{x\to 0}g(x)$ 不存在.

证　(1) $\lim\limits_{x\to 0^-}f(x)=\lim\limits_{x\to 0^-}(-x)=0$, $\lim\limits_{x\to 0^+}f(x)=\lim\limits_{x\to 0^+}\sqrt{x}=0$,因为 $\lim\limits_{x\to 0^-}f(x)=\lim\limits_{x\to 0^+}f(x)$,所以 $\lim\limits_{x\to 0}f(x)=0$.

(2) $\lim\limits_{x\to 0^-}g(x)=\lim\limits_{x\to 0^-}1=1$, $\lim\limits_{x\to 0^+}g(x)=\lim\limits_{x\to 0^+}(-1)=-1$,因为左、右极限不相等,所以 $\lim\limits_{x\to 0}g(x)$ 不存在.

函数 $f(x)$ 和 $g(x)$ 的图形分别如图 13-1(a)和(b)所示.

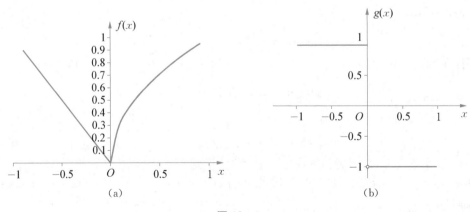

(a)　　　　　　　　　　　　　(b)

图 13-1

二、函数在一点连续

从图 13-1 可以看出，当左、右极限不相等时，函数图像在该点出现跳跃，说明函数在此点不连续. 函数在一点不连续可以包括有洞、跳跃、间隙，如图 13-2 所示.

下面详细介绍图 13-2 中函数在 $x=a, b, c, d$ 处的特点.

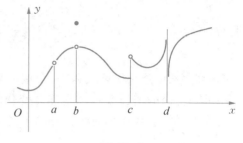

图 13-2

函数在 $x=a$ 没有定义，也就是 $x=a$ 不在函数的定义域内，所以导致函数图形上有一个洞. 在 b 处的函数值 $f(b)$ 不等于当 x 靠近 b 时函数 $f(x)$ 的极限，导致函数图形在 $x=b$ 处有一个跳跃. 在 $x=c$ 处，因为左极限和右极限不相等，所以函数在 $x=c$ 处没有极限，也导致函数图形在 $x=c$ 点有一个跳跃. 函数在 $x=d$ 处没有极限，也导致函数图形在 $x=d$ 点有一个间隙. 函数在 $x=a, b, c, d$ 处不连续，但在其他点连续.

通过上面的分析，可以看出函数 $f(x)$ 在点 $x=a$ 处连续应满足下列条件：

(1) $f(a)$ 有意义；

(2) $\lim\limits_{x \to a} f(x)$ 存在；

(3) $\lim\limits_{x \to a} f(x) = f(a)$.

这样可以得到函数在一点连续的定义.

定义 13-5　如果函数 $f(x)$ 在点 $x=a$ 极限存在且等于 $f(a)$，即 $\lim\limits_{x \to a} f(x) = f(a)$，则函数 $f(x)$ 在点 $x=a$ 连续.

例 13-9　设 $f(x) = \dfrac{4-x^2}{2-x}$，讨论 $f(x)$ 在 $x=2$ 处的连续性.

解　因为函数 $f(x)$ 在 $x=2$ 处没有定义，所以在 $x=2$ 处不连续.

例 13-10　设 $f(x) = \begin{cases} \dfrac{\sin x}{x}, & x \neq 0, \\ 2, & x = 0, \end{cases}$ 讨论 $f(x)$ 在 $x=0$ 处的连续性.

解　因为 $\lim\limits_{x \to 0} f(x) = \lim\limits_{x \to 0} \dfrac{\sin x}{x} = 1$，而 $f(0) = 2$，所以 $\lim\limits_{x \to 0} f(x) \neq f(0)$，于是 $f(x)$ 在 $x=0$ 处不连续.

例 13-11　设 $f(x) = \begin{cases} \dfrac{\sin x}{x}, & x < 0, \\ 1, & x = 0, \\ x^2 + 1, & x > 0, \end{cases}$ 讨论 $f(x)$ 在 $x=0$ 处的连续性.

解　因为

$$\lim_{x \to 0^-} f(x) = \lim_{x \to 0^-} \frac{\sin x}{x} = 1, \ \lim_{x \to 0^+} f(x) = \lim_{x \to 0^+} (x^2 + 1) = 1,$$

所以 $\lim\limits_{x \to 0} f(x) = 1$，又因为 $f(0) = 1$，因此 $\lim\limits_{x \to 0} f(x) = f(0)$，于是 $f(x)$ 在 $x=0$ 处连续.

根据单侧极限与双侧极限之间的关系，不难得到下面的定理：

定理 13-4　$\lim\limits_{x \to a} f(x) = f(a)$ 的充分必要条件是 $\lim\limits_{x \to a^-} f(x) = f(a)$ 且 $\lim\limits_{x \to a^+} f(x)$

$= f(a).$

如果定义函数 $f(x)$ 在 $x = a$ 处左、右连续如下：

如果函数 $f(x)$ 在 $x = a$ 处满足 $\lim_{x \to a^-} f(x) = f(a)$，则称函数 $f(x)$ 在 $x = a$ 处左连续；

如果函数 $f(x)$ 在 $x = a$ 处满足 $\lim_{x \to a^+} f(x) = f(a)$，则称函数 $f(x)$ 在 $x = a$ 处右连续.

上面的定理 13 - 4 可变成下面的形式：

定理 13 - 5 $f(x)$ 在点 $x = a$ 处连续的充分必要条件是 $f(x)$ 在点 $x = a$ 处既左连续又右连续.

如果函数 $f(x)$ 在点 $x = a$ 不连续，则称函数 $f(x)$ 在点 $x = a$ 间断.

三、函数在区间上连续

如果 $f(x)$ 在区间 (a, b) 内每一点都是连续的，就称 $f(x)$ 在区间 (a, b) 内连续.

如果 $f(x)$ 在区间 (a, b) 内每一点都是连续的，且在 a 点右连续，在 b 点左连续，则称 $f(x)$ 在区间 $[a, b]$ 上连续.

形象地说，函数在闭区间上连续，其图形可以用铅笔在纸上不抬起一笔画下来.

例 13 - 12 找出使下列函数连续的 x 值：

(1) $f(x) = x + 2$;

(2) $g(x) = \dfrac{x^2 - 4}{x - 2}$;

(3) $h(x) = \begin{cases} x + 2, & x \neq 2, \\ 1, & x = 2; \end{cases}$

(4) $F(x) = \begin{cases} -1, & x < 0, \\ 1, & x \geqslant 0; \end{cases}$

(5) $G(x) = \begin{cases} \dfrac{1}{x}, & x > 0, \\ -1, & x \leqslant 0. \end{cases}$

解 以上函数的图形如图 13 - 3 所示.

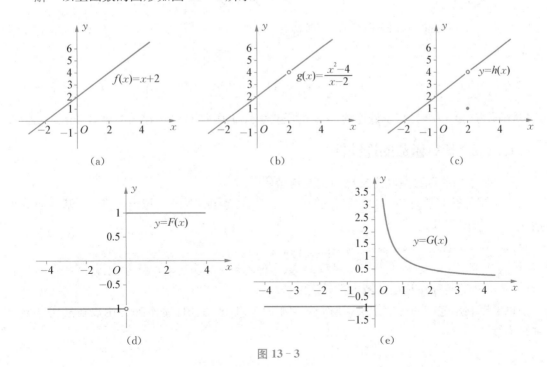

图 13 - 3

(1) 因为对于所有的实数,连续的 3 个条件都满足,所以函数 $f(x)$ 在任何实数点都连续.

(2) 因为函数 $g(x)$ 在 $x=2$ 处没有定义,所以函数 $g(x)$ 在 $x=2$ 处不连续,在其他点均连续.

(3) 因为 $\lim\limits_{x\to 2}h(x)=4$,而 $h(2)=1$,所以函数 $h(x)$ 在 $x=2$ 处不连续,在其他点均连续.

(4) 因为 $\lim\limits_{x\to 0^-}F(x)=-1$,$\lim\limits_{x\to 0^+}F(x)=1$,所以 $\lim\limits_{x\to 0}F(x)$ 不存在,$F(x)$ 在 $x=0$ 处不连续,在其他点均连续.

(5) 因为 $\lim\limits_{x\to 0}G(x)$ 不存在,所以函数 $G(x)$ 在 $x=0$ 处不连续,在其他点均连续.

函数 $y=f(x)$ 在点 x_0 处连续,由连续的定义可知,$\lim\limits_{x\to x_0}f(x)=f(x_0)$. 令 $h=x-x_0$,当 $x\to x_0$ 时,$h\to 0$,此时 $\lim\limits_{x\to x_0}f(x)=\lim\limits_{h\to 0}f(x_0+h)$,于是 $\lim\limits_{h\to 0}f(x_0+h)=f(x_0)$,即 $\lim\limits_{h\to 0}[f(x_0+h)-f(x_0)]=0$. 由此可以得到函数在点 x_0 处连续的等价定义.

定义 13 - 6 设函数在包含 x_0 点的某个开区间内有定义,如果自变量的增量趋于 0 时,对应的函数增量也趋于 0,即

$$\lim_{h\to 0}[f(x_0+h)-f(x_0)]=0,$$

则称函数 $y=f(x)$ 在点 x_0 处连续.

有时也用 Δx 表示 $x-x_0$,即 $\Delta x=x-x_0$. 用 Δy 表示 $f(x_0+\Delta x)-f(x_0)$,即 $\Delta y=f(x_0+\Delta x)-f(x_0)$. 于是上面的等价定义可表示为

$$\lim_{\Delta x\to 0}\Delta y=\lim_{\Delta x\to 0}[f(x_0+\Delta x)-f(x_0)]=0.$$

利用连续的等价定义,也可以证明函数的连续性.

例 13 - 13 用定义证明函数 $f(x)=a^x(a>0,a\neq 1)$ 在 $(-\infty,+\infty)$ 内连续.

证 设 x 是 $(-\infty,+\infty)$ 内任意一点,则函数 $f(x)=a^x$ 在点 x 处的增量

$$\Delta y=f(x+\Delta x)-f(x)=a^{x+\Delta x}-a^x=a^x(a^{\Delta x}-1).$$

因为

$$\lim_{\Delta x\to 0}\Delta y=\lim_{\Delta x\to 0}a^x(a^{\Delta x}-1)=a^x\lim_{\Delta x\to 0}(a^{\Delta x}-1)=a^x(\lim_{\Delta x\to 0}a^{\Delta x}-\lim_{\Delta x\to 0}1)=a^x(1-1)=0,$$

所以,函数 $f(x)=a^x$ 在点 x 处连续. 由 x 的任意性可知,函数 $f(x)=a^x$ 在 $(-\infty,+\infty)$ 内连续.

13.3.2 初等函数的连续性

一、基本初等函数在其定义域内都是连续的

从前面关于基本初等函数微积分的几章内容可以看出,在定义域内的点 x_0,基本初等函数 $f(x)$ 的极限都满足

$$\lim_{x\to x_0}f(x)=f(x_0),$$

所以,基本初等函数在其定义域内都是连续的.

也可以利用连续的等价定义,类似本节例 13 - 13,证明任何基本初等函数在其定义域内都是连续的.

二、函数的四则运算保持连续性

由极限的运算法则容易证明下面的定理：

定理 13-6 如果函数 $f(x)$ 和 $g(x)$ 均在点 x_0 处连续，那么函数 $f(x) \pm g(x)$，$f(x) \cdot g(x)$，$\dfrac{f(x)}{g(x)}$ $(g(x) \neq 0)$ 在点 x_0 处都连续.

三、函数的复合运算保持连续性

关于复合函数的连续性，有下面的定理：

定理 13-7 设函数 $u = \varphi(x)$ 在点 x_0 处连续，函数 $y = f(u)$ 在点 $u_0 = \varphi(x_0)$ 处连续，那么复合函数 $y = f[\varphi(x)]$ 在点 x_0 处连续.

此定义很容易从复合函数的极限运算法则中得到.

四、初等函数在其定义区间内都是连续的

所谓定义区间，指包含在函数定义域内的开区间、闭区间或半开区间.

利用上面的结论，可以求极限.

例 13-14 求 $\lim\limits_{x \to 2} \dfrac{\log_2 x + \sin(2-x)}{\sqrt{x-1}}$.

解 因为函数 $f(x) = \dfrac{\log_2 x + \sin(2-x)}{\sqrt{x-1}}$ 的定义域为 $(1, +\infty)$，点 $2 \in (1, +\infty)$，故 $f(x)$ 在点 $x = 2$ 处连续，有

$$\lim_{x \to 2} \frac{\log_2 x + \sin(2-x)}{\sqrt{x-1}} = 1.$$

例 13-15 求证：$\lim\limits_{x \to 0} \dfrac{x}{\sqrt{1+x}-1} = 2$.

证 原式 $= \lim\limits_{x \to 0} \dfrac{x(\sqrt{1+x}+1)}{(\sqrt{1+x}-1)(\sqrt{1+x}+1)} = \lim\limits_{x \to 0} (\sqrt{1+x}+1) = \sqrt{1+0}+1 = 2.$

例 13-16 求证：$\lim\limits_{x \to 0} \dfrac{e^x - 1}{x} = 1$.

证 令 $u = e^x - 1$，则 $x = \ln(1+u)$. 当 $x \to 0$ 时，有 $u \to 0$.

$$\lim_{x \to 0} \frac{e^x - 1}{x} = \lim_{u \to 0} \frac{u}{\ln(1+u)} \xlongequal{\text{“}\frac{0}{0}\text{”}} \lim_{u \to 0} \frac{(u)'}{[\ln(1+u)]'} = \lim_{u \to 0} \frac{1}{\dfrac{1}{1+u}}$$

$$= \lim_{u \to 0} (1+u) = 1.$$

13.3.3 函数的间断点

定义 13-7 如果函数 $f(x)$ 在点 x_0 处不连续，则称 $f(x)$ 在点 x_0 处间断，点 x_0 称为函数 $f(x)$ 的间断点.

函数 $f(x)$ 在点 x_0 处连续必须同时满足 3 个条件，因此，若 $f(x)$ 在 x_0 处有下列 3 种情形之一，则点 x_0 为 $f(x)$ 的间断点：

(1) $f(x)$在点 x_0 处没有定义；

(2) $f(x)$在点 x_0 处的极限不存在；

(3) $f(x)$在 x_0 处的极限虽然存在，但极限值不等于函数值 $f(x_0)$.

例 13-17 讨论函数 $f(x) = \begin{cases} e^x + 1, & x < 0, \\ 0, & x = 0, \\ \sin x + 2, & x > 0 \end{cases}$ 在点 $x = 0$ 处是否连续.

解 因为 $\lim\limits_{x \to 0^-} f(x) = 2$，$\lim\limits_{x \to 0^+} f(x) = 2$，所以 $\lim\limits_{x \to 0} f(x) = 2$. 但 $f(0) = 0$，$\lim\limits_{x \to 0} f(x) \neq f(0)$，于是 $f(x)$ 在点 $x = 0$ 处间断.

根据函数 $f(x)$ 间断点处的左、右极限情况，可以对间断点进行分类. 设 x_0 是函数 $f(x)$ 的间断点，可以分为两类间断点.

(1) 第一类间断点：$\lim\limits_{x \to x_0^-} f(x)$ 与 $\lim\limits_{x \to x_0^+} f(x)$ 都存在的间断点. 其中又可分为跳跃间断点和可去间断点，跳跃间断点是 $\lim\limits_{x \to x_0^-} f(x) \neq \lim\limits_{x \to x_0^+} f(x)$ 的间断点；可去间断点是 $\lim\limits_{x \to x_0^-} f(x) = \lim\limits_{x \to x_0^+} f(x)$ 的间断点.

(2) 第二类间断点：$\lim\limits_{x \to x_0^-} f(x)$ 与 $\lim\limits_{x \to x_0^+} f(x)$ 至少有一个不存在的间断点.

例如，$x = 0$ 是函数 $g(x) = \begin{cases} -1, & x > 0, \\ 1, & x \leqslant 0 \end{cases}$ 的间断点，它是跳跃间断点；$x = 0$ 是函数 $f(x) = \begin{cases} e^x + 1, & x < 0, \\ 0, & x = 0, \\ \sin x + 2, & x > 0 \end{cases}$ 的间断点，它是可去间断点；$x = 1$ 是函数 $f(x) = \dfrac{1}{x-1}$ 的第二类间断点.

13.3.4 闭区间上连续函数的性质

闭区间上连续函数有一些性质，在理论分析中占有重要作用. 下面就来介绍这几个重要性质.

定理 13-8(最值定理) 如果函数 $f(x)$ 在闭区间 $[a, b]$ 上连续，则 $f(x)$ 在 $[a, b]$ 上一定有最大值和最小值，即：存在 $\xi_1, \xi_2 \in [a, b]$，使得对于任意的 $x \in [a, b]$，总有 $f(\xi_1) \leqslant f(x) \leqslant f(\xi_2)$ 成立.

前面介绍函数最值的求法时就利用了此最值定理.

推论 在闭区间 $[a, b]$ 上连续的函数 $f(x)$ 在该区间上必然有界.

定理 13-9(零点定理) 如果函数 $f(x)$ 在闭区间 $[a, b]$ 上连续，且 $f(a)f(b) < 0$，则存在 $\xi \in (a, b)$，使得 $f(\xi) = 0$.

满足 $f(x_0) = 0$ 的点 x_0 叫函数 $f(x)$ 的零点. 零点定理的几何意义是明显的. 如图 13-4 所示，如果连续曲线段的两个端点位于 x 轴上下两侧，则这段曲线与 x 轴至少有一个交点.

定理 13-10(介值定理) 如果函数 $f(x)$ 在闭区间

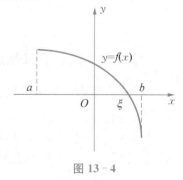

图 13-4

$[a,b]$上连续，m,M分别是$f(x)$在$[a,b]$上的最小值和最大值，则对于满足$m \leqslant \mu \leqslant M$的任何实数$\mu$，存在$\xi \in [a,b]$，使得$f(\xi) = \mu$.

介值定理的几何意义也是明显的. 如图$13-5$所示，连续曲线段$y = f(x)$与水平直线$y = \mu$至少有一个交点.

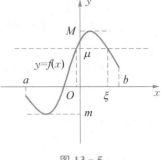

图 13 - 5

例 13 - 18 试证方程$x^3 - 4x^2 + 1 = 0$至少有一个小于1的正根.

证 令$f(x) = x^3 - 4x^2 + 1$. $f(x)$在闭区间$[0,1]$上连续，又$f(0) = 1$，$f(1) = -2$，所以$f(0)f(1) < 0$. 由零点定理，存在$\xi \in (0,1)$，使得$f(\xi) = 0$，即$\xi^3 - 4\xi^2 + 1 = 0$. 所以方程$x^3 - 4x^2 + 1 = 0$至少有一个小于1的正根ξ.

13.3.5 函数的可导与连续之间的关系

定理 13 - 11 设函数$y = f(x)$在$x = a$处可导，则函数$y = f(x)$在$x = a$处一定连续.

证 根据导数的定义，函数$y = f(x)$在$x = a$处可导，则$\lim\limits_{h \to 0} \dfrac{f(a+h) - f(a)}{h}$存在.

令$h = x - a$，则有$x = a + h$，当$x \to a$时，$h \to 0$. 于是，

$$\lim_{x \to a} [f(x) - f(a)] = \lim_{h \to 0} [f(a+h) - f(a)] = \lim_{h \to 0} \frac{f(a+h) - f(a)}{h} h$$

$$= \lim_{h \to 0} \frac{f(a+h) - f(a)}{h} \lim_{h \to 0} h = 0,$$

因此，$\lim\limits_{x \to a} f(x) = f(a)$，即函数$y = f(x)$在点$a$处连续.

反之，一个函数在某点连续，却不一定在该点可导.

例如，函数$y = \sqrt[3]{x}$在$(-\infty, +\infty)$上连续，但在点$x = 0$处不可导. 因为

$$\lim_{h \to 0} \frac{f(0+h) - f(0)}{h} = \lim_{h \to 0} \frac{\sqrt[3]{h}}{h} = \lim_{h \to 0} \frac{1}{\sqrt[3]{h^2}} = +\infty,$$

所以函数$y = \sqrt[3]{x}$在点$x = 0$处不可导.

习题 13 - 3

1. 讨论下列函数在$x = 2$处的连续性：

$(1)\ f(x) = \begin{cases} x + 2, & x \neq 2, \\ 3, & x = 2; \end{cases}$
$(2)\ f(x) = \begin{cases} 2x - 1, & x < 2, \\ 3, & x = 2, \\ x + 1, & x > 2. \end{cases}$

2. 讨论下列函数的连续性：

(1) $f(x) = \begin{cases} 3x^2 - 1, & -1 \leqslant x \leqslant 1, \\ \dfrac{\sin(x-1)}{x-1}, & 1 < x \leqslant 5; \end{cases}$

(2) $f(x) = \begin{cases} 2x - 1, & x \leqslant 0, \\ 3\sin x - 1, & 0 < x < 2, \\ x + 1, & x \geqslant 2; \end{cases}$

(3) $f(x) = \begin{cases} \dfrac{\sin 2x}{x}, & x < 0, \\ x^2 + 2, & 0 \leqslant x < 1, \\ \sqrt{x+1}, & x \geqslant 1. \end{cases}$

3. 找出使下列函数连续的 x 值：

(1) $f(x) = \sqrt{x+2}$；

(2) $g(x) = \dfrac{x^2 - 1}{x - 1}$；

(3) $h(x) = \begin{cases} x, & x \neq 3, \\ 1, & x = 3; \end{cases}$

(4) $G(x) = \begin{cases} \dfrac{1}{x-1}, & x > 1, \\ -1, & x \leqslant 1. \end{cases}$

4. 利用函数连续的等价定义，证明函数 $f(x) = \sin x$ 在 $(-\infty, +\infty)$ 内连续.

5. 求下列极限：

(1) $\lim\limits_{x \to 1} \dfrac{\log_3 x + \cos(2 - x)}{\sqrt{2x - 1}}$；

(2) $\lim\limits_{x \to 1} \dfrac{x - 1}{\sqrt{1 + x} - 2}$；

(3) $\lim\limits_{x \to 1} \dfrac{\mathrm{e}^x - 1}{x}$.

6. 讨论下列函数的间断点，并判断类型：

(1) $f(x) = \dfrac{x^2 - 1}{x^3 - 1}$；

(2) $f(x) = \dfrac{1}{(x+3)^2}$；

(3) $f(x) = x\cos\dfrac{1}{x}$；

(4) $f(x) = \dfrac{x^2 - 1}{x^2 - 3x + 2}$.

7. 证明方程 $x^5 - 3x = 1$ 至少有一个介于 1 和 2 之间的根.

8. 证明函数 $y = |x|$ 在 $(-\infty, +\infty)$ 上连续，但在点 $x = 0$ 处不可导.

§13.4　微分学中值定理及其应用

微分学中值定理是微积分的重要理论基础，主要包括 3 个基本定理，即罗尔中值定理、拉格朗日中值定理和柯西中值定理. 本节将介绍这些中值定理，并利用中值定理给出洛必达法则和函数单调性判断定理的证明.

13.4.1 罗尔定理

引例 设函数 $f(x)$ 在 $[a, b]$ 上的图像是一条光滑曲线,且这条曲线的两个端点 A,B 的纵坐标相等,即 $f(a) = f(b)$,如图 13-6 所示.

从图 13-6 可以看出,曲线上存在具有水平切线的点 ξ_1 和 ξ_2,也就是说,函数 $f(x)$ 在区间 (a, b) 内存在导数为 0 的点.

一般地,有下面的定理.

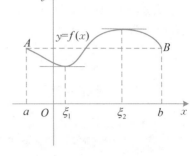

图 13-6

定理 13-12(罗尔中值定理) 如果函数 $y = f(x)$ 在 $[a, b]$ 上连续,在开区间 (a, b) 内可导,并且 $f(a) = f(b)$,则在开区间 (a, b) 内至少存在一点 ξ,使得 $f'(\xi) = 0$.

下面通过一个具体实例来验证罗尔中值定理的正确性.

例 13-19 验证函数 $f(x) = x^2 - 4x + 3$ 在区间 $[1, 3]$ 上满足罗尔中值定理,并求出相应的点 ξ.

解 函数 $f(x) = x^2 - 4x + 3$ 为初等函数,它在闭区间 $[1, 3]$ 上连续,在开区间 $(1, 3)$ 内可导,且 $f(1) = f(3) = 0$,因此在区间 $[1, 3]$ 上满足罗尔中值定理的 3 个条件.

因为 $f'(x) = 2x - 4$,令 $f'(x) = 0$,即 $2x - 4 = 0$,解得 $x = 2$. 显然 $2 \in (1, 3)$,取 $\xi = 2$,则一定有 $f'(\xi) = 0$.

13.4.2 拉格朗日中值定理

如果取消罗尔中值定理中的条件 $f(a) = f(b)$,就得到更为一般的拉格朗日中值定理.

定理 13-13(拉格朗日中值定理) 如果函数 $y = f(x)$ 在 $[a, b]$ 上连续,在开区间 (a, b) 内可导,则在开区间 (a, b) 内至少存在一点 ξ,使得

$$f'(\xi) = \frac{f(b) - f(a)}{b - a}. \tag{13-2}$$

式(13-2)通常写成

$$f(b) - f(a) = f'(\xi)(b - a) \quad (a < \xi < b).$$

如图 13-7 所示,从几何上看,$\dfrac{f(b) - f(a)}{b - a}$ 是弦 AB 的斜率,而 $f'(\xi)$ 为曲线在点 C 处的切线斜率. 因此,拉格朗日中值定理的几何意义是:如果连续曲线 $y = f(x)$ 在弧段 AB 上除端点外处处具有不垂直于 x 轴的切线,那么在此弧上至少有一点 C,曲线在点 C 处的切线平行于直线 AB.

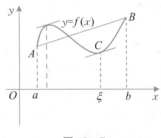

图 13-7

显然,罗尔中值定理是拉格朗日中值定理的特殊情况.

拉格朗日中值定理还有下面两个重要推论.

推论 1 如果在区间 I 上,函数 $f(x)$ 的导数 $f'(x)$ 恒等于 0,那么在此区间 I 上,$f(x)$

是一个常数.

推论 2 如果在区间 (a, b) 内,$f'(x) \equiv g'(x)$,则在此区间内,$f(x)$ 与 $g(x)$ 只相差一个常数,即

$$f(x) = g(x) + C.$$

13.4.3 柯西中值定理

对于更为一般的情形,还有下面的柯西中值定理.

定理 13 – 14(柯西中值定理) 设函数 $f(x)$ 与 $g(x)$ 都在闭区间 $[a, b]$ 上连续,在开区间 (a, b) 内可导,且在开区间 (a, b) 内 $g'(x) \neq 0$,那么,在 (a, b) 内,至少存在一点 ξ,使得

$$\frac{f(b) - f(a)}{g(b) - g(a)} = \frac{f'(\xi)}{g'(\xi)}.$$

在柯西中值定理中,若 $g(x) = x$,就变成了拉格朗日中值定理,这说明拉格朗日中值定理又是柯西中值定理的特殊情况.

中值定理的两个重要应用就是可以证明洛必达法则和函数单调性定理.

13.4.4 洛必达法则的证明

洛必达法则是求"$\frac{0}{0}$"型和"$\frac{\infty}{\infty}$"型未定式极限的有力工具.我们曾在第 9 章 9.3 节中介绍过,下面只对"$\frac{0}{0}$"型的洛必达法则给出证明,至于"$\frac{\infty}{\infty}$"型未定式的洛必达法则的证明,因超出本书的范围略去不证.

定理 13 – 15("$\frac{0}{0}$"型洛必达法则) 如果函数 $f(x)$ 与函数 $g(x)$ 满足下面 3 个条件:

(1) $\lim\limits_{x \to x_0} f(x) = \lim\limits_{x \to x_0} g(x) = 0$;

(2) 函数 $f(x)$ 与 $g(x)$ 在包含 x_0 的区间 (a, b) 内均可导,且 $g'(x) \neq 0$;

(3) $\lim\limits_{x \to x_0} \dfrac{f'(x)}{g'(x)}$ 存在(或为无穷大),

那么

$$\lim_{x \to x_0} \frac{f(x)}{g(x)} = \lim_{x \to x_0} \frac{f'(x)}{g'(x)}.$$

证 定义辅助函数

$$f_1(x) = \begin{cases} f(x), & x \neq x_0, \\ 0, & x = x_0, \end{cases} \quad g_1(x) = \begin{cases} g(x), & x \neq x_0, \\ 0, & x = x_0. \end{cases}$$

在包含 x_0 的区间 (a, b) 内任取一点 x,且 $x \neq x_0$,则在以 x_0 与 x 为端点的区间上,$f_1(x)$,$g_1(x)$ 满足柯西中值定理的条件,于是有

$$\frac{f_1(x) - f_1(x_0)}{g_1(x) - g_1(x_0)} = \frac{f'(\xi)}{g'(\xi)}(\xi \text{ 在 } x \text{ 与 } x_0 \text{ 之间}).$$

又因为当 $x \to x_0$ 时，$x \neq x_0$，所以

$$\frac{f(x)}{g(x)} = \frac{f_1(x)}{g_1(x)} = \frac{f_1(x) - f_1(x_0)}{g_1(x) - g_1(x_0)} = \frac{f'(\xi)}{g'(\xi)}.$$

当 $x \to x_0$ 时，$\xi \to x_0$，于是由 $\lim\limits_{x \to x_0} \dfrac{f'(x)}{g'(x)} = A$，可得 $\lim\limits_{\xi \to x_0} \dfrac{f'(\xi)}{g'(\xi)} = A$．这样，

$$\lim_{x \to x_0} \frac{f(x)}{g(x)} = \lim_{\xi \to x_0} \frac{f'(\xi)}{g'(\xi)} = A = \lim_{x \to x_0} \frac{f'(x)}{g'(x)}.$$

注意 当 $x \to x_0^+$，$x \to x_0^-$，$x \to +\infty$，$x \to -\infty$，$x \to \infty$ 时，洛必达法则仍成立，证明方法类似，留给同学们完成．

13.4.5 函数单调性判定定理的证明

定理 13-16 如果函数 $f(x)$ 在 $[a, b]$ 上连续，在 (a, b) 内可导，则

(1) 当 $f'(x) > 0$ 时，函数 $f(x)$ 在 $[a, b]$ 上单调增加；

(2) 当 $f'(x) < 0$ 时，函数 $f(x)$ 在 $[a, b]$ 上单调减少．

证 任取 x_1，$x_2 \in [a, b]$，且 $x_1 < x_2$，则函数 $f(x)$ 在 $[x_1, x_2]$ 上连续，在 (x_1, x_2) 内可导．根据拉格朗日中值定理可知，存在 $\xi \in (x_1, x_2)$，使得 $f(x_2) - f(x_1) = f'(\xi)(x_2 - x_1)$．

(1) 当 $f'(x) > 0$ 时，$f(x_2) - f(x_1) = f'(\xi)(x_2 - x_1) > 0$，即 $f(x_2) > f(x_1)$，所以函数 $f(x)$ 在 $[a, b]$ 上单调增加．

(2) 当 $f'(x) < 0$ 时，$f(x_2) - f(x_1) = f'(\xi)(x_2 - x_1) < 0$，即 $f(x_2) < f(x_1)$，所以函数 $f(x)$ 在 $[a, b]$ 上单调减少．

注意 此定理对于无穷区间有类似的结论，叙述如下．

定理 13-17 如果函数 $f(x)$ 在 $[c, +\infty)$ 上连续，在 $(c, +\infty)$ 内可导，则

(1) 当 $f'(x) > 0$ 时，函数 $f(x)$ 在 $[c, +\infty)$ 上单调增加；

(2) 当 $f'(x) < 0$ 时，函数 $f(x)$ 在 $[c, +\infty)$ 上单调减少．

定理 13-18 如果函数 $f(x)$ 在 $(-\infty, d]$ 上连续，在 $(-\infty, d)$ 内可导，则

(1) 当 $f'(x) > 0$ 时，函数 $f(x)$ 在 $(-\infty, d]$ 上单调增加；

(2) 当 $f'(x) < 0$ 时，函数 $f(x)$ 在 $(-\infty, d]$ 上单调减少．

利用上述定理可以证明不等式．

例 13-20 证明：当 $x > 1$ 时，$2\sqrt{x} > 3 - \dfrac{1}{x}$．

证 令 $f(x) = 2\sqrt{x} - 3 + \dfrac{1}{x}$，从表达式可以看出函数 $f(x)$ 在 $[1, +\infty)$ 上连续．

因为 $f'(x) = \dfrac{1}{\sqrt{x}} - \dfrac{1}{x^2} = \dfrac{1}{x^2}(x\sqrt{x} - 1)$，所以在 $(1, +\infty)$ 内，$f'(x) > 0$．

根据定理 13-17，可知 $f(x)$ 在 $[1, +\infty)$ 上单调递增，因此当 $x > 1$ 时，$f(x) > f(1) = 0$，即：当 $x > 1$ 时，$2\sqrt{x} > 3 - \dfrac{1}{x}$．

1. 求函数 $f(x) = x\sqrt{6-x}$ 在 $[0,6]$ 上满足罗尔定理条件的 ξ 值.

2. 证明下列不等式:

(1) 当 $x > 0$ 时, $\sin x < x$;　(2) 当 $x > 0$ 时, $xe^x > e^x - 1$.

§ 13.5　导数的高级应用

导数的应用非常广泛,在前面已经介绍了一些,本节将继续介绍导数的其他用途,主要包括隐函数的求导法则、微分的概念、极值的第二判断法、函数的凹凸性与拐点.

13.5.1　隐函数的求导法则

定义 13 - 8　若变量 y 与 x 之间的函数关系是由 x, y 的二元方程 $F(x,y) = 0$ 确定的,则称此函数 $y = y(x)$ 是由方程 $F(x,y) = 0$ 确定的隐函数.

例如,由方程 $x^2\sin x - y + 1 = 0$ 可确定一个隐函数,其显式为 $y = x^2\sin x + 1$.

一般地,由二元方程 $F(x,y) = 0$ 确定的隐函数难以写出其显式.例如,

$$xe^y - y + \ln x = 0 \text{ 或 } x^2 + xy^2 + \sin(x+y) = 0$$

确定的隐函数 y 就难以写出表达式 $y = y(x)$.

对于隐函数的研究同样需要求导数,为此,将介绍不将隐函数转化为显式而直接求导的方法.先通过一个具体例子来说明.

例 13 - 21　求由方程 $x^2\sin x - y + 1 = 0$ 确定的隐函数 $y = y(x)$ 的导数 y'.

解　方程两边对 x 求导,注意方程中的 y 是 x 的函数.由复合函数求导法得

$$(x^2)'\sin x + x^2(\sin x)' - y' + (1)' = (0)',$$

化简得 $2x\sin x + x^2\cos x - y' = 0$,所以, $y' = 2x\sin x + x^2\cos x$.

这种求法与将隐函数表示为显式后的结果是相同的.

一般地,隐函数求导法则叙述如下:

隐函数求导法则　设由方程 $F(x,y) = 0$ 确定的隐函数为 $y = y(x)$,则求 y' 的步骤如下:

(1) 在方程 $F(x,y) = 0$ 两端对 x 求导,其中将 y 视为 x 的函数;

(2) 从得到的等式中解出 y'.

例 13 - 22　求由方程 $xe^y - y + 1 = 0$ 所确定的隐函数的导数 y'.

解　方程两边对 x 求导,注意方程中的 y 是 x 的函数.由复合函数求导法得

$$e^y + xe^y y' - y' = 0, \quad y' = \frac{e^y}{1 - xe^y}.$$

从上面隐函数求导的步骤可以看出,隐函数的求导法则实质上是复合函数求导法则的应用,求出的导函数 y' 的表达式中允许保留 y.

例 13-23 求曲线 $x^2 + 2xy - y^2 = x$ 在 $x = 1$ 对应点处的切线方程.

解 方程 $x^2 + 2xy - y^2 = x$ 两边对 x 求导,得

$$2x + 2y + 2xy' - 2yy' = 1, \quad y' = \frac{1 - 2x - 2y}{2x - 2y}.$$

将 $x = 1$ 代入原方程,得曲线上的两点 $(1, 0)$ 和 $(1, 2)$.再将两点的坐标分别代入上式,得切线斜率

$$k_1 = y'\Big|_{\substack{x=1 \\ y=0}} = -\frac{1}{2}, \quad k_2 = y'\Big|_{\substack{x=1 \\ y=2}} = \frac{5}{2}.$$

从而求得曲线在点 $(1, 0)$ 和 $(1, 2)$ 处的切线方程分别是

$$y = -\frac{1}{2}(x-1) \quad \text{和} \quad y - 2 = \frac{5}{2}(x-1).$$

13.5.2 微分的概念

微分概念是微积分的又一个重要概念,它是在研究函数值改变量时产生的.为了明确微分的概念,这里先介绍一个引例.

引例 一块正方形金属薄片受温度变化的影响,边长 x 由 x_0 变到 $x_0 + \Delta x$,如图 13-8 所示,求此金属薄片面积的改变量.

解 设边长为 x 时金属薄片的面积为 $A(x)$.根据几何知识可知,当边长为 x 时,$A(x) = x^2$.边长由 x_0 变到 $x_0 + \Delta x$ 时,面积的改变量为

$$\begin{aligned}
\Delta A &= A(x + x_0) - A(x_0) = (x_0 + \Delta x)^2 - x_0^2 \\
&= 2x_0 \Delta x + (\Delta x)^2.
\end{aligned}$$

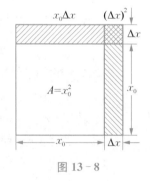

图 13-8

由上式可以看出,ΔA 可分成两部分:

(1) $2x_0 \Delta x$,它是 Δx 的线性函数,并且 $2x_0 \Delta x = A'(x_0) \Delta x$;

(2) $(\Delta x)^2$,它趋于 0 的速度要比 $\Delta x \to 0$ 的速度快很多,即是比 Δx 高阶的无穷小量.例如,当 $\Delta x = 0.1$ 时,$(\Delta x)^2 = 0.01$;当 $\Delta x = 0.01$ 时,$(\Delta x)^2 = 0.0001$;当 $\Delta x = 0.001$ 时,$(\Delta x)^2 = 0.000001\cdots\cdots$

由此可见,当边长的改变量 Δx 很小,即 $|\Delta x|$ 很小时,面积的改变量可由第一部分近似代替,即

$$\Delta A \approx A'(x_0) \Delta x.$$

$A'(x_0) \Delta x$ 就是通常所说的函数的微分,记作 $\mathrm{d}A\big|_{x=x_0} = A'(x_0) \Delta x$,这样 $\Delta A \approx \mathrm{d}A\big|_{x=x_0}$.

一般地,有下面的可微和微分定义.

定义 13-9 设函数 $y = f(x)$ 在点 x_0 处的函数增量 Δy 可以表示成 $\Delta y = f'(x_0) \cdot \Delta x + \alpha$,其中,$f'(x_0)$ 只与 x_0 有关,与 Δx 无关,且 $\lim\limits_{\Delta x \to 0} \dfrac{\alpha}{\Delta x} = 0$,则称函数 $f(x)$ 在点 x_0 处可微.

$f'(x_0)\Delta x$ 称为函数 $y = f(x)$ 在点 x_0 处的**微分**,记作 $\mathrm{d}y\big|_{x=x_0}$,即

$$\mathrm{d}y\big|_{x=x_0} = f'(x_0)\Delta x.$$

根据可微和可导的定义不难证明:函数可微与可导是等价的.

定义 13 - 10 函数 $y = f(x)$ 在任意点 x 的微分,称作函数 $y = f(x)$ 的**微分**,记为 $\mathrm{d}y$,即

$$\mathrm{d}y = f'(x)\Delta x.$$

由微分的定义可知,自变量 x 的微分 $\mathrm{d}x = (x)' \cdot \Delta x = \Delta x$,所以上式又写成

$$\mathrm{d}y = f'(x)\mathrm{d}x. \tag{13 - 1}$$

由(13 - 1)式,可以得到 $f'(x) = \dfrac{\mathrm{d}y}{\mathrm{d}x}$,说明函数的导数 $f'(x)$ 是函数微分 $\mathrm{d}y$ 与自变量微分 $\mathrm{d}x$ 之商. 所以,导数也称为**微商**.

例 13 - 24 求函数 $y = f(x) = x^3$ 在 $x = 1$,$\Delta x = 0.02$ 时的增量 Δy 与微分 $\mathrm{d}y$.

解 $\Delta y = f(1 + 0.02) - f(1) = 1.02^3 - 1^3 = 0.061\,208$,

$$\mathrm{d}y\Big|_{\substack{x=1 \\ \Delta x = 0.02}} = f'(1)\Delta x\big|_{\Delta x = 0.02} = 3 \times 1^2 \Delta x\big|_{\Delta x = 0.02} = 3 \times 0.02 = 0.06.$$

例 13 - 25 求函数 $y = \mathrm{e}^x \sin x$ 的微分.

解 $\mathrm{d}y = (\mathrm{e}^x \sin x)'\mathrm{d}x = \mathrm{e}^x(\sin x + \cos x)\mathrm{d}x.$

13.5.3 极值的第二判别法

在第 5 章介绍了极值的一般判别方法,对于有些函数,采用二阶导数来判断往往更简单.

定理 13 - 19(极值的第二判别法) 设函数 $f(x)$ 在点 x_0 处有二阶导数,且 $f'(x_0) = 0$.

(1) 若 $f''(x_0) < 0$,则函数 $f(x)$ 在点 x_0 处取得极大值;

(2) 若 $f''(x_0) > 0$,则函数 $f(x)$ 在点 x_0 处取得极小值.

注意 当 $f''(x_0) = 0$ 时,此判别法失效.

例 13 - 26 求函数 $f(x) = x^3 - 5x^2 + 3x - 1$ 的极值.

解 由 $f'(x) = 3x^2 - 10x + 3 = 0$,解得驻点 $x = \dfrac{1}{3}$ 和 $x = 3$. 又 $f''(x) = 6x - 10$. 因为 $f''\left(\dfrac{1}{3}\right) = -8 < 0$,$f''(3) = 8 > 0$,所以函数在点 $x = \dfrac{1}{3}$ 取极大值 $f\left(\dfrac{1}{3}\right) = -\dfrac{14}{27}$,在点 $x = 3$ 取极小值 $f(3) = -10$.

13.5.4 函数的凹凸性与拐点

一、函数的凹凸性

凹凸的汉字写法与数学上的凹凸概念所表示的含义大致相对应,图 13 - 9 给出这种对应关系.

当只给出函数而没有画出图形时,如何利用数学分析工具描述函数的凹凸性质呢? 先看一个具体实例.

引例 观察函数 $y = x^2$ 与 $y = \sqrt{x}$ 在 $[0, +\infty)$

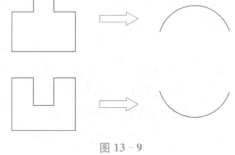

图 13 - 9

上的图形,如图 13-10(a) 和(b) 所示,其曲线都单调上升,但弯曲方向不同,这就是所谓的曲线凹凸性.

曲线 $y = x^2$ 的形状称为凹的,此时曲线上任一点处的切线均位于曲线下方,而曲线 $y = \sqrt{x}$ 的形状称为凸的,此时曲线上任一点的切线均位于曲线上方.

一般地,有下面的定义.

定义 13-11 如果在某区间内,曲线弧段上任一点处的切线都在曲线的下方,那么称此曲线弧段是凹的;若曲线弧段上任一点处的切线都在曲线的上方,那么称此曲线弧段为凸的. 凹的曲线弧段简称为凹弧,凸的曲线弧段简称为凸弧.

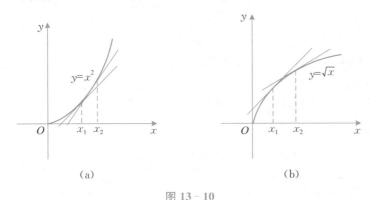

图 13-10

从图 13-10(a)可以看出,在凹的曲线弧上,其切线的斜率随 x 的增加而逐渐增加,即函数的导数是单调增加的,这时 $f''(x) > 0$;从图 13-10(b) 可以看出,在凸的曲线弧上,其切线的斜率随 x 的增加而逐渐减少,即函数的导数是单调减少的,这时 $f''(x) < 0$. 我们给出下面的结论.

定理 13-20 设函数 $f(x)$ 在区间(a, b)内存在二阶导数.

(1) 如果当 $x \in (a, b)$ 时,有 $f''(x) > 0$,则曲线 $f(x)$ 在区间(a, b) 内是凹的;

(2) 如果当 $x \in (a, b)$ 时,有 $f''(x) < 0$,则曲线 $f(x)$ 在区间(a, b) 内是凸的.

为了帮助大家记忆,我们给出如图 13-11 所示的脸谱帮助记忆.

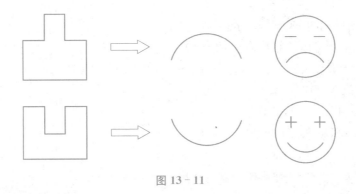

图 13-11

例 13-27 判定曲线 $y = x^3$ 的凹凸性.

解 函数的定义域是$(-\infty, +\infty)$, $y' = 3x^2$, $y'' = 6x$. 所以,当 $x < 0$ 时,$y'' < 0$;当 $x > 0$ 时,$y'' > 0$. 由定理可知,曲线 $y = x^3$ 在区间$(-\infty, 0)$ 内是凸的,在区间$(0, +\infty)$ 内

是凹的.

从例 13 - 27 可以看出,求函数的凹凸区间就是将函数的定义域用一些点进行分割,使分割的小区间都是开区间.上例中用 $x = 0$ 对定义域进行分割,此时 $f''(0) = 0$.因为例 13 - 27 中的函数在定义域内二阶导数都存在,所以只用二阶导数等于 0 的点进行分割.下面的例子说明有时还需用二阶导数不存在的点进行分割.

例 13 - 28 确定函数 $f(x) = x^{\frac{5}{3}}$ 的凹凸区间.

解 (1) 函数的定义域为 $(-\infty, +\infty)$.

(2) $f'(x) = \dfrac{5}{3} x^{\frac{2}{3}}$,$f''(x) = \dfrac{10}{9} x^{-\frac{1}{3}} = \dfrac{10}{9 x^{\frac{1}{3}}}$.可以看出,$f''(x)$ 在 $x = 0$ 处无意义,所以 $f(x)$ 在 $x = 0$ 处二阶导数不存在.此外,在其他任何点处 $f''(x) \neq 0$,用 0 将函数 $f(x)$ 的定义域分成 $(-\infty, 0)$ 和 $(0, +\infty)$ 两个开区间.

(3) 为了确定 $f''(x)$ 在开区间 $(-\infty, 0)$ 和 $(0, +\infty)$ 内的正负号,分别在这两个开区间内选取容易计算 $f(x)$ 二阶导数值的测试点,并计算函数 $f(x)$ 在这些测试点处的二阶导数值,如表 13 - 2 所示.

表 13 - 2

x	$(-\infty, 0)$	0	$(0, +\infty)$
测试点 c	-1		1
$f''(c)$	$-\dfrac{10}{9}$		$\dfrac{10}{9}$
$f''(x)$ 的符号	$-$	0	$+$
$f(x)$ 的特征	凸的		凹的

从表 13 - 2 中可以看出,函数 $f(x)$ 在区间 $(-\infty, 0)$ 内是凸的,在区间 $(0, +\infty)$ 内是凹的.

函数 $f(x)$ 图形如图 13 - 12 所示.

从上面两个例题可以总结出求函数 $f(x)$ 凹凸区间的一般步骤如下:

(1) 求出函数 $f(x)$ 的定义域;

(2) 求 $f'(x)$ 和 $f''(x)$,并根据 $f''(x)$ 的表达式找出 $f(x)$ 在定义域内的所有二阶导数不存在的点;

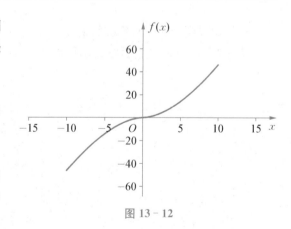

图 13 - 12

(3) 解方程 $f''(x) = 0$,确定在函数 $f(x)$ 定义域内的根;

(4) 用(2)和(3)中得到的点把定义域分成若干个开区间,在每个开区间内找出一个容易计算函数 $f(x)$ 二阶导数值的测试点,并求出函数 $f(x)$ 在该点处的二阶导数值,据此确定每个开区间内 $f''(x)$ 的符号,列表讨论;

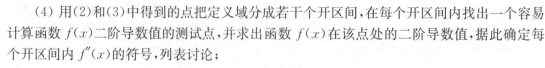

(5) 根据 $f''(x)$ 的符号判别函数 $f(x)$ 的凹凸区间.

二、曲线的拐点

观察如图 13-13 所示的函数 $y = \arctan x$ 的图形,注意到点 $(0,0)$ 在曲线上,并且是曲线凹弧和凸弧的分界点. 对于曲线上这种点,有下面的定义.

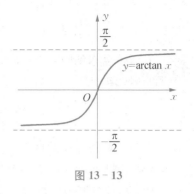

图 13-13

定义 13-12 连续曲线上,凹弧与凸弧的分界点叫做曲线的拐点.

拐点是曲线凹弧与凸弧的分界点. 根据定理,在拐点左右两侧邻近, $f''(x)$ 必然异号,所以要寻找拐点,只要找出使 $f''(x)$ 符号发生变化的分界点即可. 如果 $f(x)$ 在区间 (a, b) 内具有二阶连续导数,则在这样的分界点必有 $f''(x) = 0$. 此外,曲线上二阶导数不存在的点也可能是 $f''(x)$ 符号发生变化的分界点.

综上所述,可以归纳出求曲线 $y = f(x)$ 凹凸区间与拐点的一般步骤如下:

(1) 确定函数 $y = f(x)$ 的定义域;

(2) 求 $f'(x)$ 和 $f''(x)$,并根据 $f''(x)$ 的表达式找出 $f(x)$ 在定义域内的所有二阶导数不存在的点;

(3) 解方程 $f''(x) = 0$,确定在函数 $f(x)$ 定义域内的根;

(4) 用(2)和(3)中得到的点把定义域分成若干个开区间,在每个开区间内找出一个容易计算函数 $f(x)$ 二阶导数值的测试点,并求出函数 $f(x)$ 在该点处的二阶导数值,据此确定每个开区间内 $f''(x)$ 的符号,列表讨论;

(5) 根据 $f''(x)$ 的符号判别函数 $f(x)$ 的凹凸区间,并确定曲线 $f(x)$ 的拐点.

例 13-29 求曲线 $f(x) = \dfrac{1}{5}x^5 - \dfrac{1}{3}x^4$ 的凹凸区间和拐点.

解 (1) 函数 $f(x)$ 的定义域是 $(-\infty, +\infty)$.

(2) $f'(x) = x^4 - \dfrac{4}{3}x^3$,$f''(x) = 4x^3 - 4x^2 = 4x^2(x-1)$. 由 $f''(x)$ 的表达式可以看出,函数 $f(x)$ 没有二阶导数不存在的点.

(3) 令 $f''(x) = 0$,得 $x = 0$,$x = 1$.

(4) 列表进行讨论,如表 13-3 所示.

表 13-3

x	$(-\infty, 0)$	0	$(0, 1)$	1	$(1, +\infty)$
测试点 c	-1		$\dfrac{1}{2}$		2
$f''(c)$	-8		$-\dfrac{1}{2}$		16
$f''(x)$	$-$	0	$-$	0	$+$
$f(x)$	凸	非拐点	凸	拐点 $\left(1, -\dfrac{2}{15}\right)$	凹

由表 13-3 可知，曲线 $f(x)$ 在区间 $(-\infty, 0)$ 与 $(0, 1)$ 内是凸的，在区间 $(1, +\infty)$ 内是凹的，点 $\left(1, -\dfrac{2}{15}\right)$ 是曲线 $f(x)$ 的拐点.

有时也会遇到同时讨论函数 $f(x)$ 的单调区间、凹凸区间、极值和拐点问题，此时可以将解题步骤归纳如下：

（1）确定函数 $y = f(x)$ 的定义域；

（2）求 $f'(x)$ 和 $f''(x)$，并根据 $f'(x)$ 和 $f''(x)$ 的表达式，找出 $f(x)$ 在定义域内的所有一阶和二阶导数不存在的点；

（3）分别求解方程 $f'(x) = 0$ 和 $f''(x) = 0$，确定每个方程在函数 $f(x)$ 定义域内的根；

（4）用（2）和（3）中得到的点把定义域分成若干个开区间，在每个开区间内找出一个容易计算函数 $f(x)$ 的一阶和二阶导数值的测试点，并求出函数 $f(x)$ 在该点处的一阶和二阶导数值，据此确定每个开区间内 $f'(x)$ 和 $f''(x)$ 的符号，列表讨论；

（5）根据 $f'(x)$ 的符号判别函数 $f(x)$ 的单调区间，并确定极值；根据 $f''(x)$ 的符号判别函数 $f(x)$ 的凹凸区间，并确定曲线的拐点.

例 13-30 求函数 $y = 2x^3 - 6x^2 - 18x + 7$ 的单调区间、凹凸区间、极值和拐点.

解 （1）函数 $y = f(x) = 2x^3 - 6x^2 - 18x + 7$ 的定义域为 $(-\infty, +\infty)$.

（2）$y' = 6x^2 - 12x - 18 = 6(x^2 - 2x - 3) = 6(x+1)(x-3)$，$y'' = 12x - 12 = 12(x-1)$. 从 y' 和 y'' 的表达式可以看出，函数 $f(x)$ 在 $(-\infty, +\infty)$ 没有一阶导数不存在的点，也没有二阶导数不存在的点.

（3）令 $y' = 0$，得驻点 $x_1 = -1$，$x_2 = 3$. 令 $y'' = 0$，得 $x = 1$.

（4）列表进行讨论，如表 13-4 所示.

表 13-4

x	$(-\infty, -1)$	-1	$(-1, 1)$	1	$(1, 3)$	3	$(3, +\infty)$
测试点 c	-2		0		2		4
$f'(c)$	30		-18		-18		30
$f''(c)$	-36		-12		12		36
y' 的符号	$+$		$-$		$-$		$+$
y'' 的符号	$-$		$-$		$+$		$+$
函数 y	↗ 凸的	极大值 $f(-1) = 17$	↘ 凸的	拐点 $(1, -15)$	↘ 凹的	极小值 $f(3) = -47$	↗ 凹的

从表 13-4 中可以看出，函数 $f(x)$ 在 $(-\infty, -1)$ 和 $(3, +\infty)$ 内单调增加，在 $(-1, 3)$ 内单调减少；在 $(-\infty, 1)$ 内是凸的，在 $(1, +\infty)$ 内是凹的；函数 $f(x)$ 在 $x = -1$ 处取得极大值 17，在 $x = 3$ 处取得极小值 -47，拐点为 $(1, -15)$.

习题 13 - 5

1. 求由方程 $xy + \ln y = 1$ 确定的隐函数 $y = y(x)$ 的导数 y'.
2. 求曲线 $y^5 + 2y - x - 3x^7 = 0$ 在 $x = 0$ 对应点处的切线方程.
3. 求函数 $y = f(x) = x^4$ 在 $x = -1$，$\Delta x = 0.01$ 时的增量 Δy 与微分 $\mathrm{d}y$.
4. 求函数 $y = \mathrm{e}^{x\sin x}$ 的微分.
5. 求函数 $f(x) = 3x^4 - 8x^3 + 6x^2 + 1$ 的极值.
6. 求曲线 $y = x\arctan x$ 的凹凸区间和拐点.
7. 求下列函数的单调区间、凹凸区间、极值和拐点.

(1) $y = x^3 - 5x^2 + 3x + 5$; (2) $y = \mathrm{e}^{-x^2}$.

§ 13.6 定积分的精确定义及其性质

在第 6 章曾给出特殊情况下定积分的概念，本节从更一般情况讨论定积分的定义，并给出变上限的定积分的求导定理.

13.6.1 定积分的概念与性质

一、定积分的概念

在第 6 章介绍定积分的定义时，曾假设函数 $y = f(x)$ 在 $[a, b]$ 上连续且 $f(x) \geqslant 0$，并给出计算相应曲边梯形面积的方法. 不难看出，当 $n \to \infty$ 时，小和的极限与大和的极限是相同的. 而且如果在各个小区间上任意取一点，以该点的函数值为高，作出各个小区间上的矩形，并将所有小矩形面积相加，则其和介于小和与大和之间. 这样，当 $n \to \infty$ 时，该小矩形面积之和的极限也等于定积分. 还可以放宽限制，将区间 $[a, b]$ 分成 n 份，可以不进行等分，只要这些区间的最大值趋于 0，此时就可以说明这些和式的极限都等于定积分的值. 因此可以得到更一般的定积分定义如下：

定义 13 - 13　设函数 $y = f(x)$ 在闭区间 $[a, b]$ 上连续，任取分点

$$a = x_0 < x_1 < x_2 < \cdots < x_n = b,$$

将区间 $[a, b]$ 分割成 n 个小区间 $[x_{i-1}, x_i]$，每个小区间的长度记作

$$\Delta x_i = x_i - x_{i-1}, \quad i = 1, 2, \cdots, n,$$

并记 $\lambda = \max\limits_{1 \leqslant i \leqslant n} \{\Delta x_i\}$. 任取点 $\xi_i \in [x_{i-1}, x_i]$，作和式

$$S_n = \sum_{i=1}^{n} f(\xi_i) \Delta x_i.$$

如果不论对区间$[a,b]$如何分割,也不论在小区间上如何取点ξ_i,只要$\lambda=\max\limits_{1\leqslant i\leqslant n}\{\Delta x_i\}\to 0$,和式$S_n$的极限总存在且相等,则称$f(x)$在$[a,b]$上可积,并称此极限为$f(x)$在区间$[a,b]$上的定积分,记作

$$\int_a^b f(x)\mathrm{d}x=\lim_{\lambda\to 0}\sum_{1\leqslant i\leqslant n}^n f(\xi_i)\Delta x_i,$$

其中$f(x)$称为被积函数,$f(x)\mathrm{d}x$称为被积表达式,x称为积分变量,$[a,b]$称为积分区间,而a,b分别称为积分下限和积分上限.

在此定义下,如果函数$y=f(x)$在$[a,b]$上连续,则一定可积.

二、定积分的性质

(1) 定积分的值与积分变量的选取无关,即

$$\int_a^b f(x)\mathrm{d}x=\int_a^b f(t)\mathrm{d}t.$$

证 如果$F(x)$是$f(x)$的原函数,则$F(t)$是$f(t)$的原函数.于是,

$$\int_a^b f(x)\mathrm{d}x=[F(x)]_a^b=F(b)-F(a),\quad \int_a^b f(t)\mathrm{d}t=[F(t)]_a^b=F(b)-F(a),$$

因此,$\int_a^b f(x)\mathrm{d}x=\int_a^b f(t)\mathrm{d}t.$

(2) 补充规定$\int_a^b f(x)\mathrm{d}x=-\int_b^a f(x)\mathrm{d}x,\int_a^a f(x)\mathrm{d}x=0.$

(3) 定积分的运算性质:

性质1 常数因子k可提到积分符号前,

$$\int_a^b kf(x)\mathrm{d}x=k\int_a^b f(x)\mathrm{d}x.$$

性质2 代数和的积分等于积分的代数和,

$$\int_a^b [f(x)\pm g(x)]\mathrm{d}x=\int_a^b f(x)\mathrm{d}x\pm\int_a^b g(x)\mathrm{d}x.$$

性质3 (区间可加性)对任意3个数a,b,c,总有

$$\int_a^b f(x)\mathrm{d}x=\int_a^c f(x)\mathrm{d}x+\int_c^b f(x)\mathrm{d}x.$$

例 13-31 求$\int_{-1}^2 |x|\mathrm{d}x.$

解 $\int_{-1}^2 |x|\mathrm{d}x=\int_{-1}^0 |x|\mathrm{d}x+\int_0^2 |x|\mathrm{d}x=\int_{-1}^0 (-x)\mathrm{d}x+\int_0^2 x\mathrm{d}x$

$=-\left[\dfrac{x^2}{2}\right]_{-1}^0+\left[\dfrac{x^2}{2}\right]_0^2=-\dfrac{1}{2}[x^2]_{-1}^0+\dfrac{1}{2}[x^2]_0^2$

$=-\dfrac{1}{2}[0-(-1)^2]+\dfrac{1}{2}[2^2-0]=\dfrac{5}{2}.$

三、定积分的计算

首先,观察被积函数在积分区间是否为一个表达式,如果不是,利用定积分的区间可加性,将其拆成几个定积分之和;

其次,对每个在积分区间只有一个表达式的定积分,可采用下面的方法进行计算:

(1) 利用微积分基本定理(牛顿-莱布尼兹公式)

$$\int_a^b f(x)\mathrm{d}x = \big[F(x)\big]_a^b = F(b) - F(a),\text{其中 } F'(x) = f(x);$$

(2) 利用运算性质;

(3) 换元积分法;

(4) 分部积分法.

13.6.2 变上限的定积分函数求导定理

先看一个实际问题.

已知某物体从静止开始受到一个外力作用,以速度 $v(t) = S'(t) = at$ 开始运动,求从开始到 $t_0 = 1, 2, 3, \cdots, t$ 时刻走过的路程 $S(1), S(2), S(3), \cdots, S(t)$.

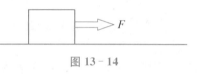

图 13 - 14

$$S(1) = S(1) - S(0) = \big[S(t)\big]_0^1 = \int_0^1 S'(t)\mathrm{d}t = \int_0^1 at\,\mathrm{d}t = \frac{a}{2}\big[t^2\big]_0^1 = \frac{a}{2},$$

$$S(2) = S(2) - S(0) = \big[S(t)\big]_0^2 = \int_0^2 S'(t)\mathrm{d}t = \int_0^2 at\,\mathrm{d}t = \frac{a}{2}\big[t^2\big]_0^2 = 2a,$$

$$S(3) = S(3) - S(0) = \big[S(t)\big]_0^3 = \int_0^3 S'(t)\mathrm{d}t = \int_0^3 at\,\mathrm{d}t = \frac{a}{2}\big[t^2\big]_0^3 = \frac{9}{2}a,$$

$$\cdots\cdots$$

$$S(t) = S(t) - S(0) = \big[S(t)\big]_0^t = \int_0^t S'(t)\mathrm{d}t = \int_0^t S'(u)\mathrm{d}u = \int_0^t au\,\mathrm{d}u = \frac{a}{2}\big[u^2\big]_0^t = \frac{a}{2}t^2.$$

在上式中用到

$$S(t) = \int_0^t S'(t)\mathrm{d}t = \int_0^t S'(u)\mathrm{d}u,$$

所得结果是积分上限 t 的函数,所以它被称为变上限的积分,是一种新的函数. 从上式可以看出,$S'(t) = \left(\int_0^t S'(u)\mathrm{d}u\right)'$,这里隐含了变上限积分函数求导的重要定理.

一般地,设函数 $y = f(x)$ 在区间 $[a, b]$ 上连续,对于任意的 $x \in [a, b]$,$f(x)$ 在 $[a, x]$ 上连续,所以函数 $f(x)$ 在 $[a, x]$ 上可积,将该积分 $\int_a^x f(t)\mathrm{d}t$ 与 x 对应,就得到一个定义在 $[a, b]$ 上的函数

$$\Phi(x) = \int_a^x f(t)\mathrm{d}t, \; x \in [a, b].$$

这样的函数被称为积分上限函数(或变上限的积分),其几何意义如图 13-15 所示.

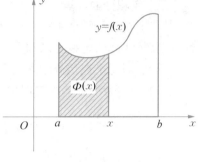

定理 13-21 如果函数 $f(x)$ 在闭区间 $[a, b]$ 上连续,则积分上限函数 $\Phi(x) = \int_a^x f(t)\mathrm{d}t$ 是 $f(x)$ 在 $[a, b]$ 上的一个原函数,即

$$\Phi'(x) = \left[\int_a^x f(t)\mathrm{d}t\right]' = f(x), \ x \in [a, b].$$

此定理说明连续函数必有原函数.

图 13-15

例 13-32 已知 $\Phi(x) = \int_0^x (t^3 + 4)\mathrm{d}t$,求 $\Phi'(x)$.

解 $$\Phi'(x) = \frac{\mathrm{d}}{\mathrm{d}x}\left[\int_0^x (t^3 + 4)\mathrm{d}t\right] = x^3 + 4.$$

例 13-33 求函数 $F(x) = \int_1^x \frac{t}{2 + t^2}\mathrm{d}t$ 的导数.

解 $$F'(x) = \left(\int_1^x \frac{t}{2 + t^2}\mathrm{d}t\right)' = \frac{x}{2 + x^2}.$$

例 13-34 求 $y = \int_x^0 \sqrt{1 + t^2}\, \mathrm{d}t$ 的导数.

分析 此函数是变下限的积分,可交换积分限转化为积分上限函数后再求导.

解 $$y' = \left[\int_x^0 \sqrt{1 + t^2}\, \mathrm{d}t\right]' = \left[-\int_0^x \sqrt{1 + t^2}\, \mathrm{d}t\right]' = -\sqrt{1 + x^2}.$$

例 13-35 求 $f(x) = \int_1^{x^2+1} \sin(te^t)\mathrm{d}t$ 的导数.

解 此函数可以看成由 $g(u) = \int_1^u \sin(te^t)\mathrm{d}t$ 和 $u = h(x) = x^2 + 1$ 复合而成,即 $f(x) = g(h(x))$.根据复合函数的求导法则,可知 $f'(x) = [g(h(x))]' = g'(h(x))h'(x)$.

因为 $g'(u) = \left(\int_1^u \sin(te^t)\mathrm{d}t\right)' = \sin(ue^u)$, $h'(x) = (x^2 + 1)' = 2x$,所以

$$f'(x) = g'(h(x))h'(x) = \sin((x^2 + 1)e^{x^2+1})(x^2 + 1)' = 2x\sin((x^2 + 1)e^{x^2+1}).$$

13.6.3 积分与微分的互逆关系

当导数(或微分)运算与积分运算同时作用到一个函数时,有下面的性质:

(1) $\left(\int f(x)\mathrm{d}x\right)' = f(x)$ 或 $\mathrm{d}\left(\int f(x)\mathrm{d}x\right) = f(x)\mathrm{d}x$;

(2) $\int F'(x)\mathrm{d}x = F(x) + C$ 或 $\int \mathrm{d}F(x) = F(x) + C$.

上面的性质实际上是正运算与逆运算同时作用到一个函数后的结果. 导数运算看成正运算,不定积分运算则为逆运算. 先逆运算再正运算的结果与原来函数相同,先正运算再逆运算的结果比原来的函数增多.

这些性质类似于平方运算(正运算)和开方运算(逆运算)同时作用到一个数上. 例如,对于数 4,先开方(逆运算)再平方(正运算)的结果为 4,先平方(正运算)再开方(逆运算)的结果为 ±4.

利用上面的性质,可以简化相关的运算.

例 13 - 36 求 $\left(\int \sin \sqrt{x}\, dx\right)'$.

解 利用积分与微分的互逆关系,可得

$$\left(\int \sin \sqrt{x}\, dx\right)' = \sin \sqrt{x}.$$

例 13 - 37 求 $d\left(\int \cos \sqrt{x}\, dx\right)$.

解
$$d\left(\int \cos \sqrt{x}\, dx\right) = \cos \sqrt{x}\, dx.$$

例 13 - 38 求 $\int d(\ln \sqrt{x})$.

解
$$\int d(\ln \sqrt{x}) = \ln \sqrt{x} + C.$$

习题 13 - 6

1. 求 $\int_{-1}^{2} |x - 1|\, dx$.

2. 求函数 $F(x) = \int_{3}^{x} \dfrac{\cos t}{\sqrt{t} + t^2}\, dt$ 的导数.

3. 求 $G(x) = \int_{2}^{\sin(x^2)+2x} \cos(t^2 + 1)\, dt$ 的导数.

4. 求 $F(x) = \int_{x^2}^{x^3} \sin(t^2 + 2t)\, dt$ 的导数.

5. 填空:

(1) $\dfrac{d}{dx}\left(\int \sqrt{x^3 + 2x + 1}\, dx\right) = \underline{\qquad}$;

(2) $d\left(\int \cos \sqrt{x^3 - 2}\, dx\right) = \underline{\qquad}$;

(3) $\int \left(\dfrac{d}{dx} \ln \sqrt{x + 1}\right) dx = \underline{\qquad}$;

(4) $\int d\left(\dfrac{\sqrt{x^3 - 3}}{e^x}\right) = \underline{\qquad}$.

§13.7　无穷限的反常积分

在讲定积分时,曾假设函数 $f(x)$ 在闭区间 $[a,b]$ 上有界,即积分区间是有限的,并且被积函数 $f(x)$ 在 $[a,b]$ 上有界.但在一些实际问题中,往往还会遇到积分区间为无限的积分,它们已经不属于前面所说的定积分.因此需要将定积分的有限区间推广到无限区间,考虑有界函数在无限区间上的积分,即无穷限的反常积分.

无穷限的反常积分按照积分区间为 $[a,+\infty)$,$(-\infty,b]$,$(-\infty,+\infty)$ 3 种情况可分为 3 种类型,下面分别给出定义.

先看一个引例.

引例　计算由曲线 $y=e^{-x}$,直线 $x=0$,$y=0$ 所围图形的面积.

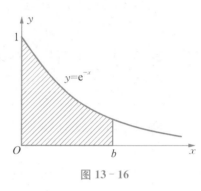

图 13-16

解　如图 13-16 所示,直线 $y=0$ 是曲线 $y=e^{-x}$ 的水平渐近线,图形向右无限延伸,且愈向右开口愈小,可以认为曲线 $y=e^{-x}$ 在无穷远点与 x 轴相交.于是,所求图形的面积可以表示为 $\int_0^{+\infty} e^{-x}dx$.如何来计算此积分呢?

为了求得该图形的面积 $\int_0^{+\infty} e^{-x}dx$,取 $b>0$,先作直线 $x=b$.由定积分的几何意义,图中阴影部分(曲边梯形)的面积为

$$\int_0^b e^{-x}dx = -\int_0^b e^{-x}d(-x) = -\left[e^{-x}\right]_0^b = -(e^{-b}-1) = 1-e^{-b}.$$

显然,当直线 $x=b$ 向右移动时,阴影部分的图形也向右延伸,从而 $\int_0^b e^{-x}dx$ 接近所求的面积 $\int_0^{+\infty} e^{-x}dx$.当 b 越来越趋向于 $+\infty$ 时,所得定积分 $\int_0^b e^{-x}dx$ 与 $\int_0^{+\infty} e^{-x}dx$ 越来越接近.根据极限的概念,应认为所求的面积为

$$\int_0^{+\infty} e^{-x}dx = \lim_{b\to+\infty}\int_0^b e^{-x}dx = \lim_{b\to+\infty}(1-e^{-b}) = \lim_{b\to+\infty}1 - \lim_{b\to+\infty}e^{-b} = 1-0 = 1.$$

一般地,有下面的定义.

定义 13-14　设函数 $f(x)$ 在无穷区间 $[a,+\infty)$ 上有定义,取 $b>a$,若极限

$$\lim_{b\to+\infty}\int_a^b f(x)dx$$

存在,则称反常积分 $\int_a^{+\infty} f(x)dx$ **收敛**,并称此极限为该反常积分的值;若上述极限不存在,则称反常积分 $\int_a^{+\infty} f(x)dx$ **发散**.

例 13 - 39 计算反常积分 $\int_{\frac{2}{\pi}}^{+\infty} \frac{1}{x^2}\sin\frac{1}{x}dx$.

解 按反常积分敛散性的定义,取 $b > \frac{2}{\pi}$,则

$$\int_{\frac{2}{\pi}}^{+\infty} \frac{1}{x^2}\sin\frac{1}{x}dx = \lim_{b\to+\infty}\int_{\frac{2}{\pi}}^{b} \frac{1}{x^2}\sin\frac{1}{x}dx = \lim_{b\to+\infty} -\int_{\frac{2}{\pi}}^{b}\sin\frac{1}{x}d\left(\frac{1}{x}\right)$$

$$= \lim_{b\to+\infty} -\left[-\cos\frac{1}{x}\right]_{\frac{2}{\pi}}^{b} = \lim_{b\to+\infty}\left[\cos\frac{1}{x}\right]_{\frac{2}{\pi}}^{b}$$

$$= \lim_{b\to+\infty}\left(\cos\frac{1}{b} - \cos\frac{\pi}{2}\right) = \lim_{b\to+\infty}\cos\frac{1}{b} = 1.$$

类似地,可定义函数 $f(x)$ 在无限区间 $(-\infty, b]$ 上的反常积分 $\int_{-\infty}^{b} f(x)dx$ 如下:

定义 13 - 15 设函数 $f(x)$ 在无穷区间 $(-\infty, b]$ 上有定义,取 $t < b$,若极限

$$\lim_{t\to-\infty}\int_{t}^{b} f(x)dx$$

存在,则称反常积分 $\int_{-\infty}^{b} f(x)dx$ **收敛**,并称此极限为该反常积分的值;若上述极限不存在,则称反常积分 $\int_{-\infty}^{b} f(x)dx$ **发散**.

例 13 - 40 计算反常积分 $\int_{-\infty}^{0}\sin xdx$.

解 取 $t < 0$,则

$$\int_{-\infty}^{0}\sin xdx = \lim_{t\to-\infty}\int_{t}^{0}\sin xdx = \lim_{t\to-\infty}\left[-\cos x\right]_{a}^{0} = \lim_{t\to-\infty} -\left[\cos x\right]_{a}^{0}$$

$$= \lim_{t\to-\infty} -(\cos 0 - \cos a) = \lim_{t\to-\infty}(\cos a - 1).$$

显然,上述极限不存在,所以 $\int_{-\infty}^{0}\sin xdx$ 发散.

至于函数 $f(x)$ 在无限区间 $(-\infty, +\infty)$ 上的反常积分 $\int_{-\infty}^{+\infty} f(x)dx$,则按照下面的方式定义.

设函数 $f(x)$ 在无穷区间 $(-\infty, +\infty)$ 上有定义,如果反常积分 $\int_{a}^{+\infty} f(x)dx$ 与反常积分 $\int_{-\infty}^{b} f(x)dx$ 均收敛,则称反常积分 $\int_{-\infty}^{+\infty} f(x)dx$ **收敛**,并称反常积分 $\int_{-\infty}^{+\infty} f(x)dx$ 的值为反常积分 $\int_{a}^{+\infty} f(x)dx$ 的值与反常积分 $\int_{-\infty}^{b} f(x)dx$ 的值之和,否则称反常积分 $\int_{-\infty}^{+\infty} f(x)dx$ **发散**.

下面介绍反常积分的一种简洁表示.

若 $F(x)$ 是 $f(x)$ 的一个原函数,则

$$\int_{a}^{+\infty} f(x)dx = \lim_{b\to+\infty}\int_{a}^{b} f(x)dx = \lim_{b\to+\infty}\left[F(x)\right]_{a}^{b} = \lim_{b\to+\infty}\left[F(b) - F(a)\right]$$

$$= \lim_{b\to+\infty}F(b) - \lim_{b\to+\infty}F(a) = \lim_{b\to+\infty}F(b) - F(a) = \lim_{x\to+\infty}F(x) - F(a).$$

若记 $\lim\limits_{x \to +\infty} F(x) = F(+\infty)$，则反常积分

$$\int_a^{+\infty} f(x)\mathrm{d}x = F(+\infty) - F(a) = \left[F(x)\right]_a^{+\infty}.$$

上式为反常积分 $\int_a^{+\infty} f(x)\mathrm{d}x$ 的牛顿-莱布尼茨记法.

类似地，有

$$
\begin{aligned}
\int_{-\infty}^b f(x)\mathrm{d}x &= \lim\limits_{t \to -\infty}\int_t^b f(x)\mathrm{d}x = \lim\limits_{t \to -\infty}\left[F(x)\right]_t^b = \lim\limits_{t \to -\infty}\left[F(b) - F(t)\right] \\
&= \lim\limits_{t \to -\infty} F(b) - \lim\limits_{t \to -\infty} F(t) = F(b) - \lim\limits_{t \to -\infty} F(t) \\
&= F(b) - \lim\limits_{x \to -\infty} F(x).
\end{aligned}
$$

若记 $\lim\limits_{x \to -\infty} F(x) = F(-\infty)$，则反常积分

$$\int_{-\infty}^b f(x)\mathrm{d}x = F(b) - F(-\infty) = \left[F(x)\right]_{-\infty}^b.$$

上式为反常积分 $\int_{-\infty}^b f(x)\mathrm{d}x$ 的牛顿-莱布尼茨记法.

此外，对于反常积分 $\int_{-\infty}^{+\infty} f(x)\mathrm{d}x$，因为

$$
\begin{aligned}
\int_{-\infty}^{+\infty} f(x)\mathrm{d}x &= \int_{-\infty}^0 f(x)\mathrm{d}x + \int_0^{+\infty} f(x)\mathrm{d}x = \left[F(x)\right]_{-\infty}^0 + \left[F(x)\right]_0^{+\infty} \\
&= F(0) - F(-\infty) + F(+\infty) - F(0) \\
&= F(+\infty) - F(-\infty) = \left[F(x)\right]_{-\infty}^{+\infty},
\end{aligned}
$$

所以，

$$\int_{-\infty}^{+\infty} f(x)\mathrm{d}x = F(+\infty) - F(-\infty) = \left[F(x)\right]_{-\infty}^{+\infty}.$$

上式为反常积分 $\int_{-\infty}^{+\infty} f(x)\mathrm{d}x$ 的牛顿-莱布尼茨记法.

有了上面反常积分的牛顿-莱布尼茨记法，可使求反常积分的计算过程更加简洁.

例 13 - 41 计算反常积分 $\int_{-\infty}^{+\infty} \dfrac{1}{1+x^2}\mathrm{d}x$.

解 $\qquad \int_{-\infty}^{+\infty} \dfrac{1}{1+x^2}\mathrm{d}x = \left[\arctan x\right]_{-\infty}^{+\infty} = \lim\limits_{x \to +\infty} \arctan x - \lim\limits_{x \to -\infty} \arctan x$

$$= \dfrac{\pi}{2} - \left(-\dfrac{\pi}{2}\right) = \pi.$$

例 13 - 42 讨论反常积分 $\int_1^{+\infty} \dfrac{1}{x^a}\mathrm{d}x$ 的敛散性.

解 当 $\alpha = 1$ 时，

$$\int_1^{+\infty} \frac{1}{x^a} \mathrm{d}x = \int_1^{+\infty} \frac{1}{x} \mathrm{d}x = \left[\ln x\right]_1^{+\infty} = \lim_{x \to +\infty} \ln x - \ln 1 = \lim_{x \to +\infty} \ln x = +\infty.$$

当 $\alpha \neq 1$ 时,

$$\int_1^{+\infty} \frac{1}{x^a} \mathrm{d}x = \int_1^{+\infty} x^{-a} \mathrm{d}x = \left[\frac{x^{-a+1}}{-a+1}\right]_1^{+\infty} = \frac{1}{-\alpha+1}\left[x^{-a+1}\right]_1^{+\infty}$$

$$= \frac{1}{1-\alpha}\left[\lim_{x \to +\infty} x^{1-a} - 1\right] = \begin{cases} +\infty, & \alpha < 1, \\ \dfrac{1}{\alpha-1}, & \alpha > 1. \end{cases}$$

综上所述,当 $\alpha > 1$ 时,反常积分 $\int_1^{+\infty} \frac{1}{x^a} \mathrm{d}x$ 收敛,且其值为 $\frac{1}{\alpha-1}$;当 $\alpha \leqslant 1$ 时,反常积分 $\int_1^{+\infty} \frac{1}{x^a} \mathrm{d}x$ 发散.

例 13 - 43 已知函数 $f(x) = \begin{cases} \dfrac{2}{5}x, & 2 \leqslant x \leqslant 3, \\ 0, & \text{其他}, \end{cases}$ 计算 $\int_{-\infty}^{+\infty} f(x)\mathrm{d}x.$

解 $\int_{-\infty}^{+\infty} f(x)\mathrm{d}x = \int_{-\infty}^2 f(x)\mathrm{d}x + \int_2^3 f(x)\mathrm{d}x + \int_3^{+\infty} f(x)\mathrm{d}x$

$$= \int_{-\infty}^2 0\mathrm{d}x + \int_2^3 \frac{2}{5}x\mathrm{d}x + \int_3^{+\infty} 0\mathrm{d}x$$

$$= \left[C\right]_{-\infty}^2 + \frac{2}{5}\int_2^3 x\mathrm{d}x + \left[C\right]_3^{+\infty} = C - \lim_{x \to -\infty} C + \frac{2}{5}\left[\frac{x^2}{2}\right]_2^3 + \lim_{x \to +\infty} C - C$$

$$= C - C + \frac{2}{5} \cdot \frac{1}{2}\left[x^2\right]_2^3 + C - C = \frac{1}{5}(3^2 - 2^2) = 1.$$

习题 13 - 7

1. 判断下列反常积分的敛散性,若积分收敛则求其值:

(1) $\int_{\frac{2}{\pi}}^{+\infty} \frac{1}{x^2}\cos\frac{1}{x}\mathrm{d}x$;

(2) $\int_e^{+\infty} \frac{1}{x(\ln x)^2}\mathrm{d}x$;

(3) $\int_{-\infty}^0 x\mathrm{e}^{-x^2}\mathrm{d}x$;

(4) $\int_{-\infty}^0 \frac{1}{(3-x)^2}\mathrm{d}x$;

(5) $\int_{-\infty}^{+\infty} \frac{1}{x^2+2x+2}\mathrm{d}x$.

2. 若 $\int_0^{+\infty} \mathrm{e}^{-kx}\mathrm{d}x = 2$,求 k 值.

3. 已知函数 $f(x) = \begin{cases} \dfrac{x}{2}, & 0 \leqslant x \leqslant 1, \\ 0, & \text{其他}, \end{cases}$ 计算下列积分:

(1) $\int_{-\infty}^{+\infty} f(x)\mathrm{d}x$;

(2) $\int_{-\infty}^{+\infty} x \cdot f(x)\mathrm{d}x$;

(3) $\int_{-\infty}^{+\infty} x^2 \cdot f(x)\mathrm{d}x.$

4. 已知函数 $f(x) = \begin{cases} \dfrac{3}{7}x^2, & 1 \leqslant x \leqslant 2, \\ 0, & \text{其他}, \end{cases}$ 计算下列积分:

(1) $\int_{-\infty}^{+\infty} f(x)\mathrm{d}x;$ (2) $\int_{-\infty}^{+\infty} x \cdot f(x)\mathrm{d}x;$

(3) $\int_{-\infty}^{+\infty} x^2 \cdot f(x)\mathrm{d}x.$

附　录

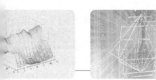 　Excel 软件简介

Excel 软件是 Microsoft 公司推出的办公软件 Office 中的一个重要组成部分,也是目前最流行的关于电子表格处理的软件之一,它具有强大的计算、分析和图表等功能. Excel 软件经过多次改进和升级,现有多种版本,本书以 2003 版为例介绍其使用方法.

一、Microsoft Excel 2003 基本操作

(一) 启动 Excel 2003

启动 Excel 2003 有多种方法,下面简单介绍常用的 3 种方法.

方法 1　在 Windows 的桌面上双击 [图标] 快捷图标,即可启动 Excel 2003.

方法 2　选择"开始"→"所有程序"→"Microsoft Office"→"Microsoft Office Excel 2003"命令,即可启动 Excel 2003,如图 1 所示.

方法 3　选择"开始"→"运行"命令,即可弹出"运行"对话框. 在"打开"文本框中输入"Excel. exe",单击"确定"按钮,即可启动 Excel 2003 应用程序.

(二) Excel 2003 工作界面

启动 Excel 2003 后,会出现如图 2 所示的界面.

界面中各个部分的名称及用途介绍如下:

(1) 名称框:名称框位于工具栏的下方,用于显示工作表中光标所在单元格的名称.

(2) 公式编辑框:公式编辑框用于显示活动单元格的数据和公式. 名称框和公式编辑框所在的行统称为编辑栏.

(3) 工作表:工作表是用来存放数据的表格.

(4) 工作表标签:工作表标签用来标识工作簿中不同的工作表. 单击工作表标签,即可迅速切换至相应的工作表中.

图 1

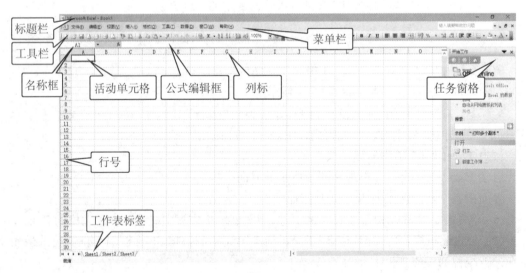

图 2

（三）工作簿、工作表和单元格

使用 Excel 2003 之前,首先介绍一些基本概念(如工作簿、工作表、单元格)及它们之间的区别.

1. 工作簿

Excel 2003 工作簿是计算和存储数据的文件,每一个工作簿都由多张工作表组成,用户可以在单个文件中管理各种不同类型的信息. 在默认情况下,一个工作簿包含 3 张工作表,分别为 Sheet1,Sheet 2 和 Sheet 3.

2. 工作表

用户利用工作表可以对数据进行组织和分析,也可以同时在多张工作表中输入或编辑数据,还可以对不同工作表中的数据进行汇总计算. 工作表由单元格组成,横向为行,分别以数字命名,如 1,2,3,4…;纵向为列,分别以字母命名,如 A,B,C,D….

3. 单元格

Excel 2003 工作簿最基本的核心就是单元格,它也是 Excel 工作簿的最小组成单位. 单元格可以记录简单的字符或数据. 从 Excel 2000 版本起,就可以记录多达 32 000 个字符的信息. 一个单元格记录数据信息的长短,可以根据用户的需要进行改变. 单元格是由行号和列号标识的,如 A1,B3,D8,F5 等.

（四）退出 Excel 2003

退出 Excel 2003 常用以下 3 种方法:

方法 1　选择"文件"→"退出"命令.

方法 2　单击标题栏右侧的"关闭"按钮 ⊠.

方法 3　双击"控制菜单"按钮 ⊠.

二、创建工作簿

启动 Excel 2003 后,就可以在其中输入各种数据. 在默认情况下,新创建的工作簿中包含 3 个工作表,用户还可以根据需要创建其他工作表.

（一）新建工作簿

当启动 Excel 2003 时,系统会自动创建一个新的工作簿文件 Book1. xls,并在新建的工作簿中创建 3 个空的工作表(Sheet1,Sheet2 和 Sheet3). 如果要创建新的工作簿,可以采用以下几种方法:

方法 1　选择"文件"→"新建"命令,弹出"新建工作簿"任务窗格,在任务窗格的"新建"选区中单击"空白工作簿"超链接.

方法 2　单击"常用"工具栏中的"新建"按钮 ▣

方法 3　如果想利用模板创建一个工作簿,可以在"新建工作簿"任务窗格的"新建"选区中单击"本机上的模板"超链接,弹出如图 3 所示的"模板"对话框. 打开"电子方案表格"选项卡,在其列表框中选择需要的模板,然后单击"确定"按钮.

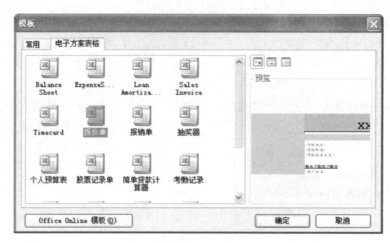

图 3

（二）选中单元格

对单元格进行各种编辑操作前,必须先将目标单元格选中,然后才能进行操作. 在 Excel 2003 中,用户可以使用以下 8 种方法选中目标单元格.

方法 1 用鼠标单击目标单元格,即可将其选中.

方法 2 单击某个单元格,按住鼠标左键拖动鼠标到另一个单元格后释放鼠标,即可选中以这两个单元格为对角线的矩形区域.

方法 3 按住【Ctrl】键的同时依次单击多个不相邻的单元格或矩形区域,即可选中多个不相邻的单元格或矩形区域.

方法 4 单击某个单元格,按住【Shift】键的同时单击另一个单元格,即可选中以这两个单元格为对角线的矩形区域.

方法 5 单击工作表左侧的行号标签可以选中某一行.

方法 6 单击工作表上方的列号标签可以选中某一列.

方法 7 选中某行或某列后按住鼠标左键并进行拖动,即可选中相邻的多行或多列.

方法 8 单击工作表左上角的空白处,可以选中整个工作表.

（三）输入数据

数据类型不同,其相应的输入方法也不同. Excel 2003 中包含有 4 种类型的数据,下面将分别介绍其输入方法.

1. 输入文本

文本包括汉字、英文字母、数字、空格以及其他键盘能输入的符号,可在单元格中输入 32 000 个字符,且字符型数据通常不参与计算.

输入文本型数据时,只要将单元格选中,直接在其中输入文本,按回车键即可. 如果用户输入的文本内容超过单元格的列宽,则该数据就要占用相邻的单元格. 如果相邻的单元格中有数据,则该单元格中的内容就会截断显示.

如果用户输入的数据全部由数字组成,在输入时必须先输入"'",然后再输入数字,这样系统才会将输入的数字当作文本,并使它们在单元格中左对齐.

2. 输入数值型数据

数值型数据是指包括 0，1，2，…以及正号（＋）、负号（－）、小数点（.）、分号（；）、百分号（％）等在内的数据，这类数据能以整数、小数、分数、百分数以及科学记数形式输入到单元格中. 输入数值型数据时，要注意以下事项：

（1）如果要输入分数，例如，输入 3/5 应先输入"0"和一个空格，然后再输入"3/5"，否则系统会将该数据作为日期处理.

（2）输入负数时，可分别用"－"或"（）"来表示. 例如，－8 可以用"－8"或"（－8）"来表示.

（3）如果用户输入的数字其有效位超过单元格列宽，在单元格中无法全部显示时，Excel 将自动显示出若干个♯号，用户可通过调整列宽以将所有数据显示出来.

3. 输入日期

日期也是数字，但它们有特定的格式，输入时必须按照特定的格式才能正确输入. 输入日期时，应按照 MM/DD/YY 的格式输入，即先输入月份，再输入日期，最后输入年份. 例如，10/12/2006. 如果用户要输入当前日期，按【Ctrl＋;】组合键即可.

4. 输入时间

输入时间时，小时、分、秒之间用冒号分开. 例如，10：30：25. 如果输入时间后不输入"AM"或"PM"，Excel 软件会认为使用的是 24 小时制，且输入时要在时间和"AM/PM"标记之间输入一个空格. 如果用户要输入当前的时间，按【Ctrl＋Shift＋;】组合键即可.

（四）输入批量数据

在制作电子表格时，通常要在其中输入批量数据. 如果一个一个地输入，这将十分麻烦且浪费时间，因此，用户可采取特定的方法来输入大批量的数据以提高工作效率.

1. 输入相同数据

如果要输入批量相同数据，可按照以下操作步骤进行：

（1）选中要输入批量相同数据的单元格区域.

（2）输入数据，并按【Ctrl＋Enter】快捷键即可.

2. 输入可扩充数据序列

Excel 2003 中提供了一些可扩展序列，相邻单元格中的数据将按序列递增的方法进行填充，具体操作步骤如下：

（1）在某个单元格中输入序列的初始值.

（2）按住【Ctrl】键的同时，用鼠标指针单击该单元格右下角的填充柄，并沿着水平或垂直方向进行拖动.

（3）到达目标位置后释放鼠标左键，被鼠标拖过的区域将会自动按递增的方式进行填充.

3. 输入等差序列

等差序列是指单元格中相邻数据之间差值相等的数据序列. 在 Excel 2003 中，输入等差序列的具体操作步骤如下：

（1）在两个单元格中输入等差序列的前两个数.

（2）选中包括这两个数在内的单元格区域.

（3）单击并拖动其右下角的填充柄沿着水平或垂直方向拖动，到达目标位置后释放鼠标左键，被鼠标拖过的区域将会按照前两个数的差值自动进行填充.

4. 输入等比序列

等比序列是指单元格中相邻数据之间比值相等的数据序列. 在 Excel 2003 中，输入等比序列的具体操作步骤如下：

（1）在单元格中输入等比序列的初始值.

（2）选择"编辑"→"填充"→"序列"命令，弹出"序列"对话框.

（3）在"序列产生在"选项区中选择序列产生的位置；在"类型"选项区中选中"等比序列"单选按钮；在"步长值："文本框中输入等比序列的步长；在"终止值"文本框中输入等比序列的终止值.

（4）设置完成后，单击"确定"按钮即可.

5. 自定义填充序列

如果用户经常要使用一个序列，而该序列又不是系统自带的可扩展序列，用户可以将此序列自定义为自动填充序列，具体操作步骤如下：

（1）选中要作为自动填充序列的单元格区域.

（2）选择"工具"→"选项"命令，弹出"选项"对话框. 单击"自定义序列"标签，打开"自定义序列"选项卡.

（3）单击"导入"按钮，即可将选中的序列导入到"自定义序列"列表中.

除此之外，用户还可以在"自定义序列"选项卡中输入一个新的序列. 只要在"输入序列"文本框中输入自定义的序列项，单击"添加"按钮即可.

三、编辑工作表

创建好工作表后，往往还要对工作表进行重命名、复制、移动、删除等操作，以使其符合用户的需求. 下面将对这些常见的编辑操作进行介绍.

（一）重命名工作表

当工作表比较多时，根据需要可对工作表进行重新命名. 常用以下两种方法：

方法 1 选中要重命名的工作表. 选择"格式"→"工作表"→"重命名"命令，直接输入新的工作表名称并按回车键即可.

方法 2 在要重命名的工作表标签上单击鼠标右键，从弹出的快捷菜单中选择"重命名"命令即可.

（二）选中工作表

对工作表进行各种编辑操作前，必须先将目标工作表选中，然后才能进行其他相关操作. 在 Excel 2003 中，用户可以使用以下 4 种方法选中工作表.

方法 1 单击工作表标签，即可选中该标签对应的工作表.

方法 2 按住【Shift】键的同时单击两个工作表标签，可选中这两个工作表之间的所有工作表.

方法 3 按住【Ctrl】键的同时依次单击多个工作表标签，可选中多个不连续的工作表.

方法 4 在工作表标签上单击鼠标右键，从弹出的快捷菜单中选择"选定全部工作表"

命令,即可选中工作簿中的所有工作表.

(三)复制和移动工作表

在 Excel 2003 中,用户既可以在同一个工作簿中复制和移动工作表,也可以在不同的工作簿之间复制和移动工作表.

1. 在同一个工作簿中复制和移动

在同一个工作簿中复制和移动工作表的具体操作步骤如下:

(1)用鼠标左键单击要移动工作表的标签,按住鼠标左键并拖动鼠标,即可移动该工作表的位置.

(2)按住【Ctrl】键的同时移动工作表,即可在移动工作表的同时复制该工作表.

2. 在不同工作簿间复制和移动

在不同工作簿间复制和移动工作表的具体操作步骤如下:

(1)用鼠标右键单击要复制或移动的工作表,在弹出的快捷菜单中选择"移动或复制工作表"命令,弹出"移动或复制工作表"对话框,如图 4 所示.

(2)在下拉列表框中选择目标工作簿,选中"建立副本"复选框,单击"确定"按钮,即可在移动的同时完成工作表的复制工作.

(3)如果取消选中"建立副本"复选框,可在不同工作簿间只移动工作表.

(四)删除工作表

当工作簿中的工作表不再使用时,可将其删除.用户可以使用以下两种方法删除工作表:

方法 1 在工作表标签上单击鼠标右键,从弹出的快捷菜单中选择"删除"命令即可.

方法 2 选中要删除的工作表标签,选择"编辑"→"删除工作表"命令即可.

提示 如果用户删除的工作表中包含有数据,则会弹出如图 5 所示的提示框,提示用户是否真的要删除该工作表.如果确定删除,单击"删除"按钮即可.

图 4

图 5

四、编辑单元格

在 Excel 2003 中最基本的操作就是编辑单元格,包括编辑单元格内容、清除单元格内容以及移动和复制单元格数据等.

（一）插入单元格

在 Excel 2003 中编辑工作表时,为了避免覆盖原有单元格中的数据,常常需要在工作表中插入单元格对其进行补充.其具体操作步骤如下:

（1）在插入位置选定一个单元格.

图 6

（2）选择"插入"→"单元格"命令,或在选定的单元格上单击鼠标右键,在弹出的快捷菜单中选择"插入"命令,弹出"插入"对话框,如图 6 所示.

（3）在"插入"对话框中选择一种插入方式.选中"活动单元格右移"单选按钮,插入的单元格将处于原来所选的位置,原来的单元格将向右移动;选中"活动单元格下移"单选按钮,插入的单元格将处于原来所选的位置,原来的单元格将向下移动;选中"整行"单选按钮,插入的行数与选定的单元格的行数相同;选中"整列"单选按钮,插入的列数与选定的单元格的列数相同.

（4）单击"确定"按钮即可.

（二）删除单元格

有时为了去掉一些不必要的数据,需要删除一些单元格.其具体操作步骤如下:

图 7

（1）选定要删除的单元格,也可以选中整行或整列.

（2）选择"编辑"→"删除"命令,或在选定的单元格中单击鼠标右键,在弹出的快捷菜单中选择"删除"命令,弹出"删除"对话框,如图 7 所示.

（3）在"删除"对话框中根据具体情况选择一种删除方式.选中"右侧单元格左移"单选按钮,删除选定的单元格,右侧的单元格向左移动;选中"下方单元格上移"单选按钮,删除选定的单元格,下方的单元格向上移动;选中"整行"单选按钮,删除选定的行;选中"整列"单选按钮,删除选定的列.

（4）单击"确定"按钮即可.

（三）移动和复制单元格

移动和复制单元格内容,一般常用以下几种方法:

方法 1 使用快捷键.其具体操作步骤如下:

（1）选定要进行复制和移动的单元格或单元格区域.

（2）按【Ctrl＋C】或【Ctrl＋X】快捷键.

（3）选定要粘贴的目标单元格或单元格区域左上方的单元格.

（4）按【Ctrl＋V】快捷键.

方法 2 使用菜单命令.其具体操作步骤如下:

（1）选定要移动或复制的单元格或单元格区域.

（2）单击"编辑"菜单项,在弹出的下拉菜单中选择"剪切"或"复制"命令,或者是单击"常用"工具栏中的"剪切"按钮 或"复制"按钮 .

（3）选定要粘贴的目标单元格或目标单元格区域左上方的单元格.

（4）选择"编辑"→"粘贴"命令，或单击"常用"工具栏中的"粘贴"按钮 ⟦图⟧ 即可.

提示　也可以在要移动或复制的单元格或单元格区域内单击鼠标右键，在弹出的快捷菜单中选择"剪切"、"复制"或"粘贴"命令.

（四）清除单元格

如果要清除单元格中的错误内容，具体操作步骤如下：

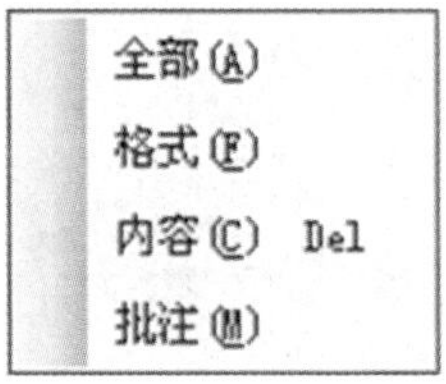

全部(A)	
格式(F)	
内容(C)	Del
批注(M)	

图 8

（1）选定要清除内容的单元格或单元格区域.

（2）选择"编辑"→"清除"命令，弹出其子菜单，如图 8 所示.

（3）从 4 种命令中根据需要选择一种.

"清除"子菜单中 4 种命令的作用如下：

（1）"全部"命令：清除工作区域中所有单元格的内容和格式，包括超级链接和批注.

（2）"格式"命令：只清除选定工作区域的单元格格式，单元格内容和批注均不改变.

（3）"内容"命令：删除选定工作区域单元格中的内容（包括公式和数据），单元格格式和批注均不改变.

（4）"批注"命令：只删除选定工作区域单元格批注，单元格内容和格式均不改变.

注意　清除单元格不同于删除单元格.清除单元格指的是清除单元格中的内容（数据和公式）、格式和批注，单元格仍然保留在工作表中；而删除单元格指的是将该单元格移出工作表，并调整周围的单元格填补删除后的空缺.

如果选定单元格后，按【Delete】键或【←Backspase】键，Excel 软件只清除单元格中的内容，而保留其中的批注和单元格格式.

五、公式与函数

分析和处理 Excel 工作表中的数据离不开公式和函数.公式是工作表中对数据进行分析和运算的等式，它是工作表的数据计算中不可缺少的部分.函数是 Excel 软件提供的特殊的内置公式，可以进行数学运算或逻辑运算等.与直接使用公式进行计算相比较，使用函数进行计算的速度更快，并可减少错误的发生.

（一）输入公式

公式可以用来执行各种运算，使用公式可以方便而准确地分析工作表中的数据.例如，用户向工作表中输入计算的数值时，就可以用公式.公式包括运算符、单元格引用位置、数值、工作表函数等.Excel 软件中包含的运算符主要有：加法、减法、乘法、除法、连接数字和产生数字结果等.

输入公式和输入文字型数据相似，但是输入公式时要先输入一个等号"＝"，然后才能输入公式的表达式.其具体操作步骤如下：

（1）选中输入公式的单元格 F3.

（2）输入等号"＝"，然后输入公式表达式"B3＋C3＋D3＋E3"，如图 9 所示.

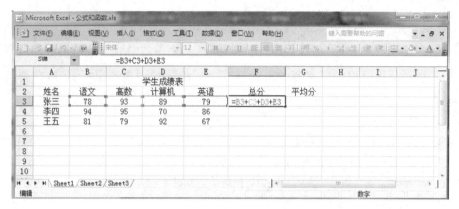

图 9

（3）输完后按回车键，或单击编辑栏中的"输入"按钮 ☑ ，即可显示计算结果.

（二）编辑公式

输入完公式后，用户可以根据需要对输入的公式进行编辑，如修改、移动、复制等.

1. 修改公式

可以通过修改公式中的数值得出其他结果. 方法是双击要修改的公式所在的单元格，然后在编辑栏中直接对公式进行修改即可.

2. 移动公式

移动公式与移动单元格中数据的方法相类似，其具体操作步骤如下：

（1）单击要移动的包含公式的单元格.

（2）选择"编辑"→"剪切"命令.

（3）将光标定位于目标位置，选择"编辑"→"粘贴"命令即可.

3. 复制公式

利用 Excel 2003 中的选择性粘贴功能，可方便地复制公式. 其具体操作步骤如下：

（1）单击要复制的包含公式的单元格.

（2）选择"编辑"→"复制"命令.

（3）将光标定位于目标位置，选择"编辑"→"选择性粘贴"命令，弹出"选择性粘贴"对话框，如图 10 所示.

图 10

（4）在"方式"列表框中选择相应的选项,单击"确定"按钮.

（三）输入函数

在 Excel 2003 中,用户可以使用以下 3 种方法在单元格中输入函数,具体方法如下:

方法 1 直接输入函数.如果用户对函数比较了解,且该函数又相对比较简单,可直接通过手动的方式输入,其方法与输入公式的方法相同.

方法 2 使用工具栏.Excel 2003 的工具栏中包含了大量的工具按钮,用户可通过单击这些按钮来输入一些常用函数.

方法 3 使用函数向导.对于比较复杂的函数,可以使用函数向导来输入,具体操作步骤如下:

（1）选中要输入函数的单元格.

（2）选择"插入"→"函数"命令,弹出"插入函数"对话框,如图 11 所示.

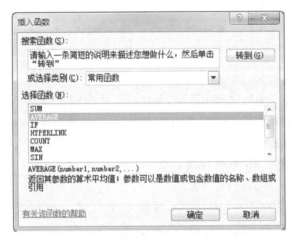

图 11

（3）在"或选择类别"下拉列表框中选择函数的类别,在"选择函数"列表框中选择要使用的函数,单击"确定"按钮,弹出"函数参数"对话框.

注意 选择的函数不同,弹出的"函数参数"对话框也会有所不同,输入也会有所不同,在对话框中一般都有对函数输入的阐述.下面以选择 AVERAGE 函数为例说明,如图 12 所示.

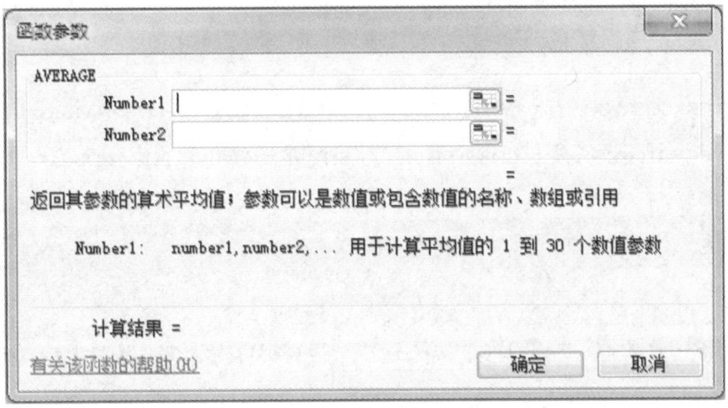

图 12

（4）当光标在 Number1 文本框中时，在工作表中选择要引用的单元格区域或输入需要的数字．也可单击 Number1 右侧的"折叠"按钮 ，在工作表中选择要引用的单元格区域或输入需要的数字，完成后单击该对话框右下角的"返回"按钮 ，此时选中的单元格区域或输入的数字将会显示在 Number1 文本框中．

（5）重复与（4）相同的操作，在其他 Number 处完成需要的输入．

（6）设置好参数后，单击"确定"按钮即可．

附录 2　余弦定理及其证明

余弦定理可以表示如下：

$$a^2 = b^2 + c^2 - 2ac\cos A,$$
$$b^2 = a^2 + c^2 - 2ac\cos B,$$
$$c^2 = a^2 + b^2 - 2ac\cos C.$$

下面只对其中的第二个公式给出证明，其余的证明类似．

证明　在任意 $\triangle ABC$ 中，设 $\angle C$ 所对的边为 c，$\angle B$ 所对的边为 b，$\angle A$ 所对的边为 a，做 $AD \perp BC$，如图 13 所示．

根据角的三角函数定义，不难看出，$BD = c\cos B$，$AD = c\sin B$，$DC = BC - BD = a - c\cos B$．

根据勾股定理，可得 $AC^2 = AD^2 + DC^2$，即

$$b^2 = (c\sin B)^2 + (a - c\cos B)^2 = c^2\sin^2 B + a^2 + c^2\cos^2 B - 2ac\cos B$$
$$= a^2 + c^2(\sin^2 B + \cos^2 B) - 2ac\cos B = a^2 + c^2 - 2ac\cos B.$$

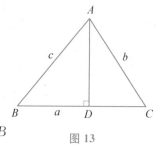

图 13

附录 3　两角和与差的公式、积化和差公式、和差化积公式及其证明

两角和与差的公式

$$\cos(\alpha + \beta) = \cos\alpha\cos\beta - \sin\alpha\sin\beta, \quad \cos(\alpha - \beta) = \cos\alpha\cos\beta + \sin\alpha\sin\beta,$$
$$\sin(\alpha + \beta) = \sin\alpha\cos\beta + \cos\alpha\sin\beta, \quad \sin(\alpha - \beta) = \sin\alpha\cos\beta - \cos\alpha\sin\beta.$$

积化和差公式

$$\sin\alpha\cos\beta = \frac{1}{2}[\sin(\alpha + \beta) + \sin(\alpha - \beta)], \quad \cos\alpha\sin\beta = \frac{1}{2}[\sin(\alpha + \beta) - \sin(\alpha - \beta)],$$

$$\cos\alpha\cos\beta = \frac{1}{2}[\cos(\alpha+\beta)+\cos(\alpha-\beta)], \quad \sin\alpha\sin\beta = -\frac{1}{2}[\cos(\alpha+\beta)-\cos(\alpha-\beta)].$$

和差化积公式

$$\sin\alpha + \sin\beta = 2\sin\frac{\alpha+\beta}{2}\cos\frac{\alpha-\beta}{2}, \quad \sin\alpha - \sin\beta = 2\cos\frac{\alpha+\beta}{2}\sin\frac{\alpha-\beta}{2},$$

$$\cos\alpha + \cos\beta = 2\cos\frac{\alpha+\beta}{2}\cos\frac{\alpha-\beta}{2}, \quad \cos\alpha - \cos\beta = -2\sin\frac{\alpha+\beta}{2}\sin\frac{\alpha-\beta}{2}.$$

为了证明上面的公式,需先证明

$$\cos(\alpha-\beta) = \cos\alpha\cos\beta + \sin\alpha\sin\beta. \tag{1}$$

下面给出证明.

先在单位圆中画出角 α, β 和 $\alpha-\beta$,如图 14 所示.

设 $P(\cos\alpha,\ \sin\alpha)$,$Q(\cos\beta,\ \sin\beta)$. 利用两点间距离公式,可得

$$\begin{aligned}|PQ|^2 &= (\cos\alpha-\cos\beta)^2 + (\sin\alpha-\sin\beta)^2 \\ &= 2 - 2(\cos\alpha+\cos\beta+\sin\alpha\sin\beta).\end{aligned}$$

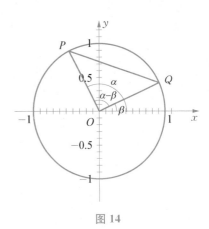

图 14

在 $\triangle OPQ$ 中,利用余弦定理,可得

$$\begin{aligned}|PQ|^2 &= |OP|^2 + |OQ|^2 - 2|OP||OQ|\cos\angle POQ \\ &= 1 + 1 - 2\cos(\alpha-\beta),\end{aligned}$$

于是

$$2 - 2(\cos\alpha\cos\beta + \sin\alpha\sin\beta) = 1 + 1 - 2\cos(\alpha-\beta),$$

即

$$\cos(\alpha-\beta) = \cos\alpha\cos\beta + \sin\alpha\sin\beta.$$

对于 $\cos(\alpha+\beta)$,利用(1) 式,可得

$$\cos(\alpha+\beta) = \cos[\alpha-(-\beta)] = \cos\alpha\cos(-\beta) + \sin\alpha\sin(-\beta) = \cos\alpha\cos\beta - \sin\alpha\sin\beta. \tag{2}$$

对于 $\sin(\alpha+\beta)$,因为

$$\sin(\alpha+\beta) = \cos\left[\frac{\pi}{2}-(\alpha+\beta)\right] = \cos\left[\left(\frac{\pi}{2}-\alpha\right)-\beta\right],$$

利用(1)式,可得

$$\cos\left[\left(\frac{\pi}{2}-\alpha\right)-\beta\right] = \cos\left(\frac{\pi}{2}-\alpha\right)\cos\beta + \sin\left(\frac{\pi}{2}-\alpha\right)\sin\beta = \sin\alpha\cos\beta + \cos\alpha\sin\beta. \tag{3}$$

对于 $\sin(\alpha-\beta)$,因为 $\sin(\alpha-\beta) = \sin[\alpha+(-\beta)]$,利用(3) 式,可得

$$\begin{aligned}\sin(\alpha-\beta) &= \sin[\alpha+(-\beta)] = \sin[\alpha+(-\beta)] = \sin\alpha\cos(-\beta) + \cos\alpha\sin(-\beta) \\ &= \sin\alpha\cos\beta - \cos\alpha\sin\beta. \tag{4}\end{aligned}$$

(3)式和(4)式相加,可得

$$\sin(\alpha+\beta)+\sin(\alpha-\beta)=2\sin\alpha\sin\beta,$$

于是有

$$\sin\alpha\cos\beta=\frac{1}{2}\big[\sin(\alpha+\beta)+\sin(\alpha-\beta)\big],\tag{5}$$

这就是积化和差公式中的一个公式. 对于其他的积化和差公式,可以作类似证明,这里不再赘述.

下面证明和差化积公式,只证 $\sin\alpha+\sin\beta=2\sin\dfrac{\alpha+\beta}{2}\cos\dfrac{\alpha-\beta}{2}$,其余类似可证.

在积化和差公式(5)中,令 $\alpha+\beta=a$,$\alpha-\beta=b$,则有 $\alpha=\dfrac{a+b}{2}$,$\beta=\dfrac{a-b}{2}$,代入(5)式,可得

$$\sin a+\sin b=2\sin\frac{a+b}{2}\cos\frac{a-b}{2},$$

即

$$\sin\alpha+\sin\beta=2\sin\frac{\alpha+\beta}{2}\cos\frac{\alpha-\beta}{2}.$$

附录4　习题答案

基　础　篇

测试题

1. $\dfrac{10}{63}$.

2. $x(x-15)(x+3)$.

3. $x=2\,000$.

4. 方程的根为 $x_1=-3$,$x_2=0$ 和 $x_3=15$.

5. 不等式的解为 $(-3,0)\bigcup(15,+\infty)$.

6. 中点坐标为 $\left(4,\dfrac{3}{2}\right)$.

7. 它们的斜率相等;它们的斜率乘积等于 -1.

8. $y-y_0=k(x-x_0)$.

9. $\begin{cases}x=\dfrac{2}{5},\\ y=\dfrac{6}{5}.\end{cases}$

10. $\begin{cases} x_1 = 0, \\ y_1 = 0. \end{cases}$ 或 $\begin{cases} x_2 = 1, \\ y_2 = 1. \end{cases}$

11. (1) $(0, 2)$;　(2) $\left(\dfrac{1}{2}, 1\right)$;　(3) $\varnothing$;　(4) $(0, 1]$;　(5) $(-3, +\infty)$;　(6) $[-2, 0)$.

12. $\dfrac{4}{3}$, $\dfrac{5}{3}$.

第1章　预备知识

习题 1-1

1. (1) $-x+4$;　(2) $3x+5$;　(3) $-a+7b$.

2. $\dfrac{38}{63}$.

3. (1) $5(x-3)^2$;　(2) $(9x+4y)^2$;　(3) $3x(5x-6)$;
   (4) $(x-2)(x+1)$;　(5) $(x-7)(x-5)$.

习题 1-2

1. (1) 5 和 7;　(2) -4 和 $\dfrac{1}{8}$;　(3) -5 和 $\dfrac{1}{3}$.

2. (1) 5 和 7;　(2) $-2-\sqrt{7}$ 和 $-2+\sqrt{7}$;　(3) 没有实根.

3. (1) 没有实根;　(2) $x_1 = -2$, $x_2 = -\dfrac{4}{3}$;　(3) $x = \dfrac{5 \pm 5\sqrt{5}}{6}$.

4. (1) $x = 1$, $y = 0$, $z = 1$;　(2) $x = -\dfrac{43}{6}$, $y = -\dfrac{130}{3}$, $z = -\dfrac{389}{9}$.

习题 1-3

1. (1) $(2, +\infty)$;　(2) $(3, +\infty)$;　(3) $(-\infty, +\infty)$;　(4) $(3, 4]$;　(5) $(3, 4]$;
   (6) $(2, +\infty)$.

2. (1) $(0, 2)$;　(2) $\left(\dfrac{1}{2}, 1\right)$;　(3) $\varnothing$;　(4) $(0, 1]$;　(5) $[0, 2]$;　(6) $\left(\dfrac{1}{2}, 1\right]$;
   (7) $(-3, +\infty)$;　(8) $[-2, 0)$;　(9) $(-\infty, +\infty)$;　(10) $[-2, 3)$.

3. $\dfrac{1}{3}$ 和 $\dfrac{2}{3}$.

4. (1) $(2, +\infty)$;　(2) $\left(-\dfrac{7}{2}, +\infty\right)$;　(3) $(-1, 1)$;
   (4) $(1, 4)$;　(5) $(-\infty, -\sqrt{2}) \bigcup (0, \sqrt{2})$;　(6) $(5, 8)$.

习题 1-4

1. (1) $P_1(2, 3)$;　(2) $P_2(-2, -3)$;　(3) $P_3(-2, 3)$.

2. $\left(\dfrac{3}{2}, -4\right)$.

3. $(-2, -18)$.

4. $\left(\dfrac{\sqrt{3}}{2}b, \dfrac{b}{2}\right)$ 或 $\left(-\dfrac{\sqrt{3}}{2}b, \dfrac{b}{2}\right)$.

5. (1)l_5；(2)l_2；(3)l_3 与 l_6；(4)l_1 与 l_3，l_1 与 l_6，l_2 与 l_5.

6. $(0,4)$.

7. (1) $y_0 = 1$；　(2) $y_0 = -\dfrac{3}{2}$.

8. (1) 斜率为 1，y 轴上的截距为 4；

(2) 斜率和截距都不存在；

(3) 斜率为 -1，y 轴上的截距为 -1；

(4) 斜率为 $-\dfrac{b}{a}$，y 轴上的截距为 b.

9. (1) $2x + y - 1 = 0$；　(2) $x - 2y - 6 = 0$.

10. $y + 3 = 3(x + 2)$.

11. $x + y - 3 = 0$.

12. (1) $y - 7 = 0$；(2) $x + y - 9 = 0$；(3) $2x + 3y - 25 = 0$.

第 2 章　函数

习题 2-1

1. (1) $f(0) = 1$，$f\left(\dfrac{1}{2}\right) = \dfrac{1}{2}$，$f(1) = 0$；

(2) $f(0) = \sqrt{2}$，$f\left(\dfrac{1}{2}\right) = \sqrt{\dfrac{7}{4}}$，$f(1) = 1$.

(3) $f(0)$ 无定义，$f\left(\dfrac{1}{2}\right) = 2$，$f(1) = 1$；

(4) $f(0) = 1$，$f\left(\dfrac{1}{2}\right) = 2$，$f(1)$ 无定义；

(5) $f(0) = 0$，$f\left(\dfrac{1}{2}\right) = 0$，$f(1) = 0$.

2. (1) $x = \dfrac{3}{2}$；　(2) $x = 1$ 或 $x = 5$；　(3) $x = -2$；　(4) $x = 1 \pm \sqrt{5}$.

3. (1) $f(x-2) = (x-1)^2$，$f(x+2) = (x+3)^2$；

(2) $f(x-2) = (x-2)(x-3)$，$f(x+2) = (x+2)(x+1)$；

(3) $f(x-2) = (x-3)(x-1)$，$f(x+2) = (x+1)(x+3)$；

(4) $f(x-2) = \dfrac{x-2}{x-1}$，$f(x+2) = \dfrac{x+2}{x+3}$.

4. (1) $(-\infty, +\infty)$；　(2) $(-\infty, +\infty)$；　(3) $(-\infty, +\infty)$；　(4) $[0, +\infty)$.

习题 2-2

1. (1) $f(2) = 1.828\,427$，$f(3) = 1.464\,102$；

(2) $f(2) = 9$，$f(3) = 19$；

(3) $f(2) = 6.909\,297$，$f(3) = 11.141\,120$；

(4) $f(2) = 13.585\,786$，$f(3) = -37.732\,050$.

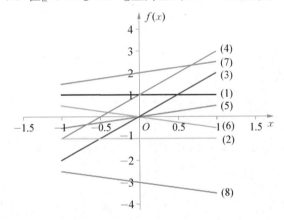

Microsoft Excel - Book1

	A	B	C	D	E	F
		f1	f2	f3	f4	
2		1.828427		9	6.909297	13.58579
3		1.464102		19	11.14112	−37.7321

f_x =2*SQRT(A2)−A2+1

习题 2-3

1. (1) $f(a) = D$，$f(b) = 0$，$f(c) = A$，$f(d) = C$，$f(e) = B$；

   (2) $[a, e]$；

   (3) $[A, D]$；

   (4) $x = b$ 和 $x = 0$；

   (5) D，在 a 点取得；

   (6) A，在 c 点取得；

   (7) 在 $[c, d]$ 上单调递增，在 $[a, c] \cup [d, e]$ 上单调递减；

   (8) 在 $[a, b] \cup (0, e]$ 上为正，在 $(b, 0)$ 上为负.

2.

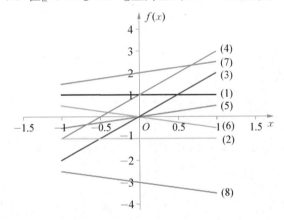

习题 2-4

1. (1)

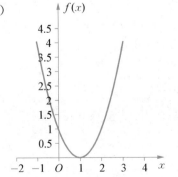

   (2)

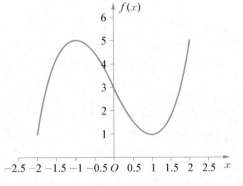

(3)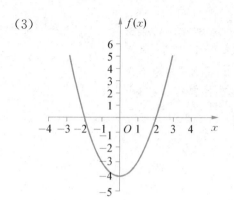

(4)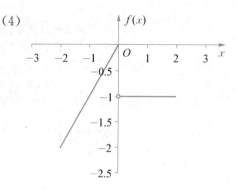

(5)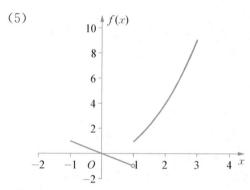

习题 2-5

1. (1) $f(x) = -x^2 + 10x + 4$,二次多项式；

   (2) $f(x) = x^2 + 2x + 1$,二次多项式；

   (3) $f(x) = x^2 - x$,二次多项式；

   (4) $f(x) = x^2 - 1$,二次多项式.

2. $(f+g)(x) = 2x^2$, $(f-g)(x) = -2a^2$, $(f \cdot g)(x) = x^4 - a^4$, $(f/g)(x) = \dfrac{x^2 - a^2}{x^2 + a^2}$,

   以上函数的定义域均为 $(-\infty, +\infty)$.

3. $(f+g)(x) = 5x^2 + x + 3$, $(f-g)(x) = -x^2 + 9x - 5$, $(f \cdot g)(x) = 6x^4 + 7x^3 - 15x^2 + 24x - 4$, $(f/g)(x) = \dfrac{2x^2 + 5x - 1}{3x^2 - 4x + 4}$,以上函数的定义域均为 $(-\infty, +\infty)$.

4. $(f+g)(x) = 2\sqrt{x} + \dfrac{1}{\sqrt{x}}$, $(f-g)(x) = -\dfrac{3}{\sqrt{x}}$, $(f \cdot g)(x) = x + 1 - \dfrac{1}{x}$, $(f/g)(x) = \dfrac{x-1}{x+2}$,以上函数的定义域均为 $(0, +\infty)$.

5. 略.

习题 2-6

1. $(1, 0)$ 和 $(3, 4)$.

2. $(-1, -1)$ 和 $(1, 1)$.

3. $(-1, -3)$ 和 $(3, 5)$.

4. $(0,3)$，$(-2,1)$和$(2,5)$．

第 3 章　极限

习题 3-1

1. (1) $\lim\limits_{x\to-2} f(x)=3$；　(2) $\lim\limits_{x\to1} f(x)=2$；　(3) $\lim\limits_{x\to3} f(x)=3$；

(4) $\lim\limits_{x\to1} f(x)$ 不存在；　(5) $\lim\limits_{x\to-2} f(x)=3$；　(6) $\lim\limits_{x\to-2} f(x)=3$；

(7) $\lim\limits_{x\to-2} f(x)$ 不存在；　(8) $\lim\limits_{x\to0} f(x)$ 不存在．

2. (1) $\lim\limits_{x\to2} f(x)=5$．

x	1.9	1.99	1.999	2.001	2.01	2.1
$f(x)$	4.61	4.960 1	4.996 001	5.004 001	5.040 1	5.41

(2) $\lim\limits_{x\to1} f(x)=1$．

x	0.9	0.99	0.999	1.001	1.01	1.1
$f(x)$	0.458	0.940 598	0.994 006	1.006 006	1.060 602	1.662

(3) $\lim\limits_{x\to0} f(x)$ 不存在．

x	-0.1	-0.01	-0.001	0.001	0.01	0.1
$f(x)$	-1	-1	-1	1	1	1

(4) $\lim\limits_{x\to1} f(x)$ 不存在．

x	0.9	0.99	0.999	1.001	1.01	1.1
$f(x)$	-1	-1	-1	1	1	1

(5) $\lim\limits_{x\to1} f(x)$ 不存在．

x	0.9	0.99	0.999	1.001	1.01	1.1
$f(x)$	100	10 000	1 000 000	1 000 000	10 000	100

(6) $\lim\limits_{x\to2} f(x)$ 不存在．

x	1.9	1.99	1.999	2.001	2.01	2.1
$f(x)$	-10	-100	$-1 000$	1 000	100	10

(7) $\lim\limits_{x\to 1} f(x) = 3$.

x	0.9	0.99	0.999	1.001	1.01	1.1
$f(x)$	2.9	2.99	2.999	3.001	3.01	3.1

习题 3−2

1. (1) -1； (2) 6； (3) 0； (4) 12； (5) $\dfrac{9}{4}$； (6) $-\dfrac{1}{5}$.

2. (1) 15； (2) $-\dfrac{1}{3}$； (3) $-\dfrac{3}{5}$.

习题 3−3

1. (1) 3； (2) $-\infty$； (3) 3； (4) 0； (5) $-\infty$； (6) 2； (7) 0； (8) 0.

习题 3−4

1. $\lim\limits_{x\to 0^+} f(x) = 4$，$\lim\limits_{x\to 0^-} f(x) = 1$.

2. $\lim\limits_{x\to 1^+} f(x) = 0.58$，$\lim\limits_{x\to 1^-} f(x) = 0$.

3. $\lim\limits_{x\to 2^+} f(x) = 1$，$\lim\limits_{x\to 2^-} f(x) = 1$，$\lim\limits_{x\to 2} f(x) = 1$.

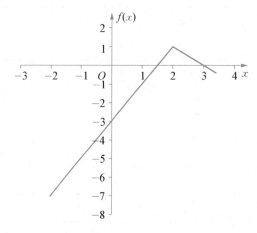

第 4 章　导数

习题 4−1

1. 3.

2. $\dfrac{2}{x^2}$

3. $\dfrac{3}{2}$，$y - 8 = \dfrac{3}{2}(x-2)$.

4. (1)3，2.5，2.1；(2)2.

5. (1) $2x-2$；(2) $(1, 0)$.

6. (1) $f'(x) = 0$;

(2) $g'(x) = -\dfrac{2}{5}x^{-\frac{7}{5}}$;

(3) $f'(x) = 15x^4$;

(4) $f'(x) = -\dfrac{5}{2}x^{-\frac{3}{2}}$.

习题 4－2

1. (1) $f'(x) = 3x^2 + 10x - 10$;

(2) $f'(x) = 20x^3 - 20x - 6$;

(3) $f'(x) = 10x^4 + 15x^2 + 4x + 3$;

(4) $f'(x) = \dfrac{25}{2}x^{\frac{3}{2}} + 52x + \dfrac{15}{2}\sqrt{x} + \dfrac{7}{2\sqrt{x}}$;

(5) $f'(x) = \dfrac{1 - 5x^2}{3\sqrt[3]{x^2}(x^2 + 1)^2}$;

(6) $f'(x) = \dfrac{-10x^3 - 5x + 7}{2\sqrt{x}(2x^3 + 5x + 7)^2}$.

习题 4－3

1. (1) $f'(x) = 4x^3 - 9x^2 + 8x - 2$, $f''(x) = 12x^2 - 18x + 8$,

$f'''(x) = 24x - 18$, $f^{(4)}(x) = 24$,

$f^{(n)}(x) = 0 \, (n \geqslant 5)$;

(2) $f'(x) = (2x^3 - 3x^2 + 2x - 7)' = 6x^2 - 6x + 2$,

$f''(x) = (6x^2 - 6x + 2)' = 12x - 6$,

$f'''(x) = (12x - 6)' = 12$, $f^{(n)}(x) = 0_{(n \geqslant 4)}$;

(3) $f'(x) = (x^4 - 3x - 1)' = 4x^3 - 3$, $f''(x) = (4x^3 - 3)' = 12x^2$,

$f'''(x) = (12x^2)' = 24x$, $f^{(4)}(x) = (24x)' = 24$,

$f^{(n)}(x) = 0 \, (n \geqslant 5)$.

2. (1)-18；(2)-8；(3)-46.

第 5 章　导数的应用

习题 5－1

1. (1) 在区间$(-\infty, 1)$和$(3, +\infty)$内单调递增,在区间$(1, 3)$内单调递减;

(2) 在区间$(-\infty, -1)$和$(1, +\infty)$内单调递增,在区间$(-1, 1)$内单调递减;

(3) 在区间$(-\infty, +\infty)$内单调递增;

(4) 在区间$(-1, 0)$和$(1, +\infty)$内单调递增,在区间$(-\infty, -1)$和$(0, 1)$内单调递减;

(5) 在区间$(-\infty, -1)$和$(3, +\infty)$内单调递增,在$(-1, 3)$内单调递减.

习题 5－2

1. (1) 在区间$(-\infty, -1)$和$(3, +\infty)$内单调递增,在$(-1, 3)$内单调递减,极大值为

$f(-1) = -\dfrac{13}{3}$,极小值为 $f(3) = -15$;

(2) 在区间$(-1, 0)$和$(1, +\infty)$内单调递增,在区间$(-\infty, -1)$和$(0, 1)$内单调递减,

极大值为 $f(0) = 0$,极小值为 $f(-1) = f(1) = -1$;

(3) 在区间$(-\infty, -2)$和$(2, +\infty)$内单调递增,在区间$(-2, 0)$和$(0, 2)$内单调递减,

极大值为 $f(-2) = 0$,极小值为 $f(2) = 0$;

(4) 在区间$(-\infty, 0)$和$(2, +\infty)$内单调递增,在区间$(0, 1)$和$(1, 2)$内单调递减,极大

值为 $f(0) = 0$,极小值为 $f(2) = 4$;

(5) 在区间$(-\infty,-2)$和$(0,+\infty)$内单调递增,在$(-2,-1)$和$(-1,0)$内单调递减,极小值为$f(0)=0$,极大值为$f(-2)=-8$;

(6) 在区间$(0,+\infty)$内单调递增,在区间$(-\infty,0)$内单调递减,极小值为$f(0)=-1$.

习题 5-3

1. (1) 最大值为$f(1)=3$,最小值为$f(0)=-2$;

(2) 最大值为$h(2)=-16$,最小值为$h(4)=-32$;

(3) 最大值为$g(1)=\dfrac{1}{2}$,最小值为$g(0)=0$;

(4) 最大值为$f(3)=\dfrac{8}{3}$,最小值为$f(1)=0$;

(5) 最大值为$h(3)=23\dfrac{8}{9}$,最小值为$h(1)=7$;

(6) 最大值为$f\left(\dfrac{3}{2}\right)=f(3)=\dfrac{9}{2}$,最小值为$f(2)=4$.

2. (1) 最小值为$f\left(\dfrac{3}{4}\right)=-\dfrac{25}{8}$,没有最大值;

(2) 最小值为$g(-1)=-\dfrac{1}{2}$,最大值为$g(1)=\dfrac{1}{2}$.

3. $\dfrac{2a}{3}$,$\dfrac{2a^3}{27}$.

习题 5-4

1. $p_e=5$.

2. $C(10)=125$,$\overline{C}(10)=12.5$.

3. (1) 边际利润函数为$L'(x)=-0.02x+5$;

(2) $L'(200)=1$,$L'(250)=0$,$L'(300)=-1$.

此结果表示产量为第 201 千克时的利润为 1,产量为第 251 千克时的利润为 0,产量为第 301 千克时的利润为 -1.

4. 当$x=\dfrac{10\,000}{3}$时所获得的利润最大.

5. 每月卖出 10 千只时,所获得的收入最大.

6. 当$q=550$时,利润最大.

7. 当$q=1\,000$时,利润最大.

8. (1) $Q=20$时的总成本为$C(20)=1\,100$,平均成本为$\overline{C}(20)=55$,边际成本为$C'(20)=10$;

(2) 当$Q=20\sqrt{10}$时,函数$\overline{C}(Q)=\dfrac{1\,000}{Q}+\dfrac{Q}{4}$取得最小值,最小值为$\overline{C}(20\sqrt{10})=10\sqrt{10}$.

9. 生产 500 件时,所获得的利润最大,最大利润为$L(500)=875$.

10. 当产量为 2 百台时,利润最大.

第 6 章　定积分与不定积分

习题 6-1

1. (1) $\displaystyle\int_1^3 x^2 \mathrm{d}x = \dfrac{26}{3}$;　(2) $\displaystyle\int_1^3 x\mathrm{d}x = 4$.

2. (1) $\displaystyle\int_1^2 x^2 \mathrm{d}x = \dfrac{7}{3}$;　(2) $\displaystyle\int_{-2}^3 x^2 \mathrm{d}x = \dfrac{35}{3}$;　(3) $\displaystyle\int_{-4}^0 x^2 \mathrm{d}x = \dfrac{64}{3}$;　(4) $\displaystyle\int_{-3}^{-1} x^2 \mathrm{d}x = \dfrac{26}{3}$.

习题 6-2

1. (1) $\dfrac{x^5}{5}+C$;　(2) $-4x^{-\frac{1}{4}}+C$;　(3) $\dfrac{3}{10}x^{\frac{10}{3}}+C$;　(4) $\dfrac{3}{14}x^{\frac{14}{3}}+C$;　(5) $\dfrac{3}{10}x^{\frac{10}{3}}+C$.

2. (1) $\dfrac{8}{7}x^7+C$;　(2) $\dfrac{2}{3}x\sqrt{x}-\dfrac{1}{2}x^2+C$;　(3) $\dfrac{2}{3}x^3-\dfrac{3}{4}x^4+C$;　(4) $\dfrac{3}{2}x^2+4x+C$.

3. (1) $x^6-\dfrac{2}{3}x^{\frac{9}{2}}+2x^2+x+C$;　　　(2) $\dfrac{7}{8}x^8-\dfrac{20}{9}x^{\frac{9}{5}}+\dfrac{7}{3}x^3-x+C$;

   (3) $\dfrac{10}{9}x^{\frac{9}{2}}-\dfrac{7}{3}x^3-x^2+3x+C$;　　　(4) $-8x^{-\frac{1}{2}}-\dfrac{2}{3}x^3-\dfrac{3}{2}x^2+2x+C$;

   (5) $\dfrac{3}{5}x^5-3x^{\frac{5}{3}}+\dfrac{7}{2}x^2+x+C$.

习题 6-3

1. (1) 60;　(2) $-\dfrac{211}{5}$;　(3) 55;　(4) -20.

2. (1) $\dfrac{5}{12}$;　(2) $-\dfrac{4}{5}$;　(3) 12;　(4) $\dfrac{3}{2}\sqrt[3]{2}-\dfrac{4}{3}\sqrt{2}+\dfrac{47}{12}$;　(5) $\dfrac{198}{5}+\dfrac{18}{5}\sqrt{3}$;　(6) $-\dfrac{8}{21}$.

3. $\dfrac{9}{2}$.

4. $4\sqrt{2}$.

5. $4-\dfrac{4}{a}$.

6. $\dfrac{9}{4}$.

中　级　篇

第 7 章　指数函数的微积分

下面仅对学号为 51 的同学给出答案,此时 $a=1$, $b=3$.

习题 7-5

1. (1) 3;　(2) 3;　(3) 3;　(4) 0;　(5) $+\infty$;　(6) 0;　(7) $+\infty$.

2. (1) -2;　(2) -5;　(3) -4;　(4) -1.

3. 切线方程为 $y=(\ln 3)x+1$,法线方程为 $y=\left(-\dfrac{1}{\ln 3}\right)x+1$.

4. (1) $3^x+x3^x\ln 3-3\mathrm{e}^x$;　(2) $\dfrac{2x-(x^2-3)\ln 3}{3^x}$.

5. 在区间 $\left(-\infty, \dfrac{1}{\ln 3}\right)$ 内单调递增,在区间 $\left(\dfrac{1}{\ln 3}, +\infty\right)$ 内单调递减,极大值为 $f\left(\dfrac{1}{\ln 3}\right)=$ $\dfrac{1}{\ln 3}3^{-\frac{1}{\ln 3}}$.

6. 最大值为 $f(3)=3\mathrm{e}^3$,最小值为 $f(-1)=-\dfrac{1}{\mathrm{e}}$.

7. (1) $x^2-\dfrac{3}{\ln 3}3^x+2x+C$;　　　　　(2) $\dfrac{x^4}{4}-2\mathrm{e}^x+4x+C$;

　　(3) $\dfrac{5}{3}x^3+3\mathrm{e}^x-3x+C$;　　　　　(4) $\dfrac{3}{5}x^{\frac{5}{3}}-\dfrac{3^x}{\ln 3}+3x+C$.

8. (1) $\dfrac{48}{\ln 3}+2$;　　　　　　　　　　(2) $\mathrm{e}-\dfrac{7}{4}$;

　　(3) $\dfrac{1}{\ln 3+1}\left[3\mathrm{e}-\dfrac{1}{9\mathrm{e}^2}\right]+\dfrac{15}{4}$;　　(4) $\dfrac{6}{5}\sqrt[3]{4}-\dfrac{6}{\ln 3}+\dfrac{12}{5}$.

9. $\dfrac{26}{\ln 3}$.

10. (1) $y=a(1+r)^x$;　(2) $y=1\,117.7$.

11. (1) $y=0.84^t$;　(2) 4.

第8章　三角函数的微积分

习题 8-5

下面仅对学号为 51 的同学给出答案,此时 $a=3, b=5$.

1. (1) $\sin 3$;　(2) $\sin 3$;　(3) $\sin 3$;　(4) 不存在;　(5) 不存在;　(6) $\cos 3$;
　(7) $\cos 3$;　(8) $\cos 3$;　(9) 不存在;　(10) 不存在.

2. (1) -4;　(2) -4;　(3) $\left(\dfrac{1}{5}\right)^2+\dfrac{\cos 2}{2}-3$;　(4) $3\mathrm{e}-\dfrac{\sin 1}{4}-5$.

3. (1) 6;　(2) 0;　(3) 0;　(4) 15.

4. 切线方程为 $y=-5x+5\pi$,法线方程为 $y=\dfrac{1}{5}(x-\pi)$.

5. (1) $\dfrac{1+3\sin x}{(\cos x)^2}$;　(2) $\dfrac{4\cos x+2\sin x}{\mathrm{e}^x}$;　(3) $\mathrm{e}^x\sin x+\mathrm{e}^x\cos x-10x$.

6. (1) $15\sin x+5\cos x+C$;　　　　　(2) $\dfrac{1}{2}x^6-5\mathrm{e}^x-\cos x+C$;

　　(3) $\dfrac{5}{3}x^3+5\mathrm{e}^x-\sin x+C$;　　　　(4) $\dfrac{3}{\ln 5}5^x+3\sin x-5x+C$.

7. (1) 6;　(2) $\mathrm{e}^{\frac{\pi}{2}}-\dfrac{\pi^3}{8}+4$;　(3) $3(\sin 1+\sin 2)-24$;　(4) $3(\sin 2-\sin 1)+\dfrac{2}{\ln 2}-5$.

8. $1-\cos\dfrac{\pi}{5}$.

9. $\sin\dfrac{\pi}{5}$.

习题 9−4

下面仅对学号为 51 的同学给出答案,此时 $a=1$,$b=3$.

1. (1) $-\infty$; (2) $+\infty$; (3) $\ln 3$; (4) $+\infty$; (5) $-\infty$.

2. (1) 0; (2) 0; (3) 0; (4) 0; (5) $\dfrac{1}{\ln 3}$.

3. (1) $\log_3 x+\dfrac{1}{\ln 3}$; (2) $\dfrac{\mathrm{e}^x\left[x\ln x(\log_3 x)-1\right]}{x\ln x(\log_3 x)^2}$;

 (3) $\dfrac{(3x^2\ln x+x^2)\sin x-x^3\ln x\cdot\cos x}{(\sin x)^2}$;

 (4) $\dfrac{x2^x\ln 3\log_3 x(\ln 2\cos x+\sin x)+2^x\cos x}{x\ln 3(\cos x)^2}$.

4. 切线方程为 $y=\dfrac{1}{\ln 3}(x-1)$,法线方程为 $y=-\ln 3(x-1)$.

5. (1) $\dfrac{x^2}{2}-3x\ln x+7x+C$; (2) $\dfrac{x^4}{4}-\dfrac{3^x}{\ln 3}+\dfrac{1}{\ln 3}(x\ln x-x)+C$;

 (3) $-5\cos x+2\mathrm{e}^x-\dfrac{1}{\ln 2}(x\ln x-x)+C$; (4) $3\sin x-\dfrac{x\ln x}{\ln 3}+\left(\dfrac{1}{\ln 3}+1\right)x+C$.

6. (1) $\dfrac{x^4}{4}\ln x-\dfrac{x^4}{16}+C$; (2) $\dfrac{x^2}{2}\left(\ln x+\dfrac{5}{2}\right)+C$;

 (3) $\dfrac{x^2}{4\ln 3}(2\ln x-1)+C$; (4) $\dfrac{x^4}{4}\log_3 x+\left(1-\dfrac{1}{4\ln 3}\right)\dfrac{x^4}{4}+C$.

7. (1) $\dfrac{48}{\ln 3}+3\ln 3-4$; (2) $\mathrm{e}^2-\mathrm{e}-\dfrac{3}{\ln 3}(2\ln 2-1)$;

 (3) $\dfrac{(3\mathrm{e})^4-(3\mathrm{e})^2}{\ln 3+1}-\dfrac{4(3\ln 2-1)}{\ln 3}$; (4) $\dfrac{18}{5}\sqrt[3]{2}-\dfrac{4}{5}-2\ln 2+\sin 2-\sin 1$.

8. (1) $\dfrac{9}{2}-\dfrac{2}{\ln 3}$; (2) $4\ln 2-\dfrac{15}{16}$;

 (3) $9\ln 3+\dfrac{208}{9}$; (4) $\dfrac{8}{3}\log_3 2+7-\dfrac{7}{9\ln 3}$.

9. $\dfrac{3\ln 3-2}{\ln 3}$.

高　级　篇

第 10 章　反三角函数的微积分

习题 10−5

1. (1) $\dfrac{\pi}{2}$; (2) $-\pi$; (3) $\dfrac{2}{\pi}$; (4) ∞.

2. (1) $\dfrac{\pi}{2}$; (2) $\dfrac{\pi}{2}$; (3) $-\dfrac{\pi}{2}$; (4) $-\dfrac{\pi}{2}$.

3. (1) -1; (2) $\dfrac{\pi}{2}+1$; (3) 1; (4) 0.

4. (1) $\arcsin x + \dfrac{x}{\sqrt{1-x^2}} + \mathrm{e}^x \sin x + \mathrm{e}^x \cos x$;

(2) $2x\arccos x - \dfrac{x^2}{\sqrt{1-x^2}} - \mathrm{e}^x \ln x - \dfrac{\mathrm{e}^x}{x}$;

(3) $\dfrac{((1+x^2)\arctan x + x)\ln x - (1+x^2)\arctan x}{(1+x^2)(\ln x)^2}$;

(4) $\dfrac{\left(\dfrac{1}{x}\arctan x + \dfrac{\ln x}{1+x^2}\right)x - \ln x \cdot \arctan x}{x^2}$.

5. 切线方程为 $y - \dfrac{\pi}{2} = -x$,法线方程为 $y - \dfrac{\pi}{2} = x$.

6. 切线方程为 $y = x$,法线方程为 $y = -x$.

7. (1) $\dfrac{2}{5}x^5 - 3(x\arcsin x + \sqrt{1-x^2}) + 4x + C$;

(2) $3(x\arccos x - \sqrt{1-x^2}) - \dfrac{2^x}{\ln 2} + 5(x\ln x - x) + C$;

(3) $-3\cos x + 2\left(x\arctan x - \dfrac{1}{2}\ln|1+x^2|\right) - \dfrac{1}{\ln 2}(x\ln x - x) + C$;

(4) $x\arccos x - \sqrt{1-x^2} - 2\sin x + 3x + C$.

8. (1) $-\dfrac{1}{3}(1-x^2)^{\frac{3}{2}} + C$;　　　　(2) $\dfrac{1}{3}(1+x^2)^{\frac{3}{2}} + C$;

(3) $\dfrac{2}{9}(3x+5)^{\frac{3}{2}} + C$;　　　　(4) $-\dfrac{1}{3}(5-2x)^{\frac{3}{2}} + C$.

9. (1) $\dfrac{3\pi}{2} - 2$;　　　　(2) $\mathrm{e}^{\frac{1}{2}} - \dfrac{\pi}{2} + \dfrac{3\sqrt{3}}{2} - 4$;

(3) $-3\cos 1 + 3 - \dfrac{\pi}{2} + 4\ln 2$;　　(4) $8\ln 2 - 4 - 10\arctan 2 + \dfrac{5}{2}\ln 5 + \dfrac{5\pi}{4} - \dfrac{5}{2}\ln 2$.

10. $\dfrac{1}{2}\arcsin \dfrac{1}{2} + \dfrac{\sqrt{3}}{2} - 1$.

11. $\dfrac{1}{2}\arccos \dfrac{1}{2} - \dfrac{\sqrt{3}}{2} - \dfrac{\pi}{2} + 1$.

12. $\dfrac{\pi}{4} - \dfrac{1}{2}\ln 2$.

第 11 章　复合函数的微积分与变量替换

习题 11-1

1. (1) $(-\infty, 0) \cup \left[\dfrac{1}{5}, +\infty\right)$;　(2) $\left(\dfrac{1}{4}, +\infty\right)$;　(3) $[1, 9]$;　(4) $\left[\dfrac{1}{4}, \dfrac{1}{2}\right]$.

2. (1) 1;　(2) 0;　(3) 1;　(4) 1.

3. (1) $\dfrac{x}{\sqrt{x^2-a^2}}$;　(2) $-\sin x \mathrm{e}^{\cos x}$;　(3) $\dfrac{\cos x}{\sin x}$;　(4) $\dfrac{\cos(\ln x)}{x}$;

(5) $\dfrac{1}{x\sqrt{1-(\ln x)^2}}$;

(6) $\dfrac{1}{\arcsin x\sqrt{1-x^2}}$;

(7) $-\dfrac{1}{2\sqrt{\ln(\arccos x)}}\dfrac{1}{\arccos x}\dfrac{1}{\sqrt{1-x^2}}$;

(8) $\dfrac{3^{\arctan x}\ln 3}{1+x^2}$.

4. (1) 5; (2) $\dfrac{6}{5}$; (3) 6; (4) e^3; (5) e^{-2}; (6) e^{-2}; (7) e^2; (8) e^{-5}.

5. (1) $\dfrac{9}{2}$; (2) -9; (3) $2f'(x_0)$; (4) $5f'(x_0)$.

习题 11-2

1. (1) $\dfrac{1}{16}(x+1)^{16}+C$;

(2) $-\dfrac{1}{8}(2x-3)^{-4}+C$;

(3) $-\sqrt{1-x^2}+C$;

(4) $\dfrac{2}{9}(1+x^3)^{\frac{3}{2}}+C$;

(5) $-\dfrac{1}{4}\ln|3-2x^2|+C$;

(6) $-\dfrac{1}{2(1+x^2)}+C$;

(7) $2\arctan(\sqrt{x})+C$;

(8) $-\dfrac{1}{2}e^{-x^2}+C$;

(9) $\arctan(e^x)+C$;

(10) $-\dfrac{1}{3}e^{-3x+1}+C$;

(11) $\dfrac{1}{2}e^{2x}-e^x+x+C$;

(12) $\dfrac{1}{3}\ln^3 x+C$;

(13) $\dfrac{2}{3}(1+\ln x)^{\frac{3}{2}}+C$;

(14) $\dfrac{2}{3}\left[\ln(x+\sqrt{1+x^2})\right]^{\frac{3}{2}}+C$;

(15) $\dfrac{1}{6}\sin^6 x+C$;

(16) $\dfrac{2}{\sqrt{\cos x}}+C$;

(17) $\dfrac{1}{\sqrt{2}}\arcsin\left(\sqrt{\dfrac{2}{3}}\sin x\right)+C$;

(18) $\dfrac{1}{4}\ln|\sin^2 x-\cos^2 x|+C$;

(19) $\dfrac{1}{2}(\arctan x)^2+C$;

(20) $-\dfrac{1}{\arcsin x}+C$.

2. (1) $-\dfrac{3}{4}\sqrt[3]{(1-x)^4}+\dfrac{3}{7}\sqrt[3]{(1-x)^7}+C$;

(2) $-8\sqrt{2-x}+\dfrac{8}{3}\sqrt{(2-x)^3}-\dfrac{2}{5}\sqrt{(2-x)^5}+C$;

(3) $-\dfrac{1}{5}(1-x^2)^{\frac{5}{2}}-\dfrac{2}{3}(1-x^2)^{\frac{3}{2}}-(1-x^2)^{\frac{1}{2}}+C$;

(4) $\dfrac{1}{99}(1-x)^{-99}-\dfrac{1}{49}(1-x)^{-98}+\dfrac{1}{97}(1-x)^{-97}+C$;

(5) $x+\dfrac{6\sqrt[6]{x^5}}{5}+\dfrac{3\sqrt[6]{x^4}}{2}+2\sqrt[6]{x^3}+3\sqrt[6]{x^2}+6\sqrt[6]{x}+6\ln\left|\sqrt[6]{x}-1\right|+C$;

(6) $\dfrac{4}{3}\sqrt[4]{x^3}+C$;

(7) $\dfrac{2}{3}\sin^{\frac{3}{2}}x-\dfrac{4}{7}\sin^{\frac{7}{2}}x+\dfrac{2}{11}\sin^{\frac{11}{2}}x+C$;

(8) $\dfrac{1}{2}\ln|1+\cos^2 x|-\dfrac{1}{2}\cos^2 x+C$;

(9) $\dfrac{1}{\sqrt{2}}\ln\left|\dfrac{\sqrt{1+\cos x}-\sqrt{2}}{\sqrt{1+\cos x}+\sqrt{2}}\right|+C$;　　　(10) $-\dfrac{\sqrt{x^2+1}}{x}+C$;

(11) $\dfrac{\sqrt{x^2-9}}{3x}+C$;　　　(12) $\dfrac{2}{3}\sqrt{(1+\ln x)^3}-2\sqrt{1+\ln x}+C$;

(13) $\dfrac{4}{7}\sqrt[4]{(e^x+1)^7}-\dfrac{4}{3}\sqrt[4]{(e^x+1)^3}+C$;

(14) $\ln|\sqrt{1+e^x}-1|-\ln|\sqrt{1+e^x}+1|+C$;

(15) $(\arctan\sqrt{x})^2+C$;

(16) $\ln|xe^x|-\ln|1+xe^x|+C$;

(17) $-\dfrac{1}{2}\big[\ln(1+x)-\ln x\big]^2+C$.

3. (1) $-\dfrac{1}{2}\ln\left|1-\sin(\arctan\dfrac{x}{\sqrt{5}})\right|+\dfrac{1}{2}\ln\left|1+\sin(\arctan\dfrac{x}{\sqrt{5}})\right|+C$;

(2) $\dfrac{1}{4}\ln|x^4+\sqrt{x^8-1}|+C$;

(3) $\dfrac{1}{2}\arcsin\dfrac{x^2}{\sqrt{3}}+C$;

(4) $\dfrac{1}{2ab}\ln\left|\dfrac{bx-a}{bx+a}\right|+C$;

(5) $-\dfrac{1}{2}\ln\left|1-\sin(\arctan\dfrac{x+1}{\sqrt{2}})\right|+\dfrac{1}{2}\ln\left|1+\sin(\arctan\dfrac{x+1}{\sqrt{2}})\right|+C$;

(6) $\arcsin\dfrac{x+1}{\sqrt{2}}+C$;

(7) $\dfrac{2}{\sqrt{3}}\arctan\dfrac{2x+3}{\sqrt{3}}+C$;

(8) $\dfrac{1}{2}\ln|x^2+x+1|+\dfrac{1}{\sqrt{3}}\arctan\dfrac{2x+1}{\sqrt{3}}+C$;

(9) $\dfrac{1}{6}\ln|x^6-x^3-2|+\dfrac{1}{12}\ln\left|\dfrac{x^3-2}{x^3+1}\right|+C$;

(10) $\dfrac{1}{2}\ln\left|1-\sin(\arctan\dfrac{x+2}{\sqrt{3}\,x})\right|-\dfrac{1}{2}\ln\left|1+\sin(\arctan\dfrac{x+2}{\sqrt{3}\,x})\right|+C$.

4. (1) $\dfrac{8}{3}$;　(2) $2(2-\arctan 2)$;　(3) $\dfrac{\pi}{16}$.

5. (1) 0；　(2) 0；　(3) 0；　(4) 0.

第12章　初等函数的微积分
习题 12－2
1. (1)$[2, 3)\cup(3, +\infty)$;　(2)$[4, +\infty)$;　(3)$(3, 4)\cup(4, 5)\cup(5, +\infty)$;

(4) $[1, 2) \bigcup (2, +\infty)$；(5)$[1, +\infty)$.

2. (1) $\dfrac{\pi}{4}$； (2) 1； (3) $\dfrac{1}{2\sqrt{x}}$； (4) 1； (5) ∞； (6) $\dfrac{2}{5}$； (7) 1； (8) ∞； (9) 0；

   (10) 1； (11) 1； (12) 1； (13) 7； (14) 0； (15) ∞.

3. (1) $y' = \dfrac{1}{x^2}\Big[2\sin\Big(\dfrac{1}{x}-1\Big)-\dfrac{3x}{x+1}\Big]$,

   $y'' = -\dfrac{4}{x^3}\sin\Big(\dfrac{1}{x}-1\Big)-\dfrac{2}{x^4}\cos\Big(\dfrac{1}{x}-1\Big)+\dfrac{6}{x^2(x+1)}-\dfrac{3}{x^2(x+1)^2}$；

   (2) $y' = 2x\arctan(\sqrt{x}+2x)+\dfrac{(1+x^2)(1+4\sqrt{x})}{2\sqrt{x}(1+x+4x^2+4x\sqrt{x})}-\dfrac{1}{2}\sin(x\ln x)(\ln x+1)$,

   $y'' = 2\arctan(\sqrt{x}+2x)-\dfrac{1}{2}\Big[\cos(x\ln x)(\ln x+1)^2+\dfrac{\sin(x\ln x)}{x}\Big]$

   $\qquad +\dfrac{-1-3x-24x\sqrt{x}-61x^2-32x^2\sqrt{x}+5x^3+40x^3\sqrt{x}+92x^4+64x^4\sqrt{x}}{4x\sqrt{x}(1+x+4x^2+4x\sqrt{x})^2}$；

   (3) $y' = \dfrac{2x\ln\sqrt{x}+2(\cos x-3)\ln(\ln\sqrt{x}+2)-\sin x+3x}{2x(\ln\sqrt{x}+2)\big[\ln(\ln\sqrt{x}+2)\big]^2}$,

   $\qquad 2\big[2x\ln^2\sqrt{x}+8x\ln\sqrt{x}-2x(\ln\sqrt{x}+2)\ln(\ln\sqrt{x}+2)\sin x+-$

   $\qquad x(\ln\sqrt{x}+2)\cos x+8x+\cos x-3\big]\cdot$

   $\qquad \big[\ln(\ln\sqrt{x}+2)\big]^2-\big[2x\ln\sqrt{x}+2(\cos x-3)\ln(\ln\sqrt{x}+2)-\sin x+3x\big]\cdot$

   $y'' = \dfrac{\big\{(2\ln\sqrt{x}+5)\big[\ln(\ln\sqrt{x}+2)\big]^2+2\ln(\ln\sqrt{x}+2)\big\}}{4x^2(\ln\sqrt{x}+2)^2\big[\ln(\ln\sqrt{x}+2)\big]^4}$；

   (4) $y' = \mathrm{e}^{\arctan\sqrt{x+1}}\Big(1+\dfrac{x}{2(x+2)\sqrt{x+1}}\Big)$,

   $y'' = \dfrac{1}{4}\mathrm{e}^{\arctan\sqrt{x+1}}\dfrac{x^2+8x+8+x\sqrt{x+1}}{\sqrt{x+1}(x+2)^2(x+1)}$.

习题 12-3

1. (1) $x^3\mathrm{e}^x-3x^2\mathrm{e}^x+6x\mathrm{e}^x-6\mathrm{e}^x+C$；

   (2) $\dfrac{1}{\ln 2}x^2 2^x-\dfrac{2}{(\ln 2)^2}\Big[x2^x-\dfrac{2^x}{\ln 2}\Big]+C$；

   (3) $-x^3\cos x+3x^2\sin x+6(x\cos x-\sin x)+C$；

   (4) $x^3\sin x+3x^2\cos x-6x\sin x-6\cos x+C$；

   (5) $\dfrac{2}{3}x^{\frac{3}{2}}\ln x-\dfrac{4}{9}x^{\frac{3}{2}}+C$；

   (6) $\dfrac{2}{5\ln 2}x^{\frac{5}{2}}\ln x-\dfrac{4}{25\ln 2}x^{\frac{5}{2}}+C$；

   (7) $\dfrac{1}{3}x^3\arcsin x-\dfrac{1}{9}(1-x^2)^{\frac{3}{2}}+\dfrac{1}{3}\sqrt{1-x^2}+C$；

   (8) $\dfrac{1}{3}x^3\arccos x+\dfrac{1}{9}(1-x^2)^{\frac{3}{2}}-\dfrac{1}{3}\sqrt{1-x^2}+C$；

(9) $\dfrac{1}{3}x^3\arctan x-\dfrac{1}{6}(1+x^2)+\dfrac{1}{6}\ln(1+x^2)+C$;

(10) $\dfrac{1}{3}\ln^3 x+C$;

(11) $\dfrac{1}{2\ln 3}\ln^2 x+C$;

(12) $\dfrac{12^x}{\ln 12}+C$;

(13) $\dfrac{2^x}{1+\ln^2 2}(\sin x\ln 2-\cos x)+C$;

(14) $\dfrac{3^x}{1+\ln^2 3}(\sin x+\cos x\ln 3)+C$;

(15) $-\dfrac{1}{4}\cos 2x+C$;

(16) $\dfrac{x}{\ln 3\ln 4}(\ln^2 x-2\ln x+1)+C$;

(17) $\dfrac{x}{\ln 10}(\ln^2 x-2\ln x+1)+C$;

(18) $-\dfrac{3}{2}x^{-2}+C$;

(19) $-4x^{-\frac{1}{2}}+C$;

(20) $-\dfrac{5^{1-x}}{\ln 5}+C$;

(21) $\dfrac{3}{2}\ln|1-\cos x|-\dfrac{3}{2}\ln|1+\cos x|+C$;

(22) $-\ln|1-\sin x|+\ln|1+\sin x|+C$;

(23) $\dfrac{2}{5}x^{\frac{5}{2}}+C$;

(24) $\dfrac{1}{\ln 2-\ln 3}\left(\dfrac{2}{3}\right)^x+C$;

(25) $-\dfrac{5}{2}\ln|1-\sin x|+\dfrac{5}{2}\ln|1+\sin x|+\ln|\cos x|+C$;

(26) $\dfrac{3}{2}\ln|1-\cos x|-\dfrac{3}{2}\ln|1+\cos x|+\ln|\sin x|+C$;

(27) $\dfrac{\ln 3}{\ln 2}x+C$;

(28) $-\mathrm{e}^{-x}(x^3+3x^2+6x-6)+C$;

(29) $-\dfrac{1}{\ln 2}\left(x2^{-x}+\dfrac{2^{-x}}{\ln 2}\right)+C$;

(30) $\dfrac{-2^{-x}}{1+\ln^2 2}(\cos x+\sin x\ln 2)+C$;

(31) $\dfrac{3^{-x}}{1+\ln^2 3}(\sin x-\cos x\ln 3)+C$;

(32) $\dfrac{e^{-x}}{2}(\sin x - \cos x) + C$.

2. (1) $\dfrac{3}{10}(2x-4)^{\frac{5}{3}}+C$; (2) $\dfrac{5}{3}\ln|3x-2|+C$;

(3) $\dfrac{2}{15}(5x-3)^{\frac{3}{2}}+C$; (4) $\dfrac{3}{2}\sqrt{4x-7}+C$;

(5) $\dfrac{1}{5}e^{5x-3}+C$; (6) $\dfrac{2^{5x-3}}{5\ln 2}+C$;

(7) $-\dfrac{1}{3}\cos(3x-2)+C$; (8) $-\dfrac{1}{3}(2-3x)[\ln(2-3x)-1]+C$;

(9) $-\dfrac{1}{4}\sin(2-4x)+C$; (10) $-\dfrac{1}{3\ln 2}(2-3x)[\ln(2-3x)-1]+C$;

(11) $-\dfrac{1}{4}\Big[(5-4x)\arcsin(5-4x)+\sqrt{1-(5-4x)^2}\,\Big]+C$;

(12) $\dfrac{2^{\sqrt{x}+1}}{\ln 2}+C$; (13) $-\dfrac{1}{5}\cos(x^5)+C$;

(14) $\sin(e^x)+C$; (15) $\dfrac{2}{3}(\sin x)^{\frac{3}{2}}+C$;

(16) $-e^{\cos x}+C$; (17) $\dfrac{1}{2\cos^2 x}+C$;

(18) $-\dfrac{1}{2\sin^2 x}+C$; (19) $-\dfrac{1}{3}\cos(e^{3x})+C$;

(20) $\dfrac{1}{3}\ln^3 x+C$; (21) $-\dfrac{1}{x}\Big[\ln\Big(\dfrac{1}{x}\Big)-1\Big]+C$;

(22) $\dfrac{1}{2}(\arcsin x)^2+C$; (23) $\dfrac{1}{2}(\arctan x)^2+C$.

3. (1) $\dfrac{1}{4}\big[-2x\sin(3-2x)+\cos(3-2x)\big]+C$;

(2) $2\sqrt{x}\,e^{\sqrt{x}}+2e^{\sqrt{x}}+C$;

(3) $\dfrac{(3-2x)^2}{16}\big[2\ln(3-2x)-1\big]-\dfrac{3}{4}(3-2x)[\ln(3-2x)-1]+C$;

(4) $2e^{\sqrt{x}}(x\sqrt{x}-3x+6\sqrt{x}-6)+C$.

4. (1) $-\dfrac{2}{3}(2-\sqrt{2})$; (2) $2\Big(1-\dfrac{\pi}{4}\Big)$;

(3) $2(1-\ln 2)$; (4) $\dfrac{\pi}{48}-\dfrac{1}{64}$.

第 13 章 一元微积分理论拓展

习题 13-1

1. (1) 0; (2) 0; (3) $-\dfrac{\pi}{2}$; (4) $\dfrac{\pi}{2}$.

习题 13－2

1. （1）命题不正确；　　　　　　　（2）命题不正确；
   （3）命题不正确；　　　　　　　（4）命题不正确；
   （5）命题不正确；　　　　　　　（6）命题不正确.

2. 当 $x\rightarrow 0$ 时，$\dfrac{1}{x}$ 与 $\dfrac{-1}{\sin x}$.

3. ∞.

4. 0.

习题 13－3

1. （1）不连续；（2）连续.

2. （1）$f(x)$ 在定义域 $[-1,1)$ 和 $(1,5]$ 上连续，在 $x=1$ 处不连续，但左连续；
   （2）$f(x)$ 在定义域 $(-\infty,+\infty)$ 内只在 $x=2$ 处不连续，但在该处右连续；
   （3）$f(x)$ 在定义域 $(-\infty,+\infty)$ 内只在 $x=1$ 处不连续，但在该处右连续.

3. （1）$f(x)$ 在 $(-2,+\infty)$ 内连续；
   （2）$g(x)$ 在 $x=1$ 处不连续，在其他点均连续；
   （3）$h(x)$ 在 $x=3$ 处不连续，在其他点均连续；
   （4）$G(x)$ 在 $x=1$ 处不连续，在其他点均连续.

4. 证明略.

5. （1）$\cos 1$；　（2）0；　（3）$e-1$.

6. （1）$x=1$ 为函数 $f(x)$ 的可去间断点；
   （2）$x=-3$ 为函数 $f(x)$ 的第二类间断点；
   （3）$x=0$ 为函数 $f(x)$ 的可去间断点；
   （4）$x=1$ 为函数 $f(x)$ 的可去间断点，$x=2$ 为函数 $f(x)$ 的第二类间断点.

7. 证明略.

8. 证明略.

习题 13－4

1. 4.

2. 证明略.

习题 13－5

1. $\dfrac{-y^2}{xy+1}$.

2. $y=\dfrac{1}{2}x$.

3. $-0.039\,403\,99$，-0.04.

4. $e^{x\sin x}(\sin x+x\cos x)\mathrm{d}x$.

5. 极小值 $f(0)=1$.

6. 在 $(-\infty,+\infty)$ 内是凹的，没有拐点.

7. （1）在 $\left(-\infty,\dfrac{1}{3}\right)$ 和 $(3,+\infty)$ 内单调增加，在 $\left(\dfrac{1}{3},3\right)$ 内单调减少；在 $\left(-\infty,\dfrac{5}{3}\right)$ 内是凸

的,在 $\left(\dfrac{5}{3}, +\infty\right)$ 内是凹的;函数在 $x = \dfrac{1}{3}$ 处取得极大值 $\dfrac{52}{9}$,在 $x = 3$ 处取得极小值 -4,拐点为 $\left(\dfrac{5}{3}, 4\right)$.

(2) 在区间 $(-\infty, 0)$ 内单调增加,在区间 $(0, +\infty)$ 内单调减少;在区间 $\left(-\infty, -\dfrac{\sqrt{2}}{2}\right)$ 和 $\left(-\infty, -\dfrac{\sqrt{2}}{2}\right)$ 内是凹的,在 $\left(-\dfrac{\sqrt{2}}{2}, \dfrac{\sqrt{2}}{2}\right)$ 内是凸的;函数在 $x = -\dfrac{\sqrt{2}}{2}$ 处取得极大值 $\dfrac{1}{\sqrt{e}}$,在 $x = \dfrac{\sqrt{2}}{2}$ 处取得极小值 $\dfrac{1}{\sqrt{e}}$,拐点为 $\left(-\dfrac{\sqrt{2}}{2}, \dfrac{1}{\sqrt{e}}\right)$ 和 $\left(\dfrac{\sqrt{2}}{2}, \dfrac{1}{\sqrt{e}}\right)$.

习题 13－6

1. $\dfrac{5}{2}$.

2. $\dfrac{\cos x}{\sqrt{x} + x^2}$.

3. $2\cos\{[\sin(x^2) + 2x]^2 + 1\} \cdot [x\cos(x^2) + 1]$.

4. $x(3x - 2)\sin[(x^2)^2 + 2(x^2)]$.

5. $(1) \sqrt{x^3 + 2x + 1}$;　$(2) \cos\sqrt{x^3 - 2}\,\mathrm{d}x$;$(3)\ln\sqrt{x+1} + C$;$(4)\dfrac{\sqrt{x^3 - 3}}{\mathrm{e}^x} + C$.

习题 13－7

1. $(1)1$;　$(2)1$;　$(3)-\dfrac{1}{2}$;　$(4)\dfrac{1}{3}$;　$(5)\pi$.

2. $\dfrac{1}{2}$.

3. $(1)\dfrac{1}{4}$;　$(2)\dfrac{1}{6}$;　$(3)\dfrac{1}{8}$.

4. $(1)1$;　$(2)\dfrac{45}{28}$;　$(3)\dfrac{93}{35}$.

参考文献

［1］王增辉,解顺强.线性代数.中国农业出版社,2006.

［2］王增辉,解顺强.微积分.中国农业出版社,2005.

［3］Finney Weir Giordano 著,叶其孝,王耀东,唐兢译.托马斯微积分.高等教育出版社,2004.

［4］Benjamin Crowell. *Calculus*,Fullerton California,2005.

［5］孙振绮,马俊.俄罗斯高等数学教材精粹选编.高等教育出版社,2012.

［6］郭镜明,韩云瑞,章栋恩.美国微积分教材精粹选编.高等教育出版社,2012

［7］齐民友.重温微积分.高等教育出版社,2008.

［8］笹部贞市郎著,文子,李佳蓉译.这才是最好的数学书.北京时代华文书局有限公司,2015.

［9］Harvey P. Greenspan, David J. Benney. *Calculus, An introduction to applied mathematics*. Mcgraw-Hill Ryerson Ltd. ,1973

［10］K. A. Stroud, Dexter J. Booth. *Engineering mathematics*. Palgrave,2013.

［11］Wyn Brice,Linda Masson, Tony Timbrell. *WJEC GCSE mathematics higher student's book*（Second Edition）. Hodder Education,2010.

［12］Dr. Robert Eckert GmbH. *Fernlehrinstitut mathematik 7 algebra*. Eckert Schulen,2011.

［13］C. 亚当斯,J. 哈斯,A. 汤普森著,张菽译.微积分之屠龙宝刀.湖南科学技术出版社,2005.

［14］Ron Larson, Bruce H. Edwards. *Calculus 1 with precalculus, a one-year course*（Third Edition）. Houghton Mifflin College Div；Har/Com,2001.

［15］John W. Coburn. *Precalculus*（Second Edition）. Mc Graw Hill Higher Education,2009.

［16］Ron Larson. *Precalculus*（Ninth Edition）. Brooks Cole,2013.

［17］S. L. Salas, C. G. Salas. *Preparation for calculus*（Third Edition）. John Wiley & Sons,1979.

［18］David Cohen. *Precalculus*（Seventh Edition）. Brooks Cole,2012.

［19］Soo T. Tan. *Applied mathematics, for the managerial, life, and social sciences*. Brooks Cole,2006.

［20］Allyn J. Washington 著,郭奕昌译.应用微积分.东华书局,1972.

［21］Geoffrey C. Berreaford, Andrew M. Rockett. *Brief applied calculus*. Brooks Cole, 2006.

［22］Jame stewart. *Calculus*(第 7 版影印版).高等教育出版社,2014.

［23］微积分编写组.微积分.上海人民出版社,1974.

［24］清华大学基础课《微积分》编写组.微积分.科学出版社,1971.

［25］陈传璋. 数学分析. 高等教育出版社,2004.

［26］谭杰锋,郑爱武. 高等数学. 清华大学出版社,北京交通大学出版社,2007.

［27］侯风波. 高等数学. 高等教育出版社,2010.

［28］同济大学应用数学系. 高等数学(上下册)(第五版). 高等教育出版社,2002.

［29］赵树嫄. 微积分(第三版). 中国人民大学出版社,2007.

［30］沃伯格,柏塞尔,里格登. 微积分(第九版). 机械工业出版社,2009.

［31］四川大学数学系高等数学教研室. 高等数学(上下册). 高等教育出版社,1987.

［32］刘玉琏,傅沛仁等. 数学分析讲义(上下册)(第四版). 高等教育出版社,2008.

［33］菲赫金哥尔茨. 微积分学教程. 高等教育出版社,2006.

［34］百度文库.

图书在版编目(CIP)数据

高职实用微积分基础/解顺强编著. —2 版. —上海：复旦大学出版社，2019.11
ISBN 978-7-309-14672-1

Ⅰ.①高… Ⅱ.①解… Ⅲ.①微积分-高等职业教育-教材 Ⅳ.①O172

中国版本图书馆 CIP 数据核字(2019)第 245142 号

高职实用微积分基础
解顺强　编著
责任编辑/梁　玲

复旦大学出版社有限公司出版发行
上海市国权路 579 号　邮编：200433
网址：fupnet@ fudanpress.com　http://www.fudanpress.com
门市零售：86-21-65642857　　团体订购：86-21-65118853
外埠邮购：86-21-65109143
杭州日报报业集团盛元印务有限公司

开本 787×1092　1/16　印张 17.25　字数 389 千
2019 年 11 月第 2 版第 1 次印刷

ISBN 978-7-309-14672-1/O · 679
定价：49.00 元